"十三五"职业教育规划教材

单片机原理及应用

DANPIANJI YUANLI JI YINGYONG

主编　麻桃花　王　欣
编写　师菊香　王晓蓉　李俊仕
主审　曹光华

U0248422

中国电力出版社
CHINA ELECTRIC POWER PRESS

内 容 提 要

本书为"十三五"职业教育规划教材。本书将单片机的实际应用化解整合为多项单元任务,以任务为驱动,将理论知识融入到各项任务中进行讲解和学习。本书共分八个单元,主要内容包括单片机概述、80C51硬件结构的认识、指令系统的应用、中断系统的应用、定时/计数器的应用、串行通信的应用、80C51外部扩展的应用、单片机应用系统的设计。

本书可作为高职高专机电一体化技术、电气自动化技术等自动化技术类相关专业的教材,也可供其他专业师生和工程技术人员参考。

图书在版编目 (CIP) 数据

单片机原理及应用/麻桃花,王欣主编. —北京:中国电力出版社,2015.8

"十三五"职业教育规划教材
ISBN 978 - 7 - 5123 - 7835 - 3

Ⅰ. ①单… Ⅱ. ①麻…②王… Ⅲ. ①单片微型计算机-职业教育-教材 Ⅳ. ①TP368.1

中国版本图书馆 CIP 数据核字 (2015) 第 118500 号

中国电力出版社出版、发行
(北京市东城区北京站西街 19 号 100005 http://www.cepp.sgcc.com.cn)
北京雁林吉兆印刷有限公司印刷
各地新华书店经售

*

2015 年 8 月第一版 2015 年 8 月北京第一次印刷
787 毫米×1092 毫米 16 开本 17.25 印张 419 千字
定价 35.00 元

敬 告 读 者

本书封底贴有防伪标签,刮开涂层可查询真伪
本书如有印装质量问题,我社发行部负责退换

版 权 专 有 翻 印 必 究

前　言

随着计算机控制技术的发展，单片机也以体积小、价格低、功耗小、控制功能强、扩展灵活、使用方便等特有的优势，在电子信息、自动化控制等领域都得到了推广，目前被广泛应用于家用电器、应用设备、仪器仪表的智能化管理及过程控制等方面。因此，单片机技术是从事机电类技术工作不可缺少的技术组成部分，单片机原理及应用这门课程已经成为机电类专业人才培养的重要课程。近年来，编者以专业人才培养目标为依据，结合理实一体的教学模式对教材的特殊要求，尝试着对课程进行了适当的改革，取得了一定的成效。

本书打破了传统的以知识和理论为体系的教材组织模式，尽量消除学生枯燥难学的感觉，把单片机的实际应用化解整合为多项单元任务，以任务为驱动，将理论知识融入到各项任务中进行讲解和学习，不仅可以提高学生的学习兴趣，加强学生对知识应用的理解，激发学生的创新意识，同时也为"教学做结合"的教学方法的实施提供了方便。全书任务的选取遵循由易到难的原则，符合学生的认知规律，可以使学生的知识与能力循序渐进地得到提升。

本书由内蒙古机电职业技术学院、内蒙古化工职业技术学院和包头职业技术学院联合编写，由麻桃花、王欣任主编，全书由麻桃花统稿。具体编写分工如下：师菊香编写单元一和单元二，王欣编写单元三，王晓蓉编写了单元四，麻桃花编写单元五、单元六、单元八和附录，李俊仕编写单元七。

为了满足理实一体教学模式及"教学做结合"教学方法的需求，编者在内容的编排和组织上做了适当的调整。由于编者水平有限，书中难免存在不足与错误之处，敬请广大读者提出宝贵意见和建议。

编者

2015.5

目　录

单元一　单片机概述

【单元概述】

本单元以数制、编码及单片机概述为基础，介绍如何利用单片机的并行 I/O 口组成单片机的最小应用系统。

【学习目标】

（1）掌握数制和编码的相关知识。

（2）正确理解单片机的发展过程。

（3）正确理解单片机的特点及应用领域。

（4）了解单片机应用系统的开发过程。

（5）会搭建 80C51 单片机的最小系统。

（6）掌握 80C51 单片机最小系统的功能与应用。

（7）初步认识单片机的引脚。

【相关知识】

一、数制与编码

（一）数制

数制是计数的规则。人们通常使用的是进位计数制。在进位计数制中，表示数的符号处于不同的位置时所代表的数的值是不同的。

十进制是人们生活中普遍使用的计数制。在十进制中，数用 0、1、…、9 这十个符号来描述。十进制的计数规则是逢十进一。

二进制是在计算机系统中使用的计数制。在二进制中，数用 0、1 这两个符号来描述。二进制的计数规则是逢二进一。二进制的运算规则简单，便于物理实现；但书写冗长，不便于人们阅读和记忆。二进制的位可以表示为 0 或 1 这两个值，它是计算机中数据的最小单位。生活中开关的通与断，指示灯的亮与灭，电动机的起与停都可以用它来描述和控制。有些计算机能够存取的最小单位可以达到位（如 80C51 单片机）。

8 个二进制的位构成一个字节。有些计算机存取的最小单位只能是字节（B）。一个字节可以表示 256 个不同的值（0～255）。字节中的位号从右至左依次为 0～7。第零位称为最低有效位（LSB），第七位称为最高有效位（MSB）。

当数值大于 225 时，要采用字（2B）或双字（4B）进行表示。字可以表示 65 536 个不同的值（0～65 535）这时 MSB 为第 15 位。

十六进制是人们在计算机指令和数据的书写与软件工具的显示中经常使用的数制。在十六进制中，数用 0、1、…、9 和 A、B、…、F（或 a、b、…、f）这 16 个符号来描述。十六进制的计数规则是逢十六进一。由于 4 位二进制数可以直观地用 1 位十六进制数表示，所以人们对二进制的数据常用十六进制的形式书写。

为了区分数的不同进制，可以在数的结尾用一个字母标识。十进制数书写时结尾用字母 D（或不带字母）；二进制数书写时结尾用字母 B；十六进制数书写时结尾用字母 H。

部分自然数的 3 种进制表示见表 1-1。

表 1-1　　　　　　　　　　　部分自然数的 3 种进制表示

自然数	十进制	二进制	十六进制	自然数	十进制	二进制	十六进制
〇	0	0000B	0H	九	9	1001B	9H
一	1	0001B	1H	十	10	1010B	AH
二	2	0010B	2H	十一	11	1011B	BH
三	3	0011B	3H	十二	12	1100B	CH
四	4	0100B	4H	十三	13	1101B	DH
五	5	0101B	5H	十四	14	1110B	EH
六	6	0110B	6H	十五	15	1111B	FH
七	7	0111B	7H	十六	16	1 0000B	10H
八	8	1000B	8H	十七	17	1 0001B	11H

在单片机的程序设计中，有时要用到十进制到十六进制的转换。下面以一个事例说明十进制到十六进制的转换方法。

【例 1-1】若有一个十进制数为 55536，试将其用十六进制表示。

解　十进制到十六进制转换的基本方法是除 16 取余。由于

55536/16＝3471　余 0
3471/16＝216　余 F
216/16＝13　余 8
13/16＝0　余 D

因此，十进制数 55536 的十六进制表示为 D8F0H。

注意：取余后的组合顺序为由后向前。

（二）编码

因为计算机只能对 0 和 1 进行识别，所以在计算机中除了数以外的其他信息（如字符或字符串）也要用二进制编码来表示。

1. 字符的编码

字符的编码采用的是美国标准信息交换代码。

一个字节的 8 位编码可以表示 256 种字符。当最高位为 0 时，所表示是字符为标准 ASCII 码字符，共有 128 个，用于表示数字、英文大写字母、英文小写字母、标点符号及控制字符等，详见附录 B。当最高位为 1 时，所表示的是扩展 ASCII 码字符，表示的是一些特殊符号（如希腊字母等）。

ASCII 码常用于计算机与外部设备的字符传输，如通过键盘的字符输入、通过打印机或显示器的字符输出。常用字符的 ASCII 码见表 1-2。

表 1－2　　　　　　　　　　**常用字符的 ASCII 码**

字符	ASCII 码	字符	ASCII 码	字符	ASCII 码	字符	ASCII 码
0	30H	A	41H	a	61H	SP（空格）	20H
1	31H	B	42H	b	62H	CR（回车）	0DH
2	32H	C	43H	c	63H	LF（换行）	0AH
⋮	⋮	⋮	⋮	⋮	⋮	BEL（响铃）	07H
9	39H	Z	5AH	z	7AH	BS（退格）	08H

注　完整的 ASCII 码表见附录 B。

注意：字符的 ASCII 码与其数值是不同的概念。例如，字符"9"的 ASCII 码是 0011 1001B（即 39H）；而其数值是 0000 1001（即 09H）。

在 ASCII 码字符表中，还有许多不可打印的字符，如 CR、LF、SP 等，这些字符称为控制符。控制符在不同的输出设备上可能会执行不同的操作。

2. 十进制的编码

十进制是人们在生活中最习惯的数制，人们通过键盘向计算机输入数据时，常用十进制的形式输入。显示器向人们显示的数据也多为十进制形式。

计算机能直接识别与处理的是二进制代码。用 4 位二进制编码可以表示 1 位十进制数。这种用二进制编码表示十进制数的代码称为 BCD 码。常用的 8421 BCD 编码见表 1－3。

表 1－3　　　　　　　　　　**8421 BCD 码表**

十进制数	BCD 码	十进制数	BCD 码
0	0000B	5	0101B
1	0001B	6	0110B
2	0010B	7	0111B
3	0011B	8	1000B
4	0100B	9	1001B

由于用 4 位二进制代码可以表示 1 位十进制数，所以采用 8 位二进制代码就可以表示两位十进制数。这种用 1 个字节表示两位十进制的编码，称为压缩的 BCD 码。相对于压缩的 BCD 码，用 8 位二进制代码表示 1 位十进制数的编码称为非压缩的 BCD 码。此时高 4 位为 0000，低 4 位是 BCD 编码。与非压缩的 BCD 码相比，压缩的 BCD 码可以节省储存空间。当 4 位编码在 1010B～1111B 范围时，不属于 BCD 码的合法范围，称为非法码。两个 BCD 码进行算术运算时可能出现非法码，这时要对运算的结果进行调整。具体调整方法在指令部分具体介绍。

3. 计算机中带符号数的表示

（1）原码、机器数及其真值。在计算机中，数的表示通常用最高位作为符号位，"0"表示正号，"1"表示负号，这种表示方法称为数的原码表示法。例如，正数＋1000101B（即＋45H）的原码为 01000101B（即 45H）；负数－1010101B（即－55H）的原码为 11010101B（即 D5H）。

经这样表示后，该带符号数就可以被计算机识别了。

　　数在计算机内的表示形式称为机器数，而这个数本身称为该机器数的真值。例如，上述的"45H"和"D5H"为两个机器数，它们的真值分别为"+45H"和"-D5H"。

　　（2）反码。正数的反码与其原码相同，负数的反码符号位为1，数值位为其原码的数值位逐位取反。例如，正数+1000101B的原码为01000101B，反码为01000101B；负数-1010101B的原码为11010101B，反码为10101010B。

　　二进制数采用原码和反码表示时，符号位不能同数值一起参加运算，否则会得到不正确的结果。

　　（3）补码。在计算机中，带符号数的运算均采用补码。正数的补码与其原码相同，负数的补码为其反码末位加1。例如，正数+1000101B的反码为01000101B，补码为01000101B；负数-1010101B的反码为10101010B，补码为10101011B。

　　由负数的补码求其真值的方法是：对该补码求补即得到该负数的原码，由该原码可知其真值。例如，有一负数的补码为10101011B，对其求补得到的11010101B为其原码，即真值为-55H。

　　补码的优点是可以将减法运算转换为加法运算，且符号位可以连同数值位一起运算。这非常有利于计算机运算的实现。

　　几个经典的带符号数的8位编码见表1-4。

表1-4　　　　　　　　　　　　几个经典的带符号数的8位编码表

数的真值	原　码	反　码	补　码
+127	0111 1111B	0111 1111B	0111 1111B（7FH）
+1	0000 0001B	0000 0001B	0000 0001B（01H）
+0	0000 0000B	0000 0000B	0000 0000B（00H）
-0	1000 0000B	1111 1111B	
-1	1000 0001B	1111 1110B	1111 1111B（FFH）
-127	1111 1111B	1000 0000B	1000 0001B（81H）
-128	—	—	1000 0000B（80H）

　　由表1-4可见，采用补码表示有符号数时，单字节表示的范围是-128~+127（对应7FH~80H）。由于两个有符号数加减时，结果可能超过此范围（溢出）而使符号位发生错误，所以在编写有符号数据的运算程序时要对此种情况进行判断（测试OV标志）并进行相应处理。

二、电子计算机概述

（一）电子计算机的经典结构

　　1946年2月15日，世界上第一台电子技术科学计算机问世，这标志着计算机时代的到来。

　　ENIAC是电子管计算机，时钟频率虽然仅有100kHz，但它能在1s的时间内完成5000次加法运算。与现代计算机相比，ENIAC有许多不足，但它的问世开创了计算机科学技术的新纪元，对人类的生产和生活方式产生了巨大的影响。

　　在研制ENIAC的过程中，数学家冯·诺依曼在方案的设计上做出了重要的贡献，并且在 1946 年 6 月又提出了"程序存储"和"二进制运算"的思想，进一步构建了计算机由运算器、控制器、存储器、输入设备和输出设备组成这一计算机的经典结构。运算器与控制器合称为中央处理器（CPU）。电子计算机的经典结构如图 1-1 所示。

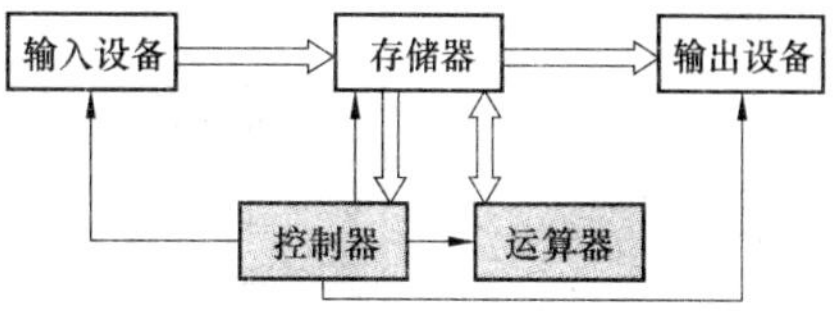

图 1-1　电子计算机的经典结构

计算机的发展经历了电子管计算机、晶体管计算机、集成电路计算机、大规模集成电路计算机和超大规模集成电路计算机这几个时代。但是，计算机的结构仍然没有突破冯·诺依曼提出的计算机的经典结构框架。

（二）微型计算机的组成及其应用形态

1. 微型计算机的组成

1971 年 1 月，英特尔（Intel）公司的特德·霍夫在与日本商业通信公司合作研究制台式计算机时，将原始方案的十几个芯片压缩成了三个集成电路芯片。其中的两个芯片分别用于存储程序和数据，称为存储器；另一芯片集成了运算器和控制器，称为微处理器。

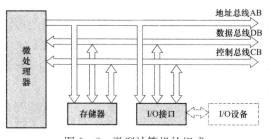

图 1-2　微型计算机的组成

微处理器、存储器和 I/O 接口电路构成了微型处理器。各部分通过地址总线（AB）、数据总线（DB）和控制总线（CB）相连，如图 1-2 所示。

在微型计算机的基础上，再配以系统软件、I/O 设备，便构成了完整的微型计算机系统。

2. 微型计算机的应用形态

从应用形态上，微型计算机可以分成三种：多板机、单板机和单片机。

（1）多板机。多板机是将微处理器、存储器、I/O 接口电路等组装在一块主板机上，再通过系统总线和其他多块外设适配板卡连接键盘、显示器、打印机、软/硬盘驱动器及光驱等设备。各种适配板卡插在主机板的扩展槽上，并与电源、软/硬盘驱动器及光驱等装在同一机箱内，再配上操作系统及各种应用软件，就构成了一个完整的微型计算机系统。

目前人们广泛使用的个人计算机就是典型的多板微型计算机。由于其人机界面好、功能强、软件资源丰富，通常用于办公或家庭的事务处理及科学计算，属于通用计算机。

将系统机的机箱进行加固处理，将底板设计形成无 CPU 的小底板结构，利用底板的扩展槽插入主机板及各种测控板，就构成了一台工业 PC 机。工业 PC 机具有友好的人机界面和丰富的软件资源，因此常作为工业测控系统的主机。

（2）单板机。计算机应用的早期，将 CPU 芯片、存储器芯片、I/O 接口芯片和简单的 I/O 设备等装配在一块印制电路板上，再配上监控程序，就构成了一台单板微型计算机。典型的单板机产品（如 TP801），结构简单，软件资源少，使用不方便，早期主要用于微型计算机原理的教学及简单的控制系统。

现在，人们将嵌入式处理器芯片、存储器芯片及 I/O 接口芯片制作成了工业测控模板，嵌入到工业装置或设备中，如 DG931X。这种形式的单板机控制功能强，适合于复杂的测控系统。

（3）单片机。在一片集成电路芯片上集成微处理器、存储器、I/O 接口电路，便构成了单芯片微型计算机，即单片机。将其配以晶振和复位电路后就形成了简单的应用系统。

图 1-3 所示为微型计算机的三种应用形态。

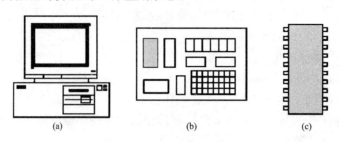

图 1-3　微型计算机的三种应用形态

(a) 系统机；(b) 单板机；(c) 单片机

计算机设计的原始目的是提高计算数据的速度和完成海量的数据计算。人们将完成这种任务的计算机称为通用计算机。

随着计算机技术的发展，人们发现计算机在逻辑处理及工业控制等方面也具有非凡的能力。在控制领域中，人们更多地关心计算机的低成本、小体积运行的可靠性和控制的灵活性。特别是智能仪表、智能传感器、智能家电设备、汽车及军事电子设备等应用系统要求将计算机嵌入到这些设备中。嵌入到控制系统中，实现嵌入式应用的计算机称为嵌入式计算机，也称为专用计算机。

嵌入式应用的计算机可以分为嵌入式微处理器、嵌入式 DSP 处理器、嵌入式微控制器及嵌入式片上系统 SOC。

单片机的体积小、控制功能强，其非凡的嵌入式应用形态对于满足嵌入式应用的需要具有独特的优势。目前，单片机应用技术已经成为电子应用系统设计最为常用的技术手段，学习和掌握单片机应用技术具有极其重要的现实意义。

三、单片机的发展过程及现状

1. 单片机的发展过程

单片机技术的发展十分迅速，产品种类已琳琅满目。纵观整个单片机的发展过程，可以分为三个主要阶段。

(1) 单片形成阶段。1976 年，Intel 公司推出了 MCS-48 系列单片机。基本型产品在片内集成有：8 位 CPU；1KB 程序存储器；64B 数据存储器；一个 8 位定时/计数器；2 个中断源。

此阶段阶的主要特点是：在单个芯片内完成了 CPU、存储器、I/O 接口等部件的集成；但存储器的容量较小，寻址范围小，无串行接口，指令系统功能不强。

(2) 结构成熟阶段。1980 年，Intel 公司推出了 MCS-51 系列单片机。基本型产品在片内集成有：8 位 CPU；4KB 程序存储器；128B 数据存储器；2 个 16 位定时/计数器；5 个中断源，2 个优先级；一个全双工串行口。

此阶段的主要特点是：存储器容量增加，寻址范围扩大，结构体系成熟。现在 MCS-51 已经成为公认的单片机经典机种。

(3) 性能提高阶段。近年来，各半导体厂商不断推出新型单片机芯片，典型的产品如 Atmel 的 AT89C51RD2 单片机，它在片内集成有：8 位 CPU；64KB 程序存储器，具有 ISP 能力；256B RAM、1KB XRAM 和 2KB E^2PROM；3 个 16 位定时/计数器；7 个中断源，4

个优先级；一个全双工串行口；硬件 Watchdog Timer 等。

此阶段的主要特点是：控制性能优异，种类繁多。现在，单片机芯片市场已经呈现出百花齐放的局面。

2. 单片机的发展现状

随着微电子技术的日新月异，单片机产品近况可以归纳如下：

（1）80C51 系列单片机产品繁多，其主流地位已经形成。通用微型计算机计算速度的提高主要体现在 CPU 位数的提高，而单片机更注重的是产品的可靠性、经济性和嵌入性。所以，单片机 CPU 位数的提高需求并不是十分迫切。

多年来的应用实践已经证明，80C51 的系统结构合理、技术成熟。因此，许多单片机芯片生产厂商致力于提高 80C51 单片机产品的综合功能，从而形成了 80C51 的主流产品地位。近年来推出的与 80C51 单片机兼容的主要产品有：Atmel 公司融入 Flash 存储器技术推出的 AT89 系列单片机；Philips 公司推出的 80C51、80C552 系列高性能单片机；华邦公司推出的 W78C51、W77C51 系列高速低价单片机；ADI 公司推出的 ADu C8xx 系列高精度 ADC 单片机；LG 公司推出的 GMS90/97 系列低压高速单片机；Maxim 公司推出的 DS89C420 高速单片机；Cygnal 公司推出的 C80C51F 系列高速 SOC 单片机等。

由此可见，80C51 已经成为事实上的单片机主流系列，所以本书以 80C51 为对象讲述单片机的原理与接口方法。

（2）非 80C51 结构单片机不断推出，给用户提供了更为广泛的选择空间。在 80C51 及其兼容产品流行的同时，一些单片机芯片生产厂商也推出了一些非 80C51 结构的单片机产品，其中影响比较大的有 Intel 公司推出的 MCS - 96 系列 16 位单片机，Microchip 公司推出的 PIC 系列 RISC 结构单片机，TI 公司推出的 MSP430F 系列 16 位单片机，Atmel 公司推出的 AVR 系列 RISC 结构单片机等。

四、单片机的特点及应用领域

1. 单片机的特点

（1）结构上突出控制功能。单片机是为了满足工业控制而设计的，所以其控制功能特别强。它的 CPU、存储器及 I/O 接口集成在同一芯片内，各部件间的连接紧凑，数据在传送时不易受工作环境影响，所以用单片机设计的产品可靠性较高。

近期推出的单片机产品内部集成有高速 I/O 口、ADC、PWM 等部件，并在低电压、低功耗、串行扩展总线、控制网络和开发方式等方面的功能都有了进一步的增强。

（2）使用上易于产品设计。单片机价格低，适合于大批量低成本的产品设计；单片机品种和型号多，适用于广泛的应用领域；单片机的引脚少，体积小，从而使应用系统的印制电路板体积减小，使产品结构灵活精巧。

在现代的各种电子器件中，单片机具有极优的性能价格比。这正是单片机得以广泛应用的重要原因。

2. 单片机的应用领域

由于单片机具有良好的控制性能和灵活的嵌入品质，因此近年来单片机在各种领域都有了极为广泛的应用。主要表现为以下几个方面：

（1）智能仪器仪表。单片机用于各种仪器仪表，一方面提高了仪器仪表的使用功能和精度，使仪器仪表智能化；同时还简化了仪器仪表的硬件结构，从而使人们可以方便地完成仪器仪表产品的升级换代。典型应用有各种智能电气测量仪表、智能传感器等。

（2）机电一体化产品。机电一体化产品是集机械技术、微电子技术自动化技术和计算机技术于一体，具有智能化特征的各种机电产品。单片机在机电一体化产品中的应用极为普遍。典型产品有机器人、数控机床、自动包装机、点钞机、医疗设备、打印机、传真机、复印机等。

（3）实时工业控制。单片机还可以用于各种物理量的采集与控制。电流、电压、温度、液位、流量等物理参数的采集和控制均可以利用单片机方便地实现。在这类系统中，利用单片机作为系统控制器可以根据被控对象的不同特征采用不同的智能算法，实现期望的控制指标，从而提高生产效率和产品质量。典型应用有电机转速控制、温度控制自动生产线等。

（4）分布系统的前端模块。在较复杂的工业系统中，经常要采用分布式测控系统完成大量的分布参数的采集。再这类系统中，采用单片机作为分布式系统的前端采集模块，系统具有运行可靠、数据采集方便灵活、成本低廉等一系列优点。典型产品如 LTM - 8663 等。

（5）家用电器。家用电器是单片机的又一重要应用领域，其前景十分广阔。典型产品有空调器、电冰箱、洗衣机、电饭煲、高档洗浴设备、航天测控系统、黑匣子等。

五、单片机应用系统开发过程

1. 应用系统的开发

设计单片机应用系统时，在完成硬件系统设计之后，必须配备相应的应用软件。正确无误的硬件设计和良好的软件功能设计是一个实用的单片机应用系统的设计目标。完成这一目标的过程称为单片机应用系统的开发。

单片机作为一片集成了微型计算机基本部件的集成电路芯片，与通用微型计算机相比，它自身没有开发功能，必须将借助开发工具完成以下任务：① 调试应用系统，排除软件错误和硬件故障；② 将正确无误的程序固化到单片机内部或外部程序储存器芯片中。

（1）指令的表示形式。指令是让单片机执行的某种操作命令。例如，"将累加器 A 的内容加 1"就是一条单片机指令，它用二进制代码"0000 0100B"来表示，单片机可以识别并执行。但这种代码较多时，人们记忆起来会非常困难。若写成"INCA"则记忆就会容易得多，这就是该指令的助记符表示方法，称为符号指令。利用一定规则将多条符号指令进行有机组合就形成了汇编语言源程序。

（2）汇编和编译。源程序转换成单片机能执行的目标代码，这种转换称为汇编。常用的汇编方法有两种：一是早期的手工汇编，设计人员对照单片机指令编码表，把每一条符号指令翻译成十六进制数表示的目标代码，借助小键盘送入开发装置，然后进行调试，并将调试好的程序写入程序存储器芯片；二是现在普遍采用的利用 PC 机的交叉汇编，获得的目标码文件用编程器写入到单片机或程序存储器中。

通常还可以采用高级语言进行单片机应用程序的设计。在 PC 机中编辑好的高级语言源程序经过编译、链接后形成目标代码文件。这种编程方法便于修改和移植，适合于熟练的程序员进行较为复杂的应用程序开发。

2. 开发过程

单片机应用系统开发时常用的设备是硬件仿真器。仿真的目的是利用仿真器的资源（CPU、存储器和 I/O 设备等）来模拟单片机应用系统（即目标机）的 CPU 或存储器，并跟踪和观察目标系统的运行状态。应用系统的开发要完成以下几个任务：

（1）电路板制作。根据系统功能要求构建系统的硬件电路，利用印制电路板设计软件（如 Protel 99 SE）设计原理图及印制电路板图，经制版、焊接及安装元器件后形成应用系统电路板，如图 1-4 所示。

（2）目标文件生成。利用 PC 机上的集成开发软件编写源程序，经汇编生成目标文件。此时便可以进行仿真调试。仿真可以分为软件模拟和硬件仿真两种方式。软件模拟主要用于算法仿真，它无法仿真应用系统的实时性能，图 1-5 所示为进行软件模拟时通常采用的集成开发软件 μVision（Keil 公司的 μVision2 或 μVision3，简称 μVision）；硬件仿真要使用硬件仿真器，硬件仿真器如图 1-6 所示（其软件平台仍然可以使用 μVision，仅需安装硬件仿真器的驱动程序即可）。

图 1-4　应用系统电路板

图 1-5　集成开发软件

图 1-6　硬件仿真器

（3）目标程序烧写。仿真调试无误的目标程序需要装入到单片机芯片或存储器芯片中，通常采用的工具是编程器或烧写器。将写入了目标程序的单片机或存储器芯片插到单片机应用系统电路板上，这一应用系统就可以独立运行了。

3. 单片机开发技术的进展

Flash 存储技术的发展为一些单片机产品提供了新的开发方法。

图 1-7　编程器（烧写器）

（1）在系统编程技术。对于具有在系统编程能力的单片机芯片，可以先将其焊接到印制电路板上，然后通过普通 PC 机将调试无误的目标程序下载到目标系统中，从而可以不用编程器就能完成目标程序的下载。典型的具有在系统编程能力的单片机产品如 AT89S51、AT89S52 等。

（2）在应用编程技术。采用 IAP 技术的单片机从结构上将 Flash 存储器映射为两个存储体，当运行一个存储体上的用户程序时，可以对另一个存储体重新编程，之后将控制从一个存储体转向另一个存储体。利用该技术的单片机不仅具有 ISP 功能，同时还具有一定的硬件仿真能力。应用系统采用这种芯片开发时可以省去编程器。同时还可以不用另外的硬件仿真器。典型的具有

IAP 技术的单片机产品如 SST89E58 等。图 1-7 所示为烧写器的外观图。

六、μVision 集成开发环境简介

μVision 集成开发环境是美国 Keil 公司的产品，它集编辑、编译、仿真调试等功能于一体，具有当代典型嵌入式处理器开发的流行界面。常用的版本是 μVision2，较新的版本为 μVision3。目前它支持世界上几十个公司的数百种嵌入式处理器。它支持汇编程序的开发，也支持 C 语言程序的开发。

1. μVision 的界面

首先，它有一般应用软件的典型风格，如具有菜单栏和快捷工具栏，另外它可以打开的主要界面是工程窗口和对应的文件编辑窗口、运行信息显示窗口、存储器信息显示窗口等。

为了便于对单片机资源的观察，在工程窗口可以展开"Register"标签，从而可以方便地观察单片机寄存器的状态，打开存储器信息窗口可以显示 ROM、RAM 的内容，还可以打开多种窗口用于应用软件的调试。

2. 目标程序的生成

（1）建立工程。为了获得目标程序，通常需要利用多个程序构成工程文件，这些程序包括汇编语言源文件、C 语言源文件、库文件、包含文件等；生成目标文件的同时，还可以自动生成一些便于分析和调试目标程序的辅助文件，如列表文件等。对这些文件需要进行较好的管理与组织，常用的办法就是建立一个工程文件。

用鼠标单击"Project"菜单的下拉选项"New μVision Project"，在弹出的窗口中输入准备建立的工程文件名，如输入文件名：Lx1。μVision3 的界面如图 1-8 所示。

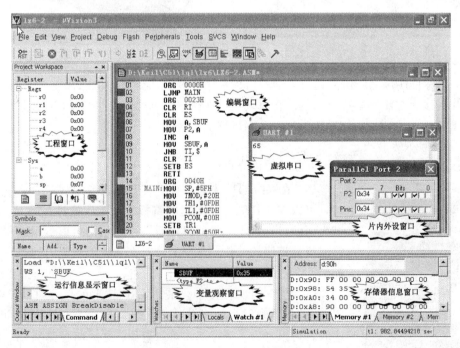

图 1-8　μVision3 的界面

（2）配置工程。刚建立的工程仅仅是一个框架，还应该根据需求添加相应的程序。在工程窗口的"Source Group 1"处单击鼠标右键会弹出一个菜单，单击其中的选项"Add Files

Group 'Source Group 1'",在弹出的窗口中改变文件类型,填入文件名。

如果要加入的文件已经存在于该工程的文件夹下,直接单击加入即可;如果文件还不存在,可以在"File"菜单的"New"选项下建立并编辑,如 Lx1. asm。多个文件可以逐个加入。

(3)编译工程。工程的编译是正确生成目标程序的关键,要完成这一任务应该进行一些基本的设置。在"Project"菜单的下拉选项中,单击"Option for Target 'Target 1'"选项。编译设置界面如图 1-9 所示。

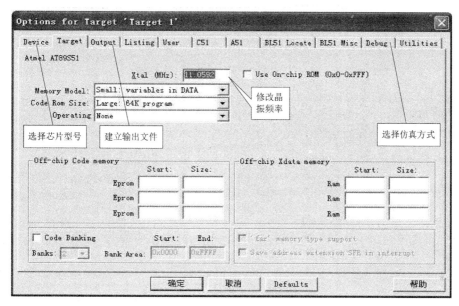

图 1-9　编译设置界面

工程的编译设置内容很多,多数可以采用默认设置,但有些内容必须确认或修改,这些内容包括:"Device"标签,单片机型号的选择;"Target"标签,晶振频率的设置;"Output"标签,输出文件选项"Create HEX File"上要打勾;"Debug"标签,软件模拟方式与硬件仿真方式的选择。

这些配置完成后就可以进行工程的编译了。在"Project"菜单的下拉选项中,进行修改后重新编译,直至无错并生产目标文件。此时在该工程的文件夹下会找到新生成的文件,如 Lx1. hex。

3. 仿真调试

目标文件的正确无误是应用系统最基本的要求,要想达到这一目标,通常要经过仿真调试过程。仿真调试可以分为两大类:一类是软件模拟;另一类是硬件仿真。前者无需硬件仿真器,但无法仿真目标系统的实时功能,常用于算法模拟;后者需要硬件仿真器,它可以仿真目标系统的实时功能,常用于应用系统的硬件调试。

在"Debug"菜单的下拉选项中单击"Start/Stop Debug Session",会使"Debug"菜单的下"Run"、"Step"等选项成为可选状态。

程序运行时可以利用 μVision 的调试功能观察存储器、寄存器、片内外设的状态,特别是可以利用开发环境的虚拟串口与模拟单片机的串口交互信息,为应用程序的调试带来极大的方便。

　4. 事例步骤

　(1) 建立一个文件夹 "lx1"。

　(2) 利用 "File" 菜单的 "New" 选项进入编辑界面，输入下面的源文件，以 lx1. asm 为文件名存盘。

```
       ORG   0000H
MAIN: MOV   A,#0FEH      ;将使 P2.0 位的 LED 点亮的初值送 A
LOOP: MOV   P2,A         ;再通过 A 送入 P2 口
       RL    A           ;A 内容循环左移 1 位
       AJMP  LOOP        ;转至 LOOP 处重复执行
END
```

　(3) 在 lx1 文件夹中建立新工程，以文件名 "lx1" 存盘。

　(4) 在 "Project" 菜单的下拉选项中，单击 "Option for Target 'Target1'" 选项，在弹出的窗口中要完成以下设置：

　1) 单片机芯片选择 "AT89S52"。选择完器件，单击 "确定" 按钮后会弹出一个提示信息框，提示 "Copy Startup Code to Project Folder and Add File to Project?"，选择 "否"，因为不需要向工程添加启动代码。

　2) 晶振频率设为 11.0592MHz。

　3) "Output" 标签下的 "Create HEX File" 前复选框中要打勾。

　4) "Debug" 标签下选择 "Use Simulator"。

　(5) 在 "Project" 菜单的下拉选项中，单击 "Rebuild all Target files" 选项完成汇编。至此目标文件 lx1. out 已经生成，下面开始仿真调试。

　(6) 在 "Debug" 的菜单的下拉选项中单击 "Start/Stop Debug Session" 进入调试状态。

　(7) 在 "Peripherals" 菜单的 "I/O Ports" 选项上选择 "Ports2"。

　(8) 在 "Debug" 菜单下选择 "Step" 方式运行，观察 "Port2" 窗口的状态变化。如果要用 "Run" 方式，应该加入一段延时程序，以便观察 LED 状态的变化。

【单元任务】

任务一　闪　灯　控　制

一、任务导入

　80C51 并行口接发光二极管，可以用指令控制发光二极管的亮灭。当用指令输出 "0" 时，点亮发光二极管；当用指令输出 "1" 时，熄灭发光二极管。用延时程序控制发光二极管的亮灭时间，结合其他指令可以对发光二极管实现各种控制。

二、任务分析

　利用 80C51 构成单片机最小应用系统，如图 1-10 所示。为了观察单片机程序的运行效果，在单片机 P2 口的 8 个引脚处经过限流电阻分别接入了 1 个发光二极管，当 P2 口的输出为低电平时，发光二极管就点亮。

三、任务实施

1. 硬件设计

搭建 P2 口作输出口，接八个发光二极管 L1～ L8，控制 L1～ L8 的亮灭的电路，硬件电路图如图 1-10 所示。

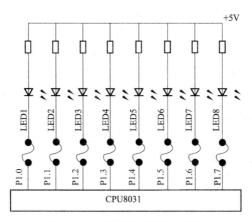

图 1-10 闪灯控制硬件电路图

2. 软件设计

软件设计分为两部分：点亮 LED 的程序部分和延时子程序部分。

程序清单：

```
        ORG     0000H
        SJMP    MAIN
        ORG     0040H
MAIN:   MOV     P2,#00H      ;点亮 P2 口对应 LED
        LCALL   D-1S         ;调用延时子程序
        MOV     A,#0FFH      ;熄灭 P2 口对应 LED
        AJMP    MAIN
D-1S:   MOV     R6,#100      ;以下为延时程序
D10ms:  MOV     R5,#40
DL:     MOV     R4,#123
        NOP
        DJNZ    R4,$
        DJNZ    R5,DL
        DJNZ    R6,D10 ms
        RET
        END
```

📝 **思考：** 试分析若想改变灯亮的时间，应如何修改程序。

【单元小结】

冯·诺伊曼提出了"程序存储"和"二进制运算"的思想，并构建了计算机由运算器、控制器、存储器、输入设备和输出设备所组成这一计算机的经典结构。

将运算器、控制器及各种寄存器集成在一片集成电路芯片上，组成中央处理器（CPU）或微处理器。微处理器配上存储器、输入/输出接口，便构成了微型计算机。

单片机是把微处理器、存储器（RAM 和 ROM）、输入/输出接口电路及定时/计数器等集成在一起的集成电路芯片。它具有体积小、价格低、可靠性高和易于嵌入式应用等特点，极适用于智能仪器仪表和工业测控系统的前端装置。

80C51 系列单片机应用广泛、生产量大，在单片机领域里具有重要的影响。其他新型单片机产品的出现，使单片机世界出现了日新月异的景象。

单片机是为满足工业控制而设计的，它具有良好的实时控制性能和灵活的嵌入品质，近年来在智能仪器仪表、机电一体化产品、实时工业控制、分布式系统的前端模块和家用电器等领域都获得了极为广泛的应用。

单片机作为一片集成电路芯片，它自身没有开发功能，必须借助开发机来完成对应用系统的硬件故障和软件错误的排除，调试完的程序还要固化到单片机内部或外部程序存储器芯片中。新的单片机应用系统开发技术在近年来也有了较快的发展。

【自我测试】

一、填空题

1. 将无符号二进制数 11011.01B 转换为十进制数，其值为_____。

2. 213.5＝_____ B＝_____ H。

3. －123 补码为_____。

4. 十进制数 111 用 8 位二进制数表示时，应为_____ B。

5. 已知某数的 BCD 码为 0111 0101 0100 0010 则其表示的十进制数值为_____。

6. 十进制数 5923 的 BCD 码为_____。

7. 16 位二进制无符号整数表示成十六进制数的范围为_____。

二、选择题

1. 已知某数的 BCD 码 0111 0101 0100 0010，则其表示的十进制数值为_____。

A. 7542H   B. 7542   C. 75.42H   D. 75.42

2. 10101.101B 转换成十进制数是_____。

A. 46.625   B. 3.625   C. 23.62   D. 21.625

3. 3D.0AH 转换成二进制数是_____。

A. 111101.0000101B   B. 111100.0000101B

C. 111101.101B   D. 111100.101B

4. 73.5 转换成十六进制数是_____。

A. 94.8H   B. 49.8H   C. 11H   D. 49H

三、简答题

1. 求十进制数－102 的补码（以两位 16 进制数表示）。

2. 十进制数 126 对应的十六进制数为多少？

3. 已知某数的补码为 84H，该数的十进制数为多少？

4. 123 用二进制表示等于多少？用十六进制表示又等于多少？

5. 只有在什么码的表示中 0 的表示是唯一的？

四、训练题

1. 若某数 X 用二进制补码表示为 $[X]_补 = 10000101B$，则 X 的十进制数为多少？

2. 求十进制数－112 的补码（以两位 16 进制数表示），该补码为多少？

3. 8 位二进制无符号整数表示成十六进制数的范围是多少？

4. 假如两个十六进制数 9FH、79H 相加的和仍然用两位十六进制数表示，那么相加后的和为多少？进位为多少？

单元二　80C51 硬件结构的认识

【单元概述】

　　本单元以了解单片机的组成为基础，利用单片机的并行 I/O 口完成输入/输出，控制发光二极管的亮灭。Intel 公司推出的 MCS-51 系列单片机以其典型的结构、特殊功能寄存器的集中管理方式、灵活的位操作和面向控制的指令系统，为单片机的发展奠定了良好的基础。80C51 是 MCS-51 系列单片机的典型产品。众多单片机芯片生产厂商以 8051 为基核开发出的 CHMOS 工艺单片机产品统称为 8051 系列。

【学习目标】

　　(1) 掌握 80C51 单片机的概念和主要组成部分。

　　(2) 正确理解 80C51 单片机的存储器结构。

　　(3) 正确理解 80C51 单片机的 CPU 及其工作方式。

　　(4) 掌握 80C51 单片机 I/O 口的结构与操作。

　　(5) 学会使用 80C51 单片机的应用模式。

　　(6) 掌握 P0、P1、P2、P3 口的功能与应用。

　　(7) 学会正确使用单片机的引脚。

【相关知识】

一、80C51 的基本知识

1. 80C51 系列概述

　　(1) MCS-51 系列。MCS-51 是 Intel 公司生产的一个单片机系列名称。属于这一系列的单片机有多种型号，如 8051/8751/8031、8052/8752/8032、80C51/87C51/80C31、80C52/87C52/80C32 等。

　　该系列单片机的生产工艺有两种：一是早期的 HMOS 工艺，即高密度短沟道 MOS 工艺；二是现在的 CHMOS 工艺，即互补金属氧化物的 HMOS 工艺。CHMOS 工艺既保持了 HMOS 工艺的高速度和高密度，还具有 CMOS 低功耗的特点。在产品型号中凡带有字母 C 的即为 CHMOS 芯片，不带有字母 C 的即为 HMOS 芯片。HMOS 芯片的电平与 TTL 电平兼容，而 CHMOS 芯片的电平即与 TTL 电平兼容。所以，现在的单片机应用系统中都应采用 CHMOS 工艺的芯片。

　　在功能上，该系列单片机有基本型和增强型两大类，通常以芯片型号的末位数字来区分类型。末位数字为"1"的型号为基本型，末位数字为"2"型号为增强型。例如，80C51/87C51/80C31 为基本型，而 80C52/87C52/80C32 则为增强型，通常选用增强型芯片。

　　在片内程序存储器的配置上，早期有三种形式，即掩膜 ROM、EPROM 和 ROMLess（无片内程序存储器）。例如，80C51 含有 4KB 的掩膜 ROM，87C51 含有 4KB 的 EPROM，而 80C51 在芯片内无程序存储器。现在人们普遍采用另一种具有 Flash 存储器的芯片。

（2）80C51系列。首先，80C51是MCS-51系列单片机中CHMOS工艺的一个典型品种。另外，各厂商以8051为基核开发出的CHMOS工艺单片机产品统称为80C51系列。当前常用的典型产品有Atmel公司的AT89S51、AT89S52、AT89S2051、AT89S4051等，Winbond公司的W78E52B、W77E58等，除此之外，还有Philips、SST等公司的许多产品。虽然这些产品在某些方面有一些差异，但它们的基本结构是相同的。所以本书以80C51统称该系列单片机。

2. 80C51的基本结构

80C51基本型/增强型单片机的组成如图2-1所示。图中与并行口P3复用的引脚有串行口输入和输出引脚RXD和TXD，外部中断输入引脚$\overline{INT0}$和$\overline{INT1}$，外部计数输入引脚T0和T1，外部数据存储器写和读控制信号$\overline{WR}$和$\overline{RD}$。

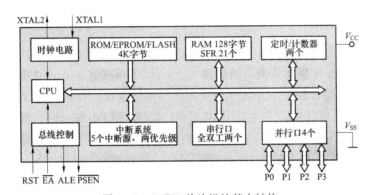

图2-1 80C51单片机的基本结构

由图2-1可见，80C51单片机包含：

（1）CPU系统：8位的CPU，含布尔处理器；时钟电路；总线控制。

（2）CPU系统存储器系统：4KB的程序存储器（ROM/EPROM/Flash，可外扩至64KB）；128B的数据存储器（RAM，可再外扩64KB）；特殊功能寄存器SFR。

（3）I/O和其他功能单元：4个并行I/O口；两个16位的定时/计数器；一个全双工异步串行口（UART）；终端系统（5个中断源、两个优先级）。

3. 80C51典型产品资源配置与引脚封装

（1）80C51典型产品资源配置。虽然80C51系列单片机的内部组成相同，但不同型号的产品在某些方面仍然会有一些差异。典型的单片机产品资源配置见表2-1。

表2-1 80C51系列典型产品资源配置

分　类		芯片型号	存储器类型及字节数		片内其他功能单元数量			
			ROM	RAM	并行接口	串行接口	定时/计数器	中断源
总线型	基本型	80C31	无	128	4个	1个	2个	5个
		80C51	4K 掩膜	128	4个	1个	2个	5个
		87C51	4K EPROM	128	4个	1个	2个	5个
		89C51	4K Flash	128	4个	1个	2个	5个

续表

分类		芯片型号	存储器类型及字节数		片内其他功能单元数量			
			ROM	RAM	并行接口	串行接口	定时/计数器	中断源
总线型	增强型	80C32	无	256	4个	1个	3个	6个
		80C52	8K 掩膜	256	4个	1个	3个	6个
		87C52	8K EPROM	256	4个	1个	3个	6个
		89C52	**8K** Flash	**256**	**4个**	**1个**	**3个**	**6个**
非总线型		89C2051	2K Flash	128	2个	1个	2个	5个
		89C4051	**4K** Flash	**128**	**2个**	**1个**	**2个**	**5个**

注 表中加黑的 Atmel 公司 AT89 系列产品应用方便，应优先选用。

由表 2-1 可知：

1）增强型与基本型的不同：① 片内 ROM 从 4KB 增加到 8KB；② 片内 RAM 从 128B 增加到 256B；③ 定时/计数器从两个增加到 3 个；④ 中断源由 5 个增加到 6 个。

2）片内 ROM 的配置形式：① 无 ROM 型，应用时要在片外扩展程序存储器；② 掩膜 ROM 型，用户程序由单片机芯片生产厂家写入；③ EPROM 型，用户程序通过编程器写入，利用紫外线擦除器擦除；④ FlashROM 型，用户程序可以电写入或擦除。

另外，有些单片机产品还提供了 OTPROM（一次性编程写入 ROM）型供应状态。通常 OTPROM 型单片机较 Flash 型单片机具有更高的环境适应性和可靠性，在环境条件较差时应优先选择。

（2）80C51 单片机的封装和引脚。80C51 单片机采用双列直插式（DIP）、QFP44（Quad Flat Pack）和 LCC（Leaded Chip Carrier）形式封装。这里仅介绍最常用的有总线扩展引脚的 DIP40 封装和无总线扩展引脚的 DIP20 封装，如图 2-2 所示。

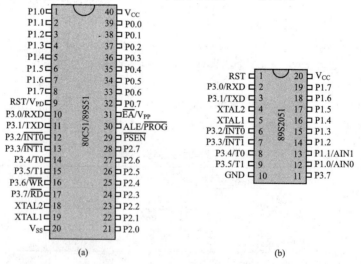

图 2-2　80C51 单片机引脚封装

(a) DIP40 封装；(b) DIP20 封装

注：类似的还有 philips 公司的 87LPC64，20 引脚 8xc748/750/(751)，

24 引脚 8xc749 (752)，28 引脚 8xc754，28 引脚等.

◆ 具有总线扩展引脚 DIP40 封装的单片机的引脚如下:

1) 电源及时钟引脚 (4 个)。

VCC: 电源接入引脚。

VSS: 接地引脚。

XTAL1: 晶体振荡器接入的一个引脚。

XTAL2: 晶体振荡器接入的另一个引脚。

2) 控制线引脚 (4 个)。

RST/VPD: 复位信号输入引脚/备用电源输入引脚。

ALE/$\overline{\text{PROG}}$: 地址锁存允许信号输出引脚/编程脉冲输入引脚。

$\overline{\text{EA}}$/VPP: 内外存储器选择引脚/片内 EPROM (或 FlashROM) 编程电压输入引脚。

$\overline{\text{PSEN}}$: 外部程序存储器选通信号输出引脚。

3) 并行 I/O 引脚 (32 个, 分成 4 个 8 位口)。

P0.0~P0.7: 一般 I/O 口引脚或数据/低位地址总线复用引脚。

P1.0~P1.7: 一般 I/O 口引脚。

P2.0~P2.7: 一般 I/O 口引脚或高位地址总线引脚。

P3.0~P3.7: 一般 I/O 口引脚或第二功能引脚。

◆ 无总线扩展引脚 DIP20 封装 (以 89S2051 为例) 的单片机的引脚如下:

1) 电源及时钟引脚 (4 个)。

VCC: 电源接入引脚。

GND: 接地引脚。

XTAL1: 晶体振荡器接入的一个引脚。

XTAL2: 晶体振荡器接入的另一个引脚。

2) 控制线引脚 (1 个)。

RST: 复位信号输入引脚。

3) 并行 I/O 引脚 (15 个)。

P1.0~P1.7: 一般 I/O 口引脚 (P1.0 和 P1.1 兼作模拟信号输入引脚 AIN0 和 AIN1)。

P3.0~P3.5、P3.7: 一般 I/O 口引脚或第二功能引脚。

二、80C51 单片机的 CPU

80C51 单片机由 CPU (含运算器、控制器及一些寄存器)、存储器和 I/O 口组成。其内部逻辑结构如图 2-3 所示。

(一) CPU 的功能单元

80C51 单片机的 CPU 是一个 8 位的高性能中央处理器 (CPU), 它的作用是读入并分析每条指令, 根据各指令的功能控制单片机的各功能部件执行指定的操作。CPU 主要由以下几部分构成。

1. 运算器

运算器由算术/逻辑运算单元 ALU、累加器 ACC、寄存器 B、暂存寄存器、程序状态字寄存器 PSW 组成。它完成的任务是实现算术和逻辑运算、位变量处理和数据传送等

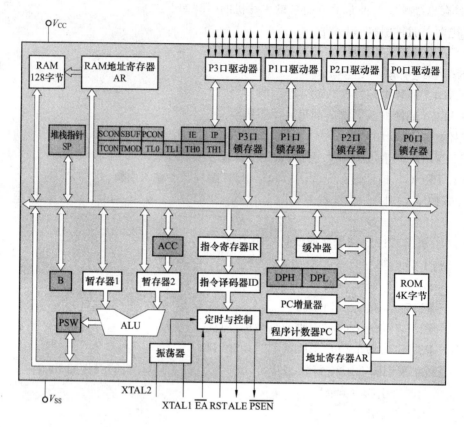

图 2-3 80C51 内部逻辑结构

操作。

80C51 的 ALU 功能极强,既可以实现 8 位数据的加、减、乘、除算术运算和与、或、异或、循环、求补等逻辑运算,同时还具有一般微处理器所不具备的位处理功能。

累加器 ACC 用于向 ALU 提供操作数和存放运算的结果。在运算时,将一个操作数经暂存器送至 ALU,与另一个来自暂存器的操作数在 ALU 中进行运算,运算后的结果又送回累加器 ACC。同一般的微型计算机相似,80C51 单片机在结构上也是以累加器 ACC 为中心,大部分指令的执行都要通过累加器 ACC 进行。

寄存器 B 在进行乘、除运算时用来存放一个操作数,也用来存放运算后的一部分结果。在不进行乘、除运算时,可以作为普通的寄存器使用。

暂存寄存器用来暂时存放数据总线或其他寄存器送来的操作数。它作为 ALU 的数据输入源,向 ALU 提供操作数。

程序状态字寄存器 PSW 是状态标志寄存器,用来保存 ALU 运算结果的特征(如结果是否为 0,是否有溢出等)和处理器状态。这些特征和状态可以作为控制程序转移的条件,供程序判别和查询使用。

| CY | AC | F0 | RS1 | RS0 | OV | — | P |

PSW 字节地址为 D0H

(1) CY：进位、借位标志位。有进位、借位时，CY＝1；否则，CY＝0。

(2) AC：辅助进位、借位标志位。低半字节向上有进位或借位时，AC＝1；否则，AC＝0。

(3) F0：用户标志位。由用户自己定义。

(4) RS1、RS0：当前工作寄存器组选择位。RS1、RS0 为 00、01、10、11 分别对应寄存器组 0 组、1 组、2 组、3 组。

(5) OV：溢出标志位。有溢出时，OV＝1；否则，OV＝0。

(6) P：奇偶标志位。存放于 ACC 中的运算结果有奇数个 1 时，P＝1；否则，P＝0。

2．控制器

80C51 的控制器由指令寄存器 IR、指令译码器及控制逻辑电路组成。

指令寄存器 IR 用于保存当前正在执行的一条指令。执行一条指令时，先要把它从程序存储器取到指令寄存器中。指令内容含操作码和地址码，操作码送往指令译码器并形成相应指令的微操作信号，地址码送往操作数地址形成电路以便形成实际的操作数地址。

指令译码器与控制逻辑是微处理器的核心部件，它的任务是完成读指令、执行指令、存取操作数或运算结果等操作，向其他部件发出各种微操作控制信号，协调各部件的工作。80C51 单片机片内设有振荡电路，因此只需外接石英晶体和频率微调电容就可以产生内部时钟信号。

3．其他寄存器

程序计数器 PC 是一个 16 位的计数器（注：PC 不属于特殊功能寄存器 SFR 的空间）。它总是存放着下一个要取的指令的 16 位存储单元地址。CPU 总是把 PC 的内容作为地址，从内存中取出指令码。每取完一个字节，PC 的内容会自动加 1，为取下一个字节做好准备。在执行转移指令、子程序调用指令及中断响应时，转移指令、调用指令或中断响应过程会自动给 PC 置入新的地址。单片机上电或复位时，PC 装入地址 0000H。这样就保证了单片机上电或复位后，程序从 0000H 地址处开始执行。

数据指针 DPTR 是一个 16 位的寄存器，它由两个 8 位的寄存器 DPH 和 DPL 组成，用来存放 16 位的地址。利用间接寻址方式（MOVX @DPTR，A 或 MOVX A，@DPTR 指令）可以对片外 RAM 或 I/O 接口的数据进行访问。利用变址寻址方式（MOVX A，@A＋DPTR 指令）可以对 ROM 单元中的数据进行读取。

堆栈指针 SP 是一个 8 位的寄存器。它总是指向堆栈的顶部。80C51 单片机的堆栈通常设在 30H～7FH 这一段片内 RAM 中。堆栈操作遵循"后进先出"的原则，数据入栈时，SP 先加 1，然后再将数据压入 SP 指向的单元；数据出栈时，先将 SP 指向的单元数据弹出，然后 SP 再减 1，这时 SP 指向的单元是新的栈顶。由此可见，80C51 单片机的堆栈区是向地址增大的方向生成的（这与 80x86 的堆栈组织不同）。

工作寄存器 R0～R7 共占用了 32 个片内 RAM 单元，分成 4 组，每组 8 个单元。当前工作寄存器组由 PSW 的 RS1 和 RS0 位指定。

80C51 的寄存器及其在存储器中的映射如图 2-4 所示。

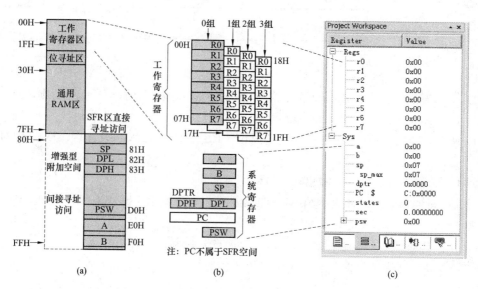

图 2-4　80C51 的寄存器及其在存储器中的映射

(a) 在存储器中的映射；(b) 编程模型；(c) μVision 观察界面

（二）CPU 的时钟与时序

单片机的工作过程是：取一条指令、译码、进行微操作，再取一条指令、译码、进行微操作，这样自动地、一步一步地由微操作依序完成相应指令规定的功能。各指令的微操作在时间上有严格的次序，这种微操作的时间次序称为时序。

1. 时钟产生方式

80C51 单片机的时钟信号通常由两种方式产生：一是内部时钟方式，二是外部时钟方式。

内部时钟方式如图 2-5 (a) 所示，只要在单片机的 XTAL1 和 XTAL2 引脚外接晶振即可。图中电容器 C1 和 C2 的作用是稳定频率和快速起振，电容值为 5~30pF，典型值为 30pF，晶振 CYS 的振荡频率要小于 12MHz，典型值为 6MHz、12MHz 或 11.0592MHz。

外部时钟方式是把外部已有的时钟信号引入到单片机内，如图 2-5 (b) 所示。此方式用于多片 80C51 单片机同时工作，并要求各单片机同步运行的场合。

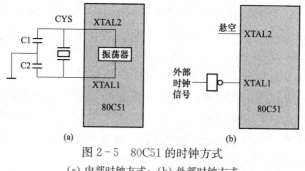

图 2-5　80C51 的时钟方式

(a) 内部时钟方式；(b) 外部时钟方式

实际应用中通常采用外接晶振的内部时钟方式，晶振频率高一些可以提高指令的执行速度，但相应的功耗和噪声也会增加，因此在满足系统功能的前提下，应选择低一些的晶振频率。当系统要与 PC 机通信时，应选择 11.0592MHz 的晶振，这样便于将波特率设定为标称值。

2. 80C51 的时钟信号

晶振周期（有时称为时钟周期）为最小的时序单位，80C51 单片机的时钟信号如图 2-6 所示。晶振信号经分频器后形成两相错开的信号 P1 和 P2。P1 和 P2 的周期也称为 S 状态，它是晶振周期的 2 倍，即一个 S 状态包含两个晶振周期。在每个 S 状态的前半周期，相位 1（P1）信号有效，在每个 S 状态的后半周期，相位 2（P2）信号有效。每个 S 状态有两个节拍（相）P1 和 P2，CPU 以 P1 和 P2 为基本节拍指挥各个部件协调地工作。

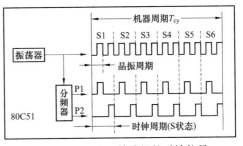

图 2-6　80C51 单片机的时钟信号

晶振信号 12 分频后形成机器周期，即一个机器周期包含 12 个晶振周期。因此，每个机器周期的 12 个振荡脉冲可以依次表示为 S1P1、S1P2、S2P1、S2P2、…、S6P2。

指令的执行时间称为指令周期。80C51 单片机的指令按执行时间可以分为三类：单周期指令、双周期指令和四周期指令（四周期指令只有乘、除两条指令）。

晶振周期、S 状态、机器周期和指令周期均是单片机的时序单位。机器周期常用作计算其他时间的基本单位。例如，晶振频率为 12MHz 时机器周期为 $1\mu s$，指令周期为 $1\sim4$ 个机器周期，即 $1\sim4\mu s$。应用系统调试时首先应该保证单片机的时钟系统能够正常工作。当晶振电路、复位电路和电源电路正常时，在 ALE 引脚可以观察到稳定的脉冲信号，其频率为晶振频率的 1/6。

3. 80C51 的典型时序

（1）单周期指令时序。单字节指令时序如图 2-7（a）所示。在 S1P2 开始把指令操作码读入指令寄存器，并执行指令，但在 S4P2 开始读的下一条指令的操作码要丢弃，且程序计数器 PC 不加 1。

双字节指令时序如图 2-7（b）所示。在 S1P2 开始把指令操作码读入指令寄存器，并执行指令。在 S4P2 开始再读入指令的第二字节。单字节和双字节指令均在 S6P2 结束操作。

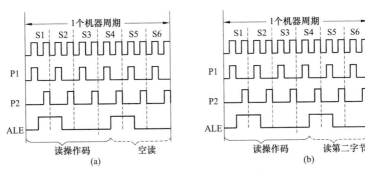

图 2-7　单周期指令时序
（a）单字节指令；（b）双字节指令

（2）双周期指令时序。对于单字节指令，在两个机器周期之内要进行 4 次读操作。只是后 3 次读操作无效，如图 2-8 所示。

在图 2-8 中可以看到，每个机器周期中 ALE 信号有效两次，具有稳定的频率，可以将

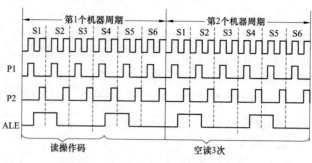

图 2-8　单字节双周期指令时序

其操作为外部设备的时钟信号。

　　但应注意的是，在对片外 RAM 进行读/写操作时，ALE 信号会出现非周期现象，如图 2-9所示。

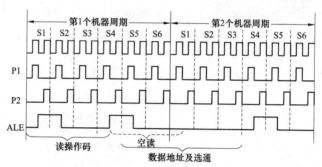

图 2-9　访问片外 RAM 的双周期指令时序

　　由图 2-9可见，在第 2 个机器周期没有读操作码的操作，而是进行外部数据存储器的寻址和数据选通，图 2-9所示在 S1P2～S2P1 间无 ALE 信号，此时 ALE 呈现非周期性。

　　（三）80C51 单片机复位

　　复位是指使单片机或系统中的其他部件处于某种确定的初始状态。单片机的工作就是从复位开始的。

　　1. 复位电路

　　当 80C51 的 RST 引脚加高电平复位信号（保持两个以上机器周期）时，单片机内部就执行复位操作。复位信号变为低电平时，单片机开始执行程序。单片机复位电路如图 2-10所示。

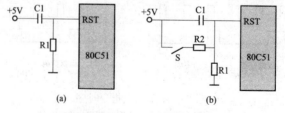

图 2-10　单片机复位电路

(a) 上电复位电路；(b) 上电与按键复位电路

　　实际应用中，复位操作有两种基本形式：一种是上电复位；另一种是上电与按键均有效的复位。上电复位要求接通电源后，单片机自动实现复位操作。常用的上电复位电路如图 2-10（a）

所示。上电瞬间 RST 引脚获得高电平，随着电容 C1 的充电，RST 引脚的高电平将逐渐下降。RST 引脚的高电平只要能保持足够的时间（两个机器周期），单片机就可以进行复位操作。该电路典型的电阻和电容参数是：晶振为 12MHz 时，C1 为 $10\mu\text{F}$，R1 为 $8.2\text{k}\Omega$；晶振为 6MHz 时，C1 为 $22\mu\text{F}$，R1 为 $1\text{k}\Omega$。

上电与按键均有效的复位电路如图 2-10（b）所示。上电复位原理与图 2-10（a）所示电路的原理相同，另外，在单片机运行期间，还可以利用按键完成复位操作。晶振为 6MHz 时，R2 为 200Ω。

实际应用中，如果在单片机断电后，有可能在较短的时间内再次加电，则可以在 R1 上并接一个放电二极管，这样可以有效地提高此种情况下复位的可靠性。

2. 单片机复位后的状态

单片机的复位操作使单片机进入初始化状态。初始化后，程序计数器 PC＝0000H，所以程序从 0000H 地址单元处开始执行。单片机启动后，片内 RAM 为随机值，运行中的复位操作不改变片内 RAM 的内容。

复位后，特殊功能寄存器的状态是确定的。P0～P3 为 FFH，SP 为 07H，SBUF 不定，IP、IE 和 PCON 的有效位为 0，其余的特殊功能寄存器的状态均为 00H。相应的意义如下：

（1）P0～P3＝FFH，相当于各口锁存器已写入 1，此时不但可以用于输出，也可以用于输入。

（2）SP＝07H，堆栈指针指向片内 RAM 的 07H 单元（第一个入栈内容将写入 08H 单元）。

（3）IP、IE 和 PCON 的有效位为 0，表明各中断源处于低优先级且均被关断、串行通信的波特率不加倍。

（4）PSW＝00H，表明当前工作寄存器为 0 组。

三、80C51 的存储器组织

存储器是组成计算机的主要部件，其功能是存储信息。存储器可以分成两大类：一类是随机存取存储器，另一类是只读存储器。

对于 RAM，CPU 在运行时能随时进行数据的写入和读出操作，但在关闭电源时，其存储的信息将丢失。所以，它用来存放暂时性的输入输出数据、运算的中间结果或用作堆栈。

ROM 是一种写入信息后不易改写的存储器。断电后，ROM 中的信息保留不变。所以，ROM 用来存放程序或常数，如系统监控程序、常数表等。

（一）单片机的程序存储器配置

80C51 单片机的程序计数器 PC 是 16 位的计数器，所以它能寻址 64KB 的程序存储器地址范围，允许用户程序调用或转向 64KB 的任何地址存储单元。

1. 片内与片外程序存储器的选择

80C51 单片机利用$\overline{\text{EA}}$引脚确定是运行片内程序存储器中的程序还是运行片外程序存储器中的程序。

（1）$\overline{\text{EA}}$引脚接高电平。当$\overline{\text{EA}}$引脚接高电平时，对于基本型单片机，首先在片内程序存储器中取指令，当 PC 的内容超过 FFFH 时，系统会自动转到片外程序存储器中取指令。外部程序存储器的地址从 1000H 开始编址，如图 2-11 所示。

对于增强型单片机，首先在片内程序存储器中取指令，当 PC 的内容超过 1FFFH 时，系统才转到片外程序存储器中取指令。

（2）$\overline{\text{EA}}$引脚接低电平。当$\overline{\text{EA}}$引脚接低电平时，单片机自动转到片外程序存储器中取指令。外部程序存储器的地址从 0000H 开始编址，如图 2-12 所示。

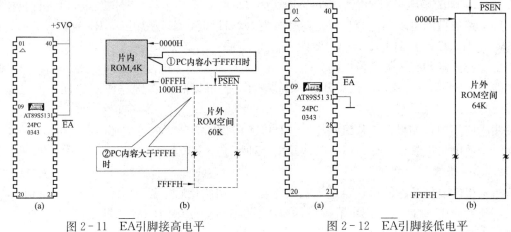

图 2-11　$\overline{EA}$引脚接高电平

(a) $\overline{EA}$引脚的连接；(b) 线运行片内 ROM 程序

图 2-12　$\overline{EA}$引脚接低电平

(a) $\overline{EA}$引脚的连接；(b) 读片外 ROM 程序

2. 程序存储器低端的几个特殊单元

程序存储器低端的一些地址被固定地用作特定的入口地址，如图 2-13 所示。
这些单元的用途如下：

(1) 0000H：单片机复位后的入口地址。

(2) 0003H：外部中断 0 的中断服务程序入口地址。

(3) 000BH：定时/计数器 0 溢出中断服务程序入口地址。

(4) 0013H：外部中断 1 的中断服务程序入口地址。

(5) 001BH：定时/计数器 1 溢出中断服务程序入口地址。

(6) 0023H：串行口的中断服务程序入口地址。

(7) 002BH：增强型单片机定时/计数器 2 溢出或 T2EX 负跳变中断服务程序入口地址。

地址 0000H 作为复位入口，通常存放一条跳转指令，单片机复位后首先执行该指令进入主程序，基本程序结构如图 2-14 所示。

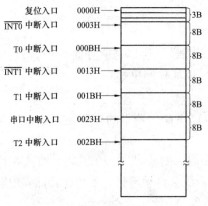

图 2-13　ROM 低端入口地址

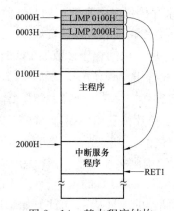

图 2-14　基本程序结构

主程序执行时，如果开放了 CPU 中断，且某一中断被允许（图中为外部中断 0），当该中断事件发生时，就会暂时停止主程序的执行，转而去执行中断服务程序。编程时，通常在该中断入口地址中放入一条转移指令，从而使该中断发生时，系统能够跳转到该中断在程序存储器区高端的中断服务程序。只有在中断服务程序长度少于 8B 时，才可以将中断服务程序直接放在从相应的入口地址开始的几个单元中。

3. 程序存储器中的指令代码及观察界面的显示

示例程序如下：

```
        ORG     0000H
MAIN:MOV     A,#0FEH
LOOP:MOV     P2,A
        RL      A
        AJMP    LOOP
        END
```

该程序的功能是：先将 P2.0 位设为低电平，而 P2 口的其他位均为高电平。程序执行后，该低电平的状态逐次左移，移到最高位 P2.7 后又循环至 P2.0。程序中 ORG 和 END 的作用是向汇编器指示汇编过程的结束。该程序的代码共 7B，写到程序存储器时的映射关系及观察界面如图 2-15 所示。

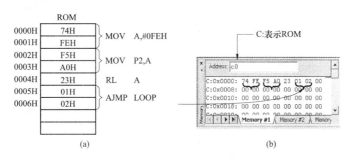

图 2-15　存储器映射及观察界面

（a）存储器映射；（b）μVision 观察界面

（二）80C51 单片机的数据存储器配置

80C51 单片机的数据存储器分为片外 RAM 和片内 RAM 两大部分。

片内 RAM 共有 128B，分为工作寄存器区、位寻址区、通用 RAM 区三部分。基本型单片机片内 RAM 的地址范围是 00H~7FH。增强型单片机片内除了地址范围在 00H~7FH 的 128B 的 RAM 空间外，又增加了 80H~FFH 的高 128B 的 RAM 空间。增加的这一部分 RAM 空间仅能采用间接寻址方式访问。

片外 RAM 地址空间为 64KB，地址范围是 0000H~FFFFH。与程序存储器地址空间不同的是，片外 RAM 地址空间与片内 RAM 地址空间在地址的低端 0000H~007FH 是重叠的。这就需要采用不同的寻址方式加以区分。访问

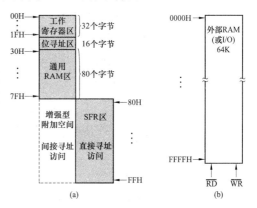

图 2-16　80C51 单片机 RAM 配置

（a）片内 RAM 及 SFR；（b）片外 RAM

片外 RAM 空间时采用专门的指令 MOVX 实现，这时读（$\overline{\text{RD}}$）或写（$\overline{\text{WR}}$）信号有效；而访问片内 RAM 空间时使用 MOV 指令，无读/写信号产生，80C51 单片机的 RAM 配置如图 2-16 所示。

在 80C51 单片机中，尽管片内 RAM 的容量不大，但它的功能多，使用灵活，是进行单片机应用系统设计时必须要周密考虑的。片内 RAM 详图如图 2-17 所示。

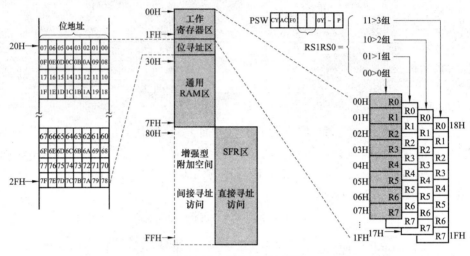

图 2-17　片内 RAM 详图

1. 工作寄存器区

片内 RAM 低端的 00H~1FH 共 32 个字节单元，分成 4 个工作寄存器组，每组占 8 个单元。

（1）寄存器 0 组：地址 00H~07H。

（2）寄存器 1 组：地址 08H~0FH。

（3）寄存器 2 组：地址 10H~17H。

（4）寄存器 3 组：地址 18H~1FH。

每个工作寄存器组都有 8 个寄存器，分别称为 R0、R1、…、R7。程序运行时，只能有一个工作寄存器组作为当前工作寄存器组，如图 2-17 所示。当前工作寄存器组由特殊功能寄存器中的程序状态字寄存器 PSW 的 RS1、RS0 位来决定。使用时可以对这两位进行编程，以选择不同的工作寄存器组。工作寄存器组与 RS1、RS0 位的关系及地址见表 2-2。

表 2-2　　　　　　　　　　　　　80C51 单片机工作寄存器地址

组号	RS1	RS0	R7	R6	R5	R4	R3	R2	R1	R0
0	0	0	07H	06H	05H	04H	03H	02H	01H	00H
1	0	1	0FH	0EH	0DH	0CH	0BH	0AH	09H	08H
2	1	0	17H	16H	15H	14H	13H	12H	11H	10H
3	1	1	1FH	1EH	1DH	1CH	1BH	1AH	19H	18H

当前工作寄存器组从某一工作寄存器组换至另一工作寄存器组时，原来工作寄存器组各寄存器的内容将被屏蔽保护起来。利用这一特性可以方便快速地完成现场保护任务。

2. 位寻址区

内部 RAM 的 20H～2FH 共 16 个字节是位寻址区。其 128 位的地址范围是 00H～7FH，对被寻址的位可以进行位操作。人们常将程序状态标志位控制变量设在位寻址区内。该区未用到的单元也可以作为通用 RAM 使用。80C51 单片机位地址见表 2-3。

表 2-3　　　　　　　　　　　　　　80C51 单片机位地址表

字节地址	位地址							
	D7	D6	D5	D4	D3	D2	D1	D0
20H	07H	06H	05H	04H	03H	02H	01H	00H
21H	0FH	0EH	0DH	0CH	0BH	0AH	09H	08H
22H	17H	16H	15H	14H	13H	12H	11H	10H
23H	1FH	1EH	1DH	1CH	1BH	1AH	19H	18H
24H	27H	26H	25H	24H	23H	22H	21H	20H
25H	2FH	2EH	2DH	2CH	2BH	2AH	29H	28H
26H	37H	36H	35H	34H	33H	32H	31H	30H
27H	3FH	3EH	3DH	3CH	3BH	3AH	39H	38H
28H	47H	46H	45H	44H	43H	42H	41H	40H
29H	4FH	4EH	4DH	4CH	4BH	4AH	49H	48H
2AH	57H	56H	54H	54H	53H	52H	51H	50H
2BH	5FH	5EH	5DH	5CH	5BH	5AH	59H	58H
2CH	67H	66H	65H	64H	63H	62H	61H	60H
2DH	6FH	6EH	6DH	6CH	6BH	6AH	69H	68H
2EH	77H	76H	75H	74H	73H	72H	71H	70H
2FH	7FH	7EH	7DH	7CH	7BH	7AH	79H	78H

3. 通用 RAM 区

位寻址区之后的 30H～7FH 共 80 个字节为通用 RAM 区。这些单元可以作为数据缓冲器使用。在这一区域的操作指令非常丰富，数据处理方便灵活。

在实际的应用中，堆栈一般设在 30H～7FH 的范围内。栈顶的位置由堆栈指针 SP 指示。复位时 SP 的初值为 07H，在系统初始化时通常要对 SP 的值进行重新设置。

为了在仿真软件环境下观察内部 RAM 的内容，编写的实例程序如下。程序的功能是将内部 RAM 的 30H～3FH 这 16 个单元初始化为数据 00H～0FH。

```
        ORG     0000H
MAIN:   MOV     R7,16
        MOV     A,#00H
        MOV     R0,#30H
LOOP:   MOV     @R0,A
        INC     R0
        INC     A
        DJNZ    R7,LOOP
        SJMP    $
        END
```

图 2-18 所示为执行结果。

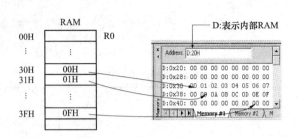

图 2-18　在 μVision 中观察结果

（三）80C51 单片机的特殊功能寄存器（SFR）

在 80C51 中也设置了片内 RAM 统一编址的 21 个特殊功能寄存器，它们离散地分布在 80H～FFH 的地址空间中。字节地址能被 8 整除的（即十六进制的地址码尾数为 0 或 8 的）单元是具有位地址的寄存器。在 SFR 地址空间中，有效的位地址共有 83 个，其位地址及字节地址表见表 2-4。

表 2-4　　　　　　　　　　　　　　SFR 位地址及字节地址表

SFR	位地址/位符号（有效位 82 个）								字节地址
P0	87H	86H	85H	84H	83H	82H	81H	80H	80H
	P0.7	P0.6	P0.5	P0.4	P0.3	P0.2	P0.1	P0.0	
SP									81H
DPL									82H
DPH									83H
PCON	按字节访问，但相应位有规定含义（见第 6 章）								87H
TCON	8FH	8EH	8DH	8CH	8BH	8AH	89H	88H	88H
	TF1	TR1	TF0	TR0	IE1	IT1	IE0	IT0	
TMOD	按字节访问，但相应位有规定含义（见第 5 章）								89H
TL0									8AH
TL1									8BH
TH0									8CH
TH1									8DH
P1	97H	96H	95H	94H	93H	92H	91H	90H	90H
	P1.7	P1.6	P1.5	P1.4	P1.3	P1.2	P1.1	P1.0	
SCON	9FH	9EH	9DH	9CH	9BH	9AH	99H	98H	98H
	SM0	SM1	SM2	REN	TB8	RB8	T1	RI	
SBUF									99H

SFR	位地址/位符号（有效位 82 个）								字节地址
P2	A7H	A6H	A5H	A4H	A3H	A2H	A1H	A0H	A0H
	P2.7	P2.6	P2.5	P2.4	P2.3	P2.2	P2.1	P2.0	
IE	AFH	—	—	ACH	ABH	AAH	A9H	A8H	A8H
	EA			ES	ET1	EX1	ET0	EX0	
P3	B7H	B6H	B5H	B4H	B3H	B2H	B1H	B0H	B0H
	P3.7	P3.6	P3.5	P3.4	P3.3	P3.2	P3.1	P3.0	
IP	—	—	—	BCH	BBH	BAH	B9H	B8H	B8H
				PS	PT1	PX1	PT0	PX0	
PSW	D7H	D6H	D5H	D4H	D3H	D2H	D1H	D0H	D0H
	CY	AC	F0	RS1	RS0	OV	—	P	
ACC	E7H	E6H	E5H	E4H	E3H	E2H	E1H	E0H	E0H
	ACC.7	ACC.6	ACC.5	ACC.4	ACC.3	ACC.2	ACC.1	ACC.0	
B	F7H	F6H	F5H	F4H	F3H	F2H	F1H	F0H	F0H
	B.7	B.6	B.5	B.4	B.3	B.2	B.1	B.0	

访问 SFR 时只允许使用直接寻址方式。

特殊功能的寄存器（SFR）每一位的定义和作用与单片机各部件直接相关。这里先做简要说明，详细用法在相应的章节再进行说明。

1. 与运算器相关的寄存器（3 个）

（1）累加器 ACC，8 位。它是 80C51 中使用最频繁的寄存器。用于向 ALU 提供操作数，许多运算的结果也存放在累加器中。

（2）寄存器 B，8 位。主要用于乘法、除法运算，也可以作为 RAM 的一个单元使用。

（3）程序状态字寄存器 PSW，8 位。保存 ALU 运算结果的特征和处理状态，其 RS1 和 RS0 位用来设定当前的工作寄存器组。

2. 指针类寄存器（3 个）

（1）堆栈指针 SP，8 位。复位状态为 07H。

（2）数据指针 DPTR，16 位。分为寄存器 DPH 和 DPL。

3. 与口相关的寄存器（7 个）

（1）并行 I/O 口 P0、P1、P2、P3，均为 8 位。通过对这 4 个寄存器的读/写，可以实现数据从相应口的输入/输出。

（2）串行口数据缓冲器 SBUF。

（3）串行口控制寄存器 SCON。

（4）串行通信波特率倍增寄存器 PCON（一些位还与电源控制相关，所以又称为电源控制寄存器）。

4. 与中断相关的寄存器（2 个）

（1）中断允许控制寄存器 IE。

（2）中断优先控制寄存器 IP。

5. 与定时/计数器相关的寄存器（6个）

（1）定时/计数器 T1 的两个 8 位计数初值寄存器 TH0、TL0，它们可以构成 16 位的计数器，TH0 存放高 8 位，TL0 存放低 8 位。

（2）定时/计数器 T1 的两个 8 位计数初值寄存器 TH1、TL1，它们构成 16 位的计数器，TH1 存放高 8 位，TL1 存放低 8 位。

（3）定时/计数器的工作方式寄存器 TMOD。

（4）定时/计数器的控制寄存器 TCON。

四、80C51 的并行口结构与操作

80C51 单片机有 4 个 8 位的并行 I/O 口 P0、P1、P2、和 P3。各口均由锁存器、输出驱动器和输入缓冲器组成。各口除了可以作为字节输入/输出外，它们的每一条口线也可以单独地用作位输入/输出线。各口编址于特殊功能寄存器中，既有字节地址又有位地址。对口锁存器进行读/写，就可以实现口的输入/输出操作。虽然各口的功能不同，且结构也存在一些差异，但每个口的位结构是相同的。所以对口结构的介绍均以其位结构进行说明。

（一）P0 口、P2 口的结构

当不需要外部总线扩展（不外扩存储器或接口芯片）时，P0 口、P2 口用作通用的输入/输出口；当需要外部总线扩展（外扩存储器或接口芯片）时，P0 口作为分时复用的低 8 位地址/数据总线，P2 口作为高 8 位地址总线。

1. P0 口的结构

P0 口由一个输出锁存器、一个转换开关 MUX、两个三态输入缓存器、输出驱动电路和一个与门及一个反相器组成，如图 2-19 所示。

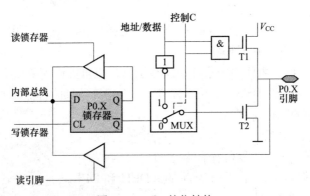

图 2-19　P0 的位结构

图 2-19 中控制信号 C 的状态决定了转换开关的位置。当 C=0 时，开关处于图中所示位置；当 C=1 时，开关拨向相反相器输出的端位置。

（1）P0 用作通用 I/O 口（C=0）。当应用系统不进行片外总线扩展（即不扩展存储器或接口芯片）时，P0 口用作通用 I/O 口。在这种情况下，单片机硬件自动使 C=O，MUX 开关接向锁存器的反相输出端。另外，与门输出的 0 使输出驱动器的上拉场效应晶体管 T1 处于截止状态。因此，输出驱动级工作在需外接上拉电阻的漏极开路方式。

P0 口用作输出口时，CPU 执行口的输出指令，内部数据总线上的数据在"写锁存器"信号的作用下由 D 端进入锁存器，经锁存器的反相端送至场效应晶体管 T2，再经 T2 反相，在 P0.X 引脚出现的数据正好是内部总线的数据。

P0 口用作输入口时，数据可以读自接口的锁存器，也可以读自接口的引脚。这要根据输入操作采用的是"读锁存器"指令还是"读引脚"指令来决定。

执行"读—修改—写"类输入指令时，内部产生的"读锁存器"操作信号，使锁存器 Q 端的数据进入内部数据总线，在与累加器 A 进行逻辑运算之后，结果又送回 P0 口的口锁存器并出现在引脚上。读口锁存器可以避免因外部电路原因使原口引脚的状态发生变化而造成的误读。例如，用一根口线驱动一个晶体管的基极，在晶体管的发射极接地的情况下，当向口线写 1 时，晶体管导通，并把引脚的电平拉低到 0.7V。这时若从引脚读数据，会把状态为 1 的数据误读为 0；若从锁存器读，则不会读错。

执行"MOV"类输入指令时（如 MOV A，P0）内部产生的操作信号是"读引脚"。这时必须注意，在执行该类输入指令前要先把锁存器写入 1，目的是使场效应晶体管 T2 截止，从面使引脚处于悬浮状态，可以作为高阻输入。否则，在作为输入方式之前曾向锁存器输出个 20，则 T2 导通会使引脚箝位在 0 电平，使输入高电平 1 无法读入。所以，P0 口在作为通用 I/O 时，属于准双向口。

（2）P0 用作地址/数据总线（C＝1）。当应用系统进行片外总线扩展（即扩展储存器或接口芯片）时，这时 P0 口用作地址/数据总线。在这种情况下，单片机内硬件自动使 C＝1，MUX 开关接向反相器的输出端，这时由与门的输出地址/数据总线的状态决定。

执行输出指令时，低 8 位地址信息和数据信息分时出现在地址/数据总线上。若地址/数据总线的状态为 1，则场效应晶体管 T1 导通、T2 截止，引脚状态为 1；若地址/数据总线的状态为 0，则场效应晶体管 T1 截止、T2 导通，引脚状态为 0。可见 P0.X 引脚的状态正好与地址/数据总线的信息相同。

执行输入指令时，首先低 8 位地址信息出现在地址/数据总线上，P0.X 引脚的状态与地址/数据总线的地址信息相同。然后，CPU 自动地使开关 MUX 拨向锁存器，并向 P0 口写入 FFH，同时"读引脚"信号有效，数据经缓冲器进入内部数据总线。由此可见，P0 口作为地址/数据总线使用时是一个真正的双向口。

2. P2 口的结构

P2 口由一个输出锁存器、一个转换开关 MUX、两个三态输入缓冲器、输出驱动电路和一个反相器组成。P2 口的位结构如图 2-20 所示。

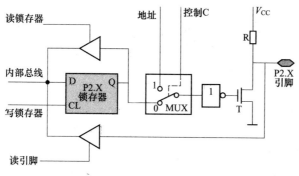

图 2-20　P2 口的位结构

　　图 2-20 中控制信号 C 的状态决定了转换开关的位置。当 C=0 时，开关处于图中所示位置；当 C=1 时，开关拨向地址线位置。由图 2-20 可见，输出驱动电路与 P0 口不同，其内部设有上拉电阻（由两个场效应晶体管并联构成，图中用等效电阻 R 表示）。

　　（1）P2 口用作通用 I/O 口（C=0）。当没有在单片机芯片外扩展总线；或者虽然扩展了片外总线，但采用"MOVX @Ri"类指令访问，且 P2 口的高 8 位地址线没有全部用到时（如 P2.7，P2.6，…），P2 口的口线（全部或部分）就可以作为通用 I/O 口线使用。

　　执行输出指令时，内部数据总线的数据在"写锁存器"信号的作用下由 D 端进入锁存器，经反相器反相后送至场效应晶体管 T，再经 T 反相，在 P2.X 引脚出现的数据正好是内部数据总线的数据。

　　P2 口用作输入时，数据可以读自口的锁存器，也可以读自口的引脚。这要根据输入操作采用的是"读锁存器"指令还是"读引脚"指令来决定。

　　CPU 在执行"读—修改—写"类输入指令时（如 ANL P2，A），内部产生的"读锁存器"操作信号使锁存器 Q 端数据进入内部数据总线，在与累加器 A 进行逻辑运算之后，结果又送回 P2 的口锁存器并出现在引脚上。

　　CPU 在执行"MOV"类输入指令时（如 MOV A，P2），内部产生的操作信号是"读引脚"。应在执行输入指令前把锁存器写入 1，目的是使场效应晶体管 T2 截止，从而使引脚处于高阻抗输入状态。

　　所以，P2 口在作为通用 I/O 口时，属于准双向口。

　　（2）P2 用作地址总线（C=1）。当需要在单片机芯片外部扩展程序存储器（$\overline{EA}=0$）或扩展了 RAM（或接口芯片）且采用"MOVX @DPTR"类指令访问时，单片机内部硬件会使 C=1，MUX 开关接向地址总线，这时 P2.X 引脚的状态与地址线信息相同。

　　（二）P1 口、P3 口的结构

　　P1 口是 80C51 唯一的单功能口，它仅能用作通用的数据输入/输出口。

　　P3 是双功能口，除了具有数据输入/输出功能外，每一接口还具有特殊的第二功能。

　　1. P1 口的结构

　　P1 口的位结构如图 2-21 所示。

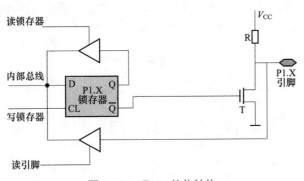

图 2-21　P1 口的位结构

　　由图 2-21 可见，P1 口由一个输出锁存器、两个三态输入缓冲器和输出驱动电路组成。输出驱动电路与 P2 口相同，内部设有上拉电阻。

　　P1 口是通用的准双向 I/O 口。由于其内部有约 30kΩ 的上拉电阻，因此引脚不用再接上拉电阻。P1 口用作输入时，必须向口锁存器先写入 1。

　2. P3 口的结构

　P3 口的位结构如图 2 - 22 所示。P3 口由一个输出锁存器、三个输入缓冲器（其中两个为三态）、输出驱动电路和一个与非门组成。输出驱动电路与 P2 口和 P1 口相同。

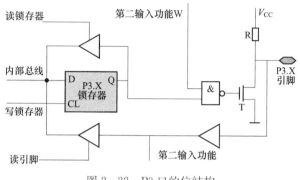

图 2 - 22　P3 口的位结构

　（1）P3 口用作第一功能的通用 I/O 口（字节或位寻址时）。当 CPU 对 P3 口进行字节或位寻址时（多数应用场合是把几条口线设为第二功能，另外几条口线设为第一功能，这时宜采用位寻址方式），单片机内部的硬件自动将第二功能输出线的 W 置 1。这时，对应的口线为通用 I/O 口方式。

　P3 口作为输出时，锁存器的状态（Q 端）与输出引脚的状态相同；作为输入时，也要先向口锁存器写入 1，使引脚处于高电阻输入状态。输入的数据在"读引脚"信号的作用下，进入内部数据总线。所以，P3 口在作为通用 I/O 口使用时，也属于准双向口。

　（2）P3 用作第二功能使用（不进行字节或位寻址时）。当 CPU 不对 P3 口进行字节或位寻址时，单片机内部硬件自动将口锁存器的 Q 端置 1。这时，P3 口可以作为第二功能使用，各引脚的定义如下：

　1）P3.0：RXD（串行口输入）。

　2）P3.1：TXD（串行口输出）。

　3）P3.2：$\overline{INT0}$（外部中断 0 输入）。

　4）P3.3：$\overline{INT1}$（外部中断 1 输入）。

　5）P3.4：T0（定时器 0 的外部输入）。

　6）P3.5：T1（定时器 1 的外部输入）。

　7）P3.6：$\overline{WR}$（片外数据存储器"写"选通控制输出）。

　8）P3.7：$\overline{RD}$（片外数据存储器"读"选通控制输出）。

　P3 口相应的口线处于第二功能，应满足的条件如下：

　1）串行 I/O 口处于运行状态（RXD、TXD）。

　2）外部中断已经打开（$\overline{INT0}$、$\overline{INT1}$）。

　3）定时器/计数器处于外部计数状态（T0、T1）。

　4）执行读/写外部 RAM 的指令（$\overline{RD}$、$\overline{WR}$）。

　5）作为输出功能的口线（如 TXD），由于此时该位的锁存器和第二功能输出线均为 1，场效应晶体管 T 截止，该口引脚处于高阻输入状态。引脚信号经输入缓冲器（非三态门）

进入单片机内部的第二功能输入线。

（三）并行口驱动简单外设

1. 并行口的负载能力

对于典型的器件 AT89S52，其每根口线最大可吸收 10mA 的电流，但 P0 口所有引脚的吸收电流的总和不能超过 26mA，而 P1 口、P2 口和 P3 口每个口吸收电流的总和限制在 15mA，全部 4 个并行口所有口线的吸收电流总和限制在 71mA。

2. 驱动简单的输出设备

（1）驱动 LED。发光二极管是用半导体材料制成的具有 PN 结特性的发光器件，它是单片机应用系统最为常用的输出设备，其应用形式有单个 LED、LED 数码管和 LED 阵列。

虽然 LED 具有 PN 结的特性，但其正向压降与普通的二极管不同，如图 2 - 23 所示。其典型工作点为 1.75V，10mA。由于材料、尺寸、温度的不同，特性曲线会有所差别。

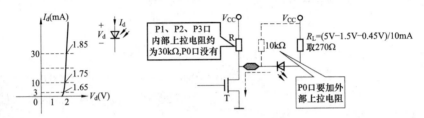

图 2 - 23　LED 的特性及其灌电流驱动

考虑到单片机并行口的结构，对于 LED 的驱动要采用灌电流的方式。由于 P1 口、P2 口和 P3 口内部有约 30kΩ 的上拉电阻，因此在它们的引脚可以不加外部上拉电阻，但 P0 口内部没有上拉电阻，其引脚必须加外部上拉电阻。

对于单个 LED，限流电阻 R_L 的值为 270Ω 时，LED 可以获得较高的亮度，但单根口线的负载能力达到了极限，接几个 LED 时将超过并口的负载能力。解决办法：一是加大限流电阻的阻值，虽然亮度会变暗，但可以减小并口的负载；二是增加驱动器件。

驱动多个 LED 时，通常要将 LED 接成共阴极或共阳极形式。对于要求不高的场合可以采用图 2 - 24 所示的直接驱动方法，由于考虑到并口的驱动能力，LED 的亮度不够理想。

若有较高的亮度要求，可以在 LED 与单片机并口间加入 74HC245 缓冲驱动（单根输入引脚的电流不要超过 25mA，8 个引脚的总电流不要超过 75mA），如图 2 - 25 所示。

（2）驱动 LED 数码管。LED 数码管通常由 8 个发光二极管（7 个笔画段＋1 个小数点）组成，简称数码管。当数码管的某个发光二极管导通时，相应的笔画（常称为段）就会发光。控制不同的发光二极管的导通就能显示出所要求的字符，如图 2 - 26 所示。

对于七段数码管，各段二极管的阴极或阳极连在一起作为公共端，这样可以使驱动电路变得简单，将阴极连在一起的称为共阴极数码管，用高电平驱动数码管各段的阳极，其 com 端接地；将阳极连在一起的称为共阳极数码管，用低电平驱动数码管各段的阴极，其 com 端接＋5V 电源。

数码管的两种驱动方式如图 2 - 27 所示。公共电阻限流方法的接线简单，虽然显示不同字符时各导通二极管电流不均衡，但发光差别并不明显，各路分别限流时，导通二极管的电流相近、亮度相近，但接线麻烦、占电路板的空间大。

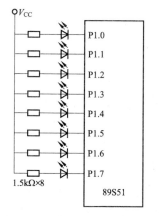

图 2-24　单片机并口直接驱动

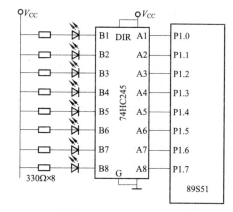

图 2-25　经缓冲器驱动

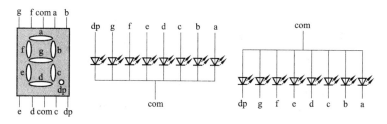

图 2-26　LED 数码管

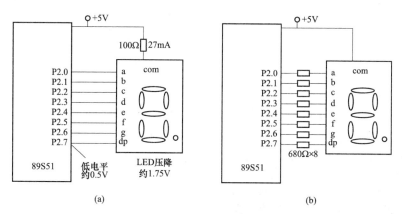

(a)　　　　　　　　　　　(b)

图 2-27　数码管的两种驱动方式

（a）公共电阻限流；（b）各路分别限流

　　要想显示某字形就要使此字形的相应段点亮，也就是要送一个用不同电平组合的数据至数码管，这种装入数码管的数据编码简称为字形码。

　　若数据总线 D7～D0 与 dp、g、f、e、d、c、b、a 按顺序对应相接，要显示数字 1 时，共阴极数码管应送数据 0000 0110B 至数据总线，即字形码为 06H；而共阳极数码管应送数据 1111 1001B 至数据总线，即字形码为 F9H。常用字符的字形码见表 2-5。

表 2-5　　　　　　　　　　　常 用 字 符 字 形 码

字符	0	1	2	3	4	5	6	7	8	9	A	b	C	d	E	F	P	·	暗
共阴极	3F	06	5B	4F	66	6D	7F	07	7F	6F	77	7C	39	5E	79	71	73	80	00
共阳极	C0	F9	A4	B0	99	92	82	F8	80	90	88	83	C6	A1	86	8E	8C	7F	FF

（3）驱动蜂鸣器。蜂鸣器是一种常用于单片机应用系统的电声转换器件，分为压电式和电磁式两种类型。单片机应用系统中常用的是电磁式蜂鸣器。电磁式蜂鸣器采用直流电压供电，接通电源后，流过电磁线圈的电流使电磁线圈产生磁场。振动膜片在电磁线圈和磁铁的相互作用下，进行周期性振动并发出声音。

电磁式蜂鸣器又分为两种类型：一是有源蜂鸣器，内部含有音频振荡电路，直接接上额定电压就可以连续发声；二是无源蜂鸣器，工作时需要接入音频方波，改变方波频率便可以得到不同音调的声音。这两种蜂鸣器驱动电路相同，只是驱动程序不同。驱动电路如图 2-28 所示。

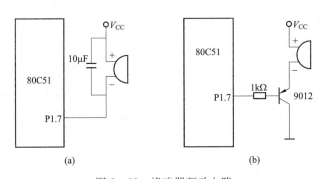

图 2-28　蜂鸣器驱动电路
（a）直接驱动；（b）经晶体管驱动

3. 驱动简单的输入设备

（1）简单开关及输入接口。在单片机应用系统中，通常将按键开关和拨动开关作为简单的输入设备，按键开关主要用于执行某项工作的开始或结束命令，而拨动开关主要用于工作状态的预置和设定。它们的外形、符号及与单片机的连接如图 2-29 所示。

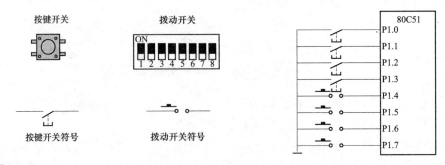

图 2-29　开关及其与单片机的连接

在图 2-29 中，开关接于 80C51 的 P1 口，接 P2 口、P3 口时的情况类似。但接 P0 口时要在 P0 口的引脚与 V_{CC} 端之间加 $10k\Omega$ 的外部上拉电阻。

（2）开关闭合与断开时的抖动及去抖方法。拨动开关的闭合与断开通常是在系统没有上电的情况下进行设置，而按键开关是在系统已经上电并开始工作后进行操作时使用的。按键开关在闭合和断开时，触点会存在抖动现象。按键抖动时间一般为 5～10ms。抖动会产生一次按键的多次处理问题，因此应采取措施消除抖动的影响。按键的抖动现象和去抖动电路如图 2-30 所示。

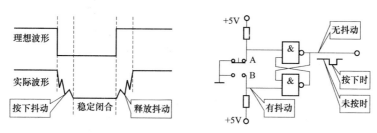

图 2-30 按键的抖动现象及去抖动电路

按键较少时，可以采用去抖动电路。在图 2-30 所示的去抖动电路中，按键未按下时输出为 1，按键按下时输出为 0，即使按键在 B 位置时因抖动瞬时断开，只要按键不回 A 位置，输出就会保持为 0 状态。

按键较多时，宜采用软件延时方法。单片机检测到有按键按下时先延时 10ms，然后再检测按键的状态，若仍是闭合的，则确定为有键按下。

【单元任务】

任务一 最简单灯光控制

一、任务导入

并行口的发光二极管用软件点亮的方式有两种：通常从并行 I/O 口直接输出数据点亮；也可以用 80C51 单片机的并行口外接开关，用软件模拟开关控制发光二极管的点亮。

二、任务分析

当 80C51 单片机的并行口接了发光二极管时，就可以实现并行输出"1"时控制熄灭，输出"0"时控制点亮，就可以实现并行输出口发光二极管各种花样的点亮。此任务包括以下三个子任务：

（1）子任务一：P1 口作为输出口，在 P1.0 端口上接一个发光二极管 L1，控制 L1 的亮灭。

（2）子任务二：P3 口作为输入口，在 P3.0 接输入开关 K1，P1 口作为输入口，在 P1.0 上接一个发光二极管 L1，用 K1 控制 L1 的亮灭。

（3）子任务三：P1 口既作为输入口也作为输出口，P1.0～P1.3 接输入开关 K1～K4，P1.4～P1.7 接发光二极管 L1～L4，用 K1～K4 控制 L1～L4 的亮灭。

三、任务实施

（一）子任务一

1. 硬件设计

把单片机的 P1.0 端口用导线连接到一个发光二极管 L1 上，如图 2-31 所示。

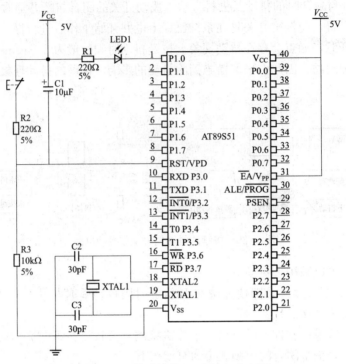

图 2-31　单片机的 P1.0 接一个 LED

2. 软件设计

当 P1.0 端口输出高电平，即 P1.0＝1 时，根据发光二极管的单向导电性可知，这时发光二极管 L1 熄灭；当 P1.0 端口输出低电平，即 P1.0＝0 时，发光二极管 L1 点亮。

程序清单：

```
       ORG     0000H
       LJAMP   MAIN
       ORG     0040H
MAIN:  MOV     A,#0FEH    ;P1 口初值
LOOP:  MOV     P1,A       ;最低位 LED 点亮
       SJMP    $          ;保持当前的输出状态
       END
```

📝 思考：试分析若用 P1 口接 8 个发光二极管 L1～L8，控制 L1～L8 的亮灭，应如何修改程序。

（二）子任务二

1. 硬件设计

监视开关 K1 接在 P3.0 端口上，用发光二极管 L1（接在单片机 P1.0 端口上）显示开关状态，如果开关合上，则 L1 点亮，开关打开，则 L1 熄灭。把单片机系统中的 P1.0 端口用导线连接到一个发光二极管 L1 上，P3.0 端口用导线连接到一个拨动开关 K1 上。硬件电路图如图 2-32 所示。

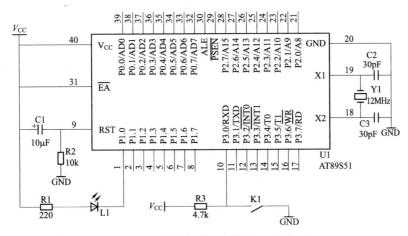

图 2-32 单片机的 K1 控制 L1 的亮灭

2. 软件设计

(1) 开关状态的检测过程。对开关状态的检测相对于单片机来说，是从单片机的 P3.0 端口输入信号，而输入的信号只有高电平和低电平两种。当拨开开关 K1 拨上去，即输入高电平，相当于开关断开；当拨动开关 K1 拨下去，即输入低电平，相当于开关闭合。单片机可以采用 JB bit,rel 或者是 JNB bit,rel 指令来完成对开关状态的检测即可。

(2) 输出控制。当 P1.0 端口输出高电平，即 P1.0＝1 时，根据发光二极管的单向导电性可知，这时发光二极管 L1 熄灭；当 P1.0 端口输出低电平，即 P1.0＝0 时，发光二极管 L1 点亮。我们可以使用 SETB P1.0 指令使 P1.0 端口输出高电平，使用 CLR P1.0 指令使 P1.0 端口输出低电平。

程序流程图如图 2-33 所示。

程序清单：

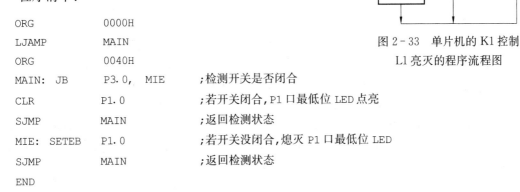

图 2-33 单片机的 K1 控制 L1 亮灭的程序流程图

```
ORG        0000H
LJAMP      MAIN
ORG        0040H
MAIN: JB   P3.0,  MIE    ;检测开关是否闭合
CLR        P1.0          ;若开关闭合,P1 口最低位 LED 点亮
SJMP       MAIN          ;返回检测状态
MIE: SETEB P1.0          ;若开关没闭合,熄灭 P1 最低位 LED
SJMP       MAIN          ;返回检测状态
END
```

📝 思考：试分析若用 P3.0 端口接输入开关 K1～K8，P1 口接 8 个发光二极管 L1～L8，用按键控制 L1 的亮灭，应如何修改程序。

(三) 子任务三

1. 硬件设计

(1) P1.0～P1.3 接输入开关 K1～K4。

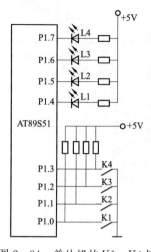

图 2-34　单片机的 K1～K4 控制 L1～L4 亮灭的电路图

（2）P1.4～P1.7 接发光二极管 L1～L4。

硬件电路图如图 2-34 所示。

2. 软件设计

设计说明：开始—读 P1 口数据到 A—A 中的数据右移 4 次—A 中的内容和 F0H 相或—A 中的数据送到 P1 口—回到开始。

程序清单：

```
          ORG    0000H
          LJAMP  MAIN
          ORG    0040H
MAIN:MOV  A,P1            ;P1 口值读入 A
     ANL   A,#0FH         ;检测低 4 位开关值
     RL    A              ;将低 4 位的开关值左移到
                            高 4 位
     RL    A
     RL    A
     RL    A
     ORL   A,#0FH         ;取低 4 位的开关值到高 4 位
     MOV   P1,A           ;用低 4 位的开关值点亮对应高 4
                            位的 LED
     SJMP  MAIN           ;保持当前的输出状态
     END
```

思考：试分析若进行排灯控制，P0 口、P1 口、P2 口和 P3 口都作为输出口，分别接 8 个发光二极管，控制使各组二极管依次被点亮，应如何修改程序。

任务二　转　灯　控　制

一、任务导入

用发光二极管生成的各类运行规律循环的彩灯，广泛应用于舞台灯光效果、广告牌的装饰灯场合。本任务就是利用单片机的 I/O 口进行灯光控制，从而实现循环转灯的设计。我们可以根据不同的需要，设计出不同变化规律的循环彩灯。

二、任务分析

要控制循环彩灯的变化，必须要解决问题的是单片机的控制方式和彩灯的延时。用单片机的 4 个 I/O 口 P0、P1、P2、P3 口作为输出口，可以控制实现彩灯的循环变化。本任务中主要利用 4 个口中部分 LED 灯的亮灭规律来实现转灯的控制。

三、任务实施

1. 硬件设计

P0 口、P1 口、P2 口、P3 口作为输出口，分别接 8 个发光二极管。硬件电路图如图 2-35 所示。

2. 软件设计

在本任务中主要选取了 4 组发光二极管进行亮灭闪烁，即将一个完整的循环过程分成 4

步来完成。

程序清单：

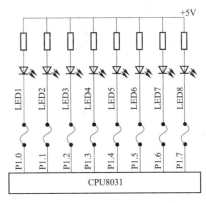

```
        ORG     0000H
        LJAMP   MAIN
        ORG     0040H
MAIN:   MOV     P2,#0BBH        ;第一组灯亮
        MOV     P3,#0FFH
        MOV     P0,#0FFH
        MOV     P1,#0DDH
        LCALL   DELAY           ;调用延时子程序
        MOV     P2,#0DDH        ;第二组灯亮
        MOV     P3,#0FFH
        MOV     P0,#0FFH
        MOV     P1,#0BBH
        LCALL   DELAY           ;调用延时子程序
        MOV     P2,#0EFH        ;第三组灯亮
        MOV     P3,#0FEH
        MOV     P0,#07FH
        MOV     P1,#0F7H
        LCALL   DELAY           ;调用延时子程序
        MOV     P2,#0F7H        ;第四组灯亮
        MOV     P3,#07FH
        MOV     P0,#0FEH
        MOV     P1,#0EFH
        LCALL   DELAY           ;调用延时子程序
        LJMP    MAIN
DELAY:  MOV     R1,#127         ;延时子程序
DEL1:   MOV     R2,#200
DEL2:   DJNZ    R2,DEL2
        DJNZ    R1,DEL1
        RET
        END
```

图 2-35　循环彩灯的硬件电路图

【单元小结】

MCS-51 是 Intel 公司的一个单片机系列名称。其他厂商以 8051 为基核开发出的 CHMOS 工艺单片机产品统称为 80C51 系列。80C51 单片机在功能上分为基本型和增强型，在制造工艺上采用 CHMOS 工艺，在片内程序存储器的配置上有掩模 ROM、EPROM 和 Flash，以及无片内程序存储器等形式。

80C51 单片机由微型处理器、存储器、I/O 口及特殊功能寄存器 SFR 构成。

80C51 单片机的时钟信号有内部时钟方式和外部时钟方式两种。内部的各种微操作都以晶振周期为时序基准。晶振信号二分频后形成两相错开的时钟信号 P1 和 P2。一个机器周期包含 12 个晶振周期（或 6 个 S 状态）。指令的执行时间称为指令周期。

80C51 单片机的存储器在物理上设计成程序存储器和数据存储器两个独立的空间。片内程序存储器的容量为 4KB，片内数据存储器为 128B。

80C51 单片机有 4 个 8 位的并行 I/O 口：P0 口、P1 口、P2 口和 P3 口。各口均由口锁存器、输入驱动器和输出缓冲器组成。P1 口是唯一的单功能口，仅能用作通用的数据输入/输出口。P3 口是双功能口，除了具有数据输入/输出功能外，每一条口线还具有不同的第二功能，如 P3.0 是串行输入口线，P3.1 是串行输出口线。在需要扩展外部程序存储器和数据存储器时，P0 口作为分时复用的低 8 位地址/数据总线，P2 口作为高 8 位地址总线。

单片机的复位操作使单片机进入初始化状态。复位后，PC 的内容为 0000H，P0～P3 口的内容为 FFH，SP 的内容为 07H，SBUF 的内容不定，IP、IE 和 PCON 的有效位为 0，其余的特殊功能寄存器的状态为 00H。

对于典型的器件 AT89S52，每根口线最大可吸收 10mA 的（灌）电流，但 P0 口所有引脚吸收电流的总和不能超过 26mA，而 P1 口、P2 口和 P3 口每个口吸收电流的总和限制在 15mA，全部 4 个并行口所有口线的吸收电流总和限制在 71mA。

简单的输出设备有发光二极管、LED 数码管及蜂鸣器等。用单片机驱动时一方面要考虑口线的负载能力，另一方面还要注意 P0 口上拉电阻的配置。尽管驱动 LED 时不加上拉电阻也可以完成需要的显示，但其逻辑电平没有达到标准的 TTL 电平值。

简单的输入设备有按键开关和拨动开关。对于按键开关，按键较少时可以采用去抖电路消抖，按键较多时通常采用软件延时消抖。

【自我测试】

一、填空题

1. 单片机即一个芯片的计算机，此芯片上包括五部分：运算器、_____、_____、输入部分、_____。

2. P2 口通常用作_____，也可以作通用的 I/O 口使用。

3. 在 80C51 中决定程序执行顺序的是_____，它是_____位的寄存器。

4. 若由程序设定 RS1、RS0＝01，则工作寄存器 R0～R7 的直接地址为_____。

5. 半导体存储器分成两大类_____和_____，其中_____具有易失性，常用于存储_____。

6. MCS－51 的存储器空间配置从功能上可以分为四种类型：_____、内部数据存储器、_____、外部程序存储器。

二、选择题

1. 80C31 单片机的_____口的引脚，还具有外部中断、串行通信等第二功能。

A. P0   B. P1   C. P2   D. P3

2. 80C31 单片机复位操作的主要功能是把 PC 初始化为_____。

A. 0100H   B. 2080H   C. 0000H   D. 8000H

3. 存储器的地址范围是 0000H～0FFFH，它的容量为_____。

A. 1KB   B. 2KB   C. 3KB   D. 4KB

4. 当 80C31 复位时，下面说法准确的是_____。

A. PC＝0000H   B. SP＝00H

C. SBUF＝00H   D. （30H）＝00H

5. 当 PSW＝18H 时，则当前工作寄存器是＿＿＿＿。

A. 0 组   B. 1 组   C. 2 组   D. 3 组

6. PC 中存放的是＿＿＿＿。

A. 下一条指令的地址   B. 当前正在执行的指令

C. 当前正在执行指令的地址   D. 下一条要执行的指令

7. 8031 是＿＿＿＿。

A. CPU   B. 微处理器   C. 单片微机   D. 控制器

8. CPU 指＿＿＿＿。

A. 运算器和控制器   B. 运算器和存储器   C. 输入/输出设备   D. 控制器和存储器

9. Intel 80C51 CPU 是＿＿＿＿位的单片机。

A. 16   B. 4   C. 8   D. 准 16

三、简答题

1. 简述累加器的 ACC 的作用。

2. 开机复位后，CPU 使用的是哪组工作寄存器？它们的地址是什么？CPU 如何确定和改变当前工作寄存器组？

3. 80C51 系列单片机的内部资源有哪些？说明 80C31、80C51 和 87C51 单片机的区别。

4. 80C51 单片机按功能、工艺、程序存储器的配置分别有哪些种类？

5. 80C51 单片机存储器的组织采用何种结构？存储器地址空间如何划分？各地址空间的地址范围和容量如何？在使用上有何特点？

6. 80C51 单片机的 P0～P3 口在结构上有何不同？在使用上有何特点？

7. 当 80C51 单片机的晶振频率分别为 6MHz、11.059MHz、2MHz、12MHz 时，机器周期分别为多少？

8. 80C51 单片机复位后的状态如何？复位方法有几种？

9. 80C51 单片机的片内、片外存储器如何选择？

10. 80C51 单片机的 PSW 寄存器各位标志的意义是什么？

四、训练题

1. 80C51 单片机的控制总线信号有哪些？各信号的作用如何？

2. 80C51 单片机的程序存储器低端的几个特殊单元的用途是什么？

3. 某单片机控制系统有 8 个发光二极管。试画出 80C51 与外设的连接图并进行编程，使它们由左向右轮流点亮。

4. 用图示的形式画出 MCS-51 内部数据存储器（即内部 RAM 含特殊功能寄存器）的组成结构，并简单说明各部分的对应用途。

5. 为什么在 LED 发光二极管与单片机之间要串接一个电阻？

6. 简述复位电路的工作原理，并设计一个简单的复位电路。

单元三　指令系统的应用

【单元概述】

本单元以学习 MCS-51 单片机的指令系统为基础，以程序设计为主线，向读者详细分类介绍 MCS-51 的指令系统及其汇编语言，并利用单片机的各类指令实现日常生活中对各类灯光的控制。

完成某项特定任务的指令集合称为程序，程序设计是应用微机解决实际问题的一个重要方面。程序设计的基础是程序设计语言，目前流行的程序设计语言很多，但可以归纳为三大类：机器语言、汇编语言和高级语言。

【学习目标】

（1）熟悉单片机指令系统中重要的常用指令的功能。

（2）掌握 MCS-51 的指令系统中常用指令的格式、功能和使用规则。

（3）掌握汇编语言程序设计的方法。

（4）具有简单实用程序的设计能力。

【相关知识】

一、指令及指令格式

MCS-51 系列单片机的指令系统中共有 111 条指令，按它们的操作性质可以分为数据传送、算术操作、逻辑操作、程序转移和位操作五大类指令。MCS-51 系列单片机指令具有占用空间少和执行时间短的突出优点。111 条指令中有 49 条为单字节指令，46 条为双字节指令，三字节指令只有 6 条；而在执行时间上，单机器周期的占 64 条，双机器周期的占 45 条，只有乘、除两条指令需要四个机器周期，按 12MHz 的时钟频率计算，单机器周期、双机器周期和四个机器周期的指令的执行时间分别为 $1\mu s$、$2\mu s$ 和 $4\mu s$。

指令系统是由计算机（严格地说应是 CPU）生产厂家定义的，它具有"方言"性，不同的计算机系统具有不同的指令系统，掌握一种指令系统后再去学习其他系统也就不难了。MCS-51 系列单片机是目前使用最广泛的机种之一，因此，我们选用 MCS-51 指令系统进行介绍。

1. 机器指令和助记符指令

机器指令是一种用二进制代码 0、1 表示的指令。机器指令的集合加上使用规则就构成了机器语言。由机器语言编写的程序可以直接被计算机识别并执行。但是，机器语言程序难写难读，容易写错且出了错误又不易查找，因此不利于推广使用。为了克服机器指令的不足，人们创造了助记符指令。在助记符指令中，操作码用助记符（通常取相应英文单词的缩写）来表示，操作数一般采用十六进制的形式表示，也可以采用十进制和二进制的形式来表示。例如：

（1）将寄存器 R6 中内容送累加器 A 中，其机器指令为 11101110，其助记符指令为 MOV A，R6。

（2）将累加器 A 中内容加 5，其机器指令为 00100100 00000101，其助记符指令为 ADD A，♯05H。

显然，与机器指令相比，助记符指令具有便于记忆、不易出错、可读性好等优点。

本单元及后续各章将只使用助记符指令与汇编用的伪指令。必须指出：用助记符指令属性的程序，计算机不能直接识别和执行，只有将用助记符指令编写的源程序翻译成机器指令目标程序后计算机才能执行。

2. 指令格式

指令格式是指令的表示方式，它规定了指令内部信息的安排。一般来说，一条指令由两部分组成，即操作码和操作数。操作码指出了指令要进行的操作；操作数指出了指令要操作的对象。MCS-51 指令系统中，最普遍的情况是一个操作码作用于一个或两个操作数，只有四条 CJNE 指令需要三个操作数，还有一条 NOP（空操作）指令无需操作数。

前面已经叙述过，MCS-51 指令系统中的指令，按指令长度分，有单字节、双字节和三字节三类指令。下面的讨论将会使我们进一步了解到这三类指令在存储器中的表示和存储格式的各自特点。

（1）单字节指令的格式。单字节指令的指令码只占一个字节，其操作码和操作数安排在同一个字节中。一般情况下，操作码和操作数各占几位。例如，寄存器向累加器传送数据的指令 MOV A，Rn，其指令码为

11101rrr

其中，高 5 位（D7～D3）为操作码，低 3 位（D2、D1、D0）用于标识工作寄存器 R0～R7 中的某一个（即第二操作数），而第一操作数（累加器 A）是隐含使用的。

再如，有些用寄存器间接寻址的指令也是单字节的，这些指令的指令码中只有最低位（D0）用来标识间址寄存器，而其余 7 位为操作码；还有一些单字节指令（如 INC、DPTR 等），其指令码中根本不包含操作数的信息，操作数隐含地使用某些寄存器，整个字节都为操作码。

（2）双字节指令的格式。双字节指令的指令码共占两个字节。一般来说，第一个字节为操作码，第二个字节为操作数。例如，立即数传送指令 MOV A，♯data，其指令码格式为

01110100
立即数

但是，也有一些指令例外。例如，绝对调用指令（ACALL）和绝对转移指令（AJMP），它们的操作码只占第一字节的低 5 位，而第一字节的高 3 位和第二字节用于存放 11 位绝对地址；再如，以寄存器寻址或间接寻地址的双字节指令，其指令码中第一字节的低 3 位或最低位将用于标识寄存器。

（3）三字节指令的格式。三字节指令的指令码占三个字节。一般来说，第一个字节为操

作码，第二、三两个字节为操作数。例如，内部 RAM 低 128 个字节单元之间数据传送指令 MOV direct2，direct1 的指令码格式为

10000101
direct1
direct2

但是，也有一些指令例外。例如，用寄存器寻址或寄存器间接寻址的三字节指令，其指令码中第一字节的低 3 位或最低位就用于标识寄存器，如指令 CJNE Rn，♯data，rel 的指令码为

10111rrr
data
rel

其中，第一字节最低位用于标识间址寄存器（R0，R1）。

总之，由于 MCS-51 指令的格式比较短，所以指令码中操作码和操作数挤在一个字节内是常见的现象，这也正是 MCS-51 指令系统的一大特点，请读者在具体学习指令系统时注意观察。

3. 指令中的符号标识

在指令书写格式中常常要用到以下符号，具体含义如下：

Rn——当前寄存器组的 8 个通用寄存器 R0～R7，即 n=0～7。

Ri——可用作间接寻址的寄存器，只能是当前寄存器组中的 R0、R1，即 i=0、1。

direct——内部 RAM 的 8 位地址（包括低 128 单元地址和专用寄存器单元地址或其符号名称）。

♯data——8 位立即数。

♯data16——16 位立即数。

addr16——16 位目的地址，只限于在 LCALL 和 LJMP 指令中使用。

addr11——11 位目的地址，只限于在 ACALL 和 AJMP 指令中使用。

rel——相对转移指令中的偏移量，为 8 位 带符号补码数。

DPTR——数据指针，一个 16 位寄存器。

bit——内部 RAM（包括大部分专用寄存器）中的直接寻址位。

A——累加器（直接寻址符号为 ACC）。

B——B 寄存器。

C——进位标志位，它是布尔处理机的累加器，也称累加位。

@——间址寄存器的前缀标志。

/——加在位地址之前，标识位求反。

(X)——某寄存器或某单元的内容。

((X))——由 X 间址寻址的单元中的内容。

←——箭头左边的内容被箭头右边的内容取代。

二、寻址方式

在 MCS - 51 系统中，指令的操作数允许存放在寄存器、内部 RAM、外部 RAM 和 ROM 单元中，还可以直接在指令中给出。因此，在具体执行某条指令时，必须给出操作数的准确存放位置。操作数存放位置的描述方法规定了指令访问操作数的方式，我们把指令访问操作数的方式称作寻址方式。为了与数据存储位置的灵活性相适应，一般指令系统都提供了多种寻址方式。MCS - 51 指令系统提供了七种寻址方式，下面分别进行介绍。

1. 立即寻址

指令中直接给出操作数。因为在指令码中，操作数紧跟在操作码之后，占一个或两个字节，所以，在执行这类指令时，操作码被译码后就能立即在其后的单元中取得操作数。因此，通常把这种操作数称为立即数，而这种寻址方式就称作立即寻址。

MCS - 51 指令系统中允许使用 8 位和 16 位的立即数，在指令书写格式中，在立即数之前加♯号予以标识。例如，MOV A，♯0FFH 和 MOV DPTR，♯00FFH 两条指令分别标识将 8 位立即数 FFH 送累加器 A，将 16 位立即数 00FFH 送数据指针 DPTR。

2. 直接寻址

指令中直接给出操作数的存储地址。例如，指令 MOV A，0FH，其功能是把内部 RAM 0FH 单元中的内容送至累加器 A 中。

必须注意，MCS - 51 系统中的直接寻址通常使用 8 位二进制地址，因此，其寻址范围在 00H～FFH 之间，即 256 个单元之内，这个寻址范围刚好覆盖了 MCS - 51 系统内部 RAM 的全部单元。其实，MCS - 51 指令系统中只有对内部 RAM 的访问能够采用直接寻址方式。

我们已经知道，MCS - 51 的内部 RAM 分成两部分，即低 128 字节的工作空间和高 128 字节的特殊功能寄存器块（SFR）。其中，低 128 字节中的四组工作寄存器除了可以采用直接寻址方式访问外，还可以用寄存器寻址方式访问，其余字节只能直接寻址；而高 128 字节中的专用寄存器，除 A、B、DPTR 三个寄存器外，其余都只能采用直接寻址方式访问，但在指令书写格式中，一般用专用寄存器的符号名称来表示直接地址。必须注意的是，直接寻址的累加器 A 的符号名称要用 ACC 表示，以免与寄存器寻址的累加器符号 A 相混淆；另外，高 128 字节中除了 21 个专用寄存器以外的单元是不能访问的，在进行程序设计时务必注意，不要把数据送入这些无定义的单元之中，以免造成数据的丢失。

3. 寄存器寻址

指令中给出存放操作数的寄存器，指令码中用操作码的低 3 位来标识寄存器，其对应关系见表 3 - 1。

表 3 - 1　　　　　　　　　　操作码的低 3 位与寄存器的对应关系

低 3 位（rrr）	000	001	010	011	100	101	110	111
寄存器（Rn）	R0	R1	R2	R3	R4	R5	R6	R7

例如，指令 ADD A，R2 的指令码为 00101010，其低 3 位（010）代表寄存器 R2。

严格地说，在 MCS-51 指令系统中，寄存器寻址方式只适用于四组工作寄存器（具体选择哪一组寄存器工作由 PSW 中的 D3、D4 两位决定）。对于指令码中隐含寄存器（如 A、B 和 DPTR）内容操作数的情况，一般也可以归为寄存器寻址方式，但在不少书中也把它们列为隐含寻址。

4. 寄存器间接寻址

指令中指出用某一寄存器的内容作为操作数的地址，并在书写指令时在间址寄存器名称前加@来标识。例如，指令 MOV A，@R0 的功能是以 R0 中的内容（设为 A0H）为地址，再把该地址单元中的内容（设为 FFH）送累加器 A 中，如图 3-1 所示。

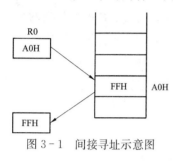

图 3-1　间接寻址示意图

MCS-51 指令系统中规定，只能用当前工作寄存器组中的 R0、R1 以及数据指针 DPTR 来实现间接寻址。R0、R1 用操作码中的最低位 D0 来标识，D0＝0 代表 R0，D0＝1 代表 R1。R0 和 R1 是 8 位寄存器，其寻址范围为 00H～FFH，即 256B 空间，间接寻址对象包括内部 RAM 低 128B 单元和外部 RAM 的低 256B 单元；DPTR 隐含使用，为 16 位寄存器，其间接寻址范围为 0000H～FFFFH，即 64KB 空间，间接寻址对象为外部 RAM。

5. 变址寻址

在 MCS-51 指令系统中，变址寻址是以 DPTR 或 PC 作为基址寄存器，以累加器 A 作为变址寄存器，两者中的内容之和即是操作数实际存放的目的地址。在 MCS-51 指令系统中，采用变址寻址的指令只有以下三条：

```
MOVC A,@A+DPTR
MOVC A, @A+PC
JMP  @A+DPTR
```

它们都是单字节指令，寻址范围为 64KB 空间，寻址对象是程序存储器。

例如，设（A）＝54H，（DPTR）＝3F21H，则执行 MOVC A，@A+DPTR 指令的结果是将 3F75H 单元的内容送到累加器 A 中。

6. 相对寻址

相对寻址方式用于相对转移指令中，MCS-51 指令系统中共有 14 条相对转移指令。

在相对转移指令中直接给出地址偏移量（指令书写格式中用"rel"来表示），转移的目的地址为 PC 的当前值与偏移量之和。必须指出，PC 的当前值是指执行完该指令以后的 PC 值，即转移指令地址（转移指令第一字节所存单元的地址）加上它的字节数。目的地址与指令地址的关系为

$$目的地址＝指令地址＋指令字节数＋rel$$

偏移量 rel 是一个 8 位带符号的二进制补码数，其取值范围为 -128～127，所以相对转移的范围是以指令所在地址为中心的 256 个字节区域。例如，指令 SJMP 50H 为双字节指令，存放在 2000H 和 2001H 单元中，则执行该指令后，CPU 将转去执行 2052H 单元中的指令。

7. 位寻址

位寻址方式用于位处理指令中。位寻址的对象包括以下几个：

（1）内部 RAM 的位寻址区，即 20H～2FH 段 16 个单元，共 128 个位，其位地址是 00H～7FH。例如，指令 MOV C，2BH 的功能是将位寻址区中的 2BH 位的状态送累加器位 C 中。

（2）专用寄存器的可寻址位。MCS-51 中有 11 个供位寻址使用的寄存器（即 P0、P1、P2、P3、TCON、SCON、IE、IP、PSW、A 和 B），实有可寻址的位为 83 位。对这些寻址位，在指令中可以用以下四种方式之一来表示：

1）直接位地址。例如，A 中第 6 位的位地址为 E6H。

2）位名称。专用寄存器中的一些位是有符号名的，例如，PSW 中的第 0 位是奇偶标志位，其符号名为 P，第 7 位是进位标志位，符号名为 C 等，它们都可以在指令中用以标识相应位。

3）单元地址加位序号。例如，80H 单元（P0）口的第 6 位可表示为 80H.6。

4）专用寄存器符号名加位序号。例如，PSW 的第 5 位表示为 PSW.5，P0 口第 6 位也可表示为 P0.6。

必须指出，上面研究讨论的各种寻址方式都是针对指令中的某一操作数（即右边的操作数）而言的。事实上，指令中若有两个或三个操作数，就有可能存在两种或三种寻址方式。

💬 **思考：**访问工作寄存器时可以采用哪几种寻址方式？访问专用寄存器时又可以采用哪几种寻址方式？内部 RAM 中共有多少个可寻址位？

三、汇编语言程序组成

（一）汇编语言

1. 机器语言

CPU 能直接识别和执行的指令称为机器指令，机器指令在表现形式上为二进制代码。机器指令与 CPU 有密切的关系，通常不同种类的 CPU 对应的机器指令也不同。机器语言是用二进制编码的机器指令的集合及一组使用机器指令的规则。用机器语言描述的程序称为目的程序或目标程序，机器语言是 CPU 能直接识别的唯一语言，但机器语言不能用人们熟悉的形式来描述计算机需要执行的任务，且用机器语言编写程序十分麻烦，容易出错，调试也比较困难。

例如，用机器指令编写的两数相加的程序片段，用十六进制表示如下：

```
A0  00  20
02  06  01  20
A2  02  20
```

几乎没有人能直接看出该程序片段的功能，可见程序员也难以掌握机器语言。

2. 汇编语言

汇编语言是一种面向 CPU 指令系统的程序设计语言，它采用指令助记符来表示操作码和操作数，用符号地址表示操作数地址，因而易记、易读、易修改，给编程带来了很大方便。实际上，汇编语言就是机器语言程序的符号表示。利用汇编语言，上面所示两数相加的程序片段可以表示如下：

```
MOV AX,DATA1
ADD AX,DATA2
```

```
MOV DATA3,AX
```

3. 汇编程序

由于 CPU 能直接识别的语言只有机器语言，所以用汇编语言编写的源程序必须翻译成为用机器语言表示的目标程序后才能由 CPU 执行。把汇编语言源程序翻译成目标程序的过程称为汇编，完成汇编任务的程序称为汇编程序，汇编过程如图 3-2 所示。

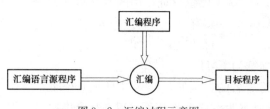

图 3-2　汇编过程示意图

常用的汇编程序（汇编编译器）有 Microsoft 公司的 MASM 系列和 Borland 公司的 TASM 系列。汇编程序以汇编语言源程序文件作为输入，并由它产生两种输出文件：目标程序文件和源程序列表文件。目标程序文件经链接定位后由计算机执行；源程序列表文件将列出源程序、目标程序的机器语言代码及符号表。

（二）汇编环境介绍

1. DOS 汇编环境

在 DOS 时代，学习汇编就是学习系统底层编程的代名词，DOS 环境下使用的是 16 位的汇编语言。在 DOS 汇编中，我们可以采用中断调用功能及内核提供的其他功能。

2. Win32 汇编环境

随着 Windows 时代的到来，Windows 把我们和计算机的硬件隔离开来，Win32 汇编语言可以当作一种功能强大的开发语言使用，使用它完全可以开发出大型的软件来，Win32 汇编语言是 Windows 环境下一种全新的编程语言，使用 Win32 汇编语言是了解操作系统运行细节的最佳方式。对于 DOS 的汇编程序员来说，曾经学过的东西都被 Windows 封装到内核中去了，由于保护模式的存在，又无法像在 DOS 系统下那样闯入系统内核 "为所欲为"。

3. 汇编语言上机过程

（1）用编辑程序（如 EDIT）建立 ASM 源文件（文件名 . asm）。

（2）用汇编程序（如 MASM 或 ML）对 ASM 源文件进汇编，产生 OBJ 目标文件（文件名 . obj）；若在汇编过程中出现语法错误，则根据错误信息提示（如位置、类型、说明），用编辑软件重新调入源程序进行修改。

（3）用链接程序（如 LINK）对目标文件进行链接，生成 EXE 文件（文件名 . exe）。

（4）在 DOS 提示符下，输入 EXE 文件名，运行程序。

汇编语言上机流程如图 3-3 所示。

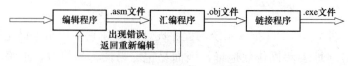

图 3-3　汇编语言上机流程

（三）汇编语言程序的结构

下面是一个数据块传送的汇编语言源程序，它把从 2100H 开始的外部 RAM 单元中的数据传送到了从 2200H 开始的外部 RAM 单元中，数据个数已经存放在内部 RAM 的 35H

单元中。

```
INBUF   EQU 2100H
OUTBUF  EQU 2200H
        ORG 2000H              ;指定程序存放的起始地址为2000H
START:  MOV DPTR,#INBUF        ;源数据区首地址送DPTR
        PUSH DPL               ;源区首地址暂存堆栈
        PUSH DPH
        MOV DPTR,#OUTBIF       ;目的数据区首地址送DPTR
        MOV R2,DPL
        MOV R3,DPH
LOOP:   POP DPH                ;取回源地址
        POP DPL
        MOVX A,@DPTR           ;取出一个数据
        INC DPTR               ;修改源地址之中
        PUSH DPL               ;源地址暂存堆栈
        PUSH DPH
        MOV DPL,R2             ;取回目的地址
        MOV DPH,R3
        MOVX @DPTR,A           ;数据存入目的地址单元
        INC DPTR               ;修改目的地址之中
        MOV R2,DPL            ;目的地址之中暂存寄存器
        MOV R3,DPH
        DJNZ 35H,LOOP         ;35H←(35H)-1,(35H)≠0转LOOP
        END                   ;结束汇编
```

由上例可见，汇编语言程序中包含两种指令：一种是产生相应目标代码的助记符指令，另一种是不产生目标代码的伪指令。前者已经在前文已做介绍，本节介绍另外一种。

1. 汇编语言语句格式

一般情况下，汇编语言的语句可以由以下几部分组成：

[标号]〈操作码〉[〈操作数〉][；注释]

2. 各部分作用介绍

（1）标号。标号是一条指令的符号地址。程序汇编时，汇编程序将该指令的首地址（即该指令的第一字节所在单元的地址）赋值给标号。有了标号，程序中的其他语句才能访问该条语句。另外，使用标号便于查询、修改及转移指令的书写。必须指出，不是每条指令都需要加标号，通常是在程序转向点或一段程序的入口处才加上标号。有关标号的一些规定如下：

1）标号是由1~8个ASCII码字符组成，但头一个字符必须是字母，其余字符可以是字母、数字或一些特定字符。

2）标号和指令助记符之间要用冒号":"隔开，指令助记符、伪指令及寄存器的符号名称等不得用作标号。

3）同一标号在一个程序中只能定义一次，不能重复定义。

（2）操作码和操作数。操作码用于规定语句执行的操作，操作数用于给指令的操作提供

数据或地址。操作码和操作数构成了语句的主体，它们之间应留有空格。

（3）注释。注释用于对语句进行解释说明。恰当的注释有助于对程序的理解、阅读和交流，注释的程度不限，一行不够时可以换行接着书写，但换行时应注意在开头使用分号"；"。汇编语言程序在汇编时遇到分号将忽略分号后面的内容而换行，即汇编程序对注释部分将不做任务处理。指令与注释之间要用分号"；"隔开。

例如：

```
DATA DB 56H        ;定义一个变量,变量名为 DATA,类型为字节
```

其中，DATA 为标号或名字；DB 为操作码或操作符；56H 为操作数。

（四）伪指令（Pseudo - Instruction）

MCS - 51 单片机指令系统中的每条指令对应一条机器指令，都命令 CPU 执行一定的操作，完成一定的功能。但在用汇编程序对汇编语言源程序进行汇编时，还需要另外一些指令来对汇编过程进行某种控制。例如，指定目标程序或数据存放的起始地址，给一些指定的标号赋值，在内存中预留工作单元，表示源程序结束等。这些指令并不产生可执行的目标代码，仅仅产生供汇编使用的某些命令，以便在汇编时执行一些特定操作，所以将这些指令称为伪指令。

各种汇编语言所定义的伪指令不尽相同，但大体上是一致的。下面介绍 MCS - 51 系列单片机汇编语言系统中常用的伪指令。

1. ORG（Origin）汇编起始指令

本指令用于规定目标出现的起始地址。

指令格式：［〈标号:〉］ORG〈地址〉

其中，［〈标号:〉］是可选项；〈地址〉通常使用 16 位的绝对地址，也可以使用标号或表达式。

在一个源程序中，可以多次使用 ORG 指令来规定不同程序段的起始位置。但所规定的地址应该从小到大，不允许重叠。若一个源程序不用 ORG 指令来规定目标出现的起始地址，则经汇编得到的目标出现的第一条指令将从 0000H 开始存放。例如：

```
    ORG 2000H
START:MOV A, #20H
```

即规定目标出现的第一条指令从 2000H 开始存放。标号 START 代表地址 2000H。

2. END（END if assembly）汇编终止指令

本指令用于终止源程序的汇编工作。

指令格式：［〈标号:〉］END〈表达式〉

其中，［〈标号:〉］是可选项；〈表达式〉只在主程序模块中使用，并规定〈表达式〉的值为该程序模块的入口地址。

END 指令是汇编语言源程序的结束标志，在 END 指令之后的语句，汇编程序不予处理。因此，该指令必须放在整个程序（包括伪指令）之后。

3. EQU（Equate）赋值指令

本指令用于给字符名赋值。赋值以后，其值在整个程序中有效。

指令格式：〈字符名〉EQU（赋值项）

其中，〈赋值项〉可以是常数、地址或表达式，其值为 8 位或 16 位的二进制数。

用 EQU 指令赋值以后的字符名可以作为地址或者立即数来使用。必须注意，使用 EQU 指令时，应先给字符名赋值，然后再使用。此外，赋值以后字符名的值在整个程序中不能再改变。例如：

```
A10      EQU 10H
DELAY  EQU 3000H
         MOV A,A10
         ACALL DELAY
```

其中，A10 被赋值以后，当作 8 位的直接地址来使用；DELAY 被赋值以后，当作 16 位的目标地址使用。

4. DB (Define Byte) 定义数据字节指令

本指令用于从指定的地址单元开始，在程序存储器中定义若干个内存单元的内容。

指令格式：[〈标号:〉] DB 〈项或项表〉

其中，[〈标号:〉] 是可选项；〈项或项表〉是指一个字节或用逗号分开的字符串，或者是用引号括起来的 ASCII 码字符串（一个字符用 ASCII 码表示，就相当于一个字节）。

DB 指令经汇编程序后将把指令中项或项表的内容（数据或 ASCII 码）依次存入从标号开始的存储单元。例如：

```
         ORG 3000H
FIRST:  DB 77H,01H,29H,90H,30H,00H,01H,22H
SECOND: DB 90H,00H,'1','2','A','B','C','D'
```

其中，伪指令 ORG 3000H 指明了标号 FIRST 的地址为 3000H，伪指令 DB 定义了 3000H～3007H 单元的内容依次为 77H、01H、29H、90H、30H、00H、01H、22H。因标号 SECOND 与前面 8 个字节紧靠，所以它的地址值应为 3008H；第二条 DB 指令则定义了 3008H～300FH 单元的内容依次为 90H、00H、31H、32H、41H、42H、43H、44H。

5. DW (Define Word) 定义数据字指令

本指令用于从特定地址开始定义若干个 16 位数据。

指令格式：[〈标号:〉] DW 〈项或项表〉

其中，[〈标号:〉] 是可选项；〈项或项表〉是指一个字或用逗号分隔的字符串。

汇编时，每个字的高 8 位要安排在低地址单元，低 8 位安排在高地址单元。例如：

```
         ORG 1500H
HTAB: DW  1234H,9AH,10
```

其中，伪指令 ORG 1500H 指明了标号 HTAB 的地址为 1500H，伪指令 DW 则定义了 1500H～1505H 单元的内容依次为 34H、12H、9AH、00H、0AH、00H。

6. DS (Define Storage) 定义存储区指令

本指令用于从指定地址开始，保留指定数目的字节单元作为存储区，供程序运行时使用。

指令格式：[〈标号:〉] DS 〈表达式〉

其中，[〈标号:〉]是可选项；〈表达式〉的值就是预留存储单元的数目。例如：

```
ORG 1000H
DS  0AH
```

汇编以后，从 1000H 单元开始，保留 10 个连续的地址单元。

应该指出，以上所介绍的 DB、DW、DS 伪指令都只能用于程序存储器，而不能用来对数据存储器的内容进行赋值或进行其他初始化工作。

7. BIT 位定义指令

本指令用于将位地址赋予字符名。

指令格式：〈字符名〉BIT〈位地址〉

其中，〈位地址〉可以是绝对地址，也可以是符号地址，即位符号名。例如：

```
AA BIT P1.0
```

把 P1.0 的位地址赋给了字符名 AA，在其后的指令中就可以通过 AA 来访问位地址单元 P1.0。

📝 **思考：** 伪指令与助记符指令有何不同？使用符号地址有何意义？

四、简单程序设计

我们将在分别介绍数据传送、数据运算和位操作指令以后，举例说明简单程序设计的基本方法和基本技巧。

（一）数据传送指令

在 MCS-51 指令系统中，数据传送指令共有 27 条，下面分四组进行介绍。

1. 通用数据传送指令

通用数据传送指令用于工作寄存器、专用寄存器及内部 RAM 单元之间的数据传送。在 MCS-51 指令系统中，这类指令最多，共有 16 条。

（1）累加器 A 为一操作数的传送指令。共有 6 条（3 对）指令，分别实现累加器与寄存器、累加器与直接地址单元、累加器与寄存器间址单元之间的数据互传。

1）累加器 A 和寄存器 Rn 之间的数据互传。

```
MOV A,Rn        ;A←(Rn),n=0,1,…,7
MOV Rn,A        ;Rn←(A),n=0,1,…,7
```

指令功能：将寄存器 Rn 中的内容送累加器 A，或进行反向传送。

这是两条单字节指令，指令中的两个操作数都采用寄存器寻址方式。

例如，A 中的内容为 33H，R1 中的内容为 44H，则执行 MOV R1，A 指令后，R1 中的内容变为 33H，A 中的内容不变。

2）累加器 A 和直接地址单元之间的数据互传。

```
MOV A,direct        ;A←(direct)
MOV direct,A        ;direct←(A)
```

指令功能：将 direct 所指示的直接地址单元中的内容送累加器 A，或进行反向传送。

这是两条双字节指令，指令中的两个操作数分别由寄存器寻址和直接寻址取得，直接寻址对象包括内部 RAM 低 128 字节单元和高 128 字节单元中的专业寄存器。

例如，已知内部 RAM 20H 单元中的内容为 55H，则执行指令 MOV A，20H 后，A 中的内容为 55H。

3）累加器 A 和寄存器间址单元之间的数据互传。

```
MOV A,@Ri        ;A←((Ri)),i=0,1
MOV @Ri,A        ;(Ri)←(A),i=0,1
```

指令功能：以寄存器 Ri 中的内容为地址，将该地址单元中的内容送累加器 A，或进行反向传送。

这是两条单字节指令，一个操作数采用寄存器寻址方式，一个操作数采用寄存器间接寻址方式，间址对象为内部 RAM 低 128 字节单元。

例如，已知 R1 中的内容为 50H，内部 RAM 50H 单元中的内容为 78H，则执行 MOV A，@R1 指令后，A 中的内容为 78H。

（2）立即数传送指令。共有 5 条指令，分别实现立即数传送到累加器、寄存器、直接地址单元、寄存器间址单元及数据指针的功能。

1）立即数送累加器 A。

```
MOV A,#data       ;A←data
```

指令功能：将 8 位立即数 data 送累加器 A。

这是一条双字节指令，源操作数（第二操作数）采用立即寻址方式，目的操作数（第一操作数）采用寄存器寻址方式。

例如，指令 MOV A，♯66H 执行后，A 中的内容为 66H。

2）立即数送寄存器 Rn。

```
MOV Rn,#data       ;Rn←data,n=0,1,…,7
```

指令功能：将 8 位立即数送寄存器 Rn（n=0，1，…，7）。

这是一条双字节指令，源操作数采用立即寻址方式，目的操作数采用寄存器寻址方式。

例如，指令 MOV R0，♯40H 执行后，R0 中的内容为 40H。

3）立即数送直接寻址单元。

```
MOV direct,#data        ;direct←data
```

指令功能：将立即数送 direct 所指示的直接地址单元。

这是一条三字节指令，源操作数采用立即寻址方式，目的操作数采用直接寻址方式，寻址对象包括内部 RAM 低 128 字节单元和专用寄存器。

例如，指令 MOV 25H，♯34H 执行后，内部 RAM 25H 单元中的内容为 34H。

4）立即数送寄存器间址单元。

```
MOV @Ri,#data        ;(Ri)←data,i=0,1
```

指令功能：将立即数送 Ri（i=0，1）所指示的内部 RAM 单元。

这是一条双字节指令，源操作数采用立即寻址方式，目的操作数采用寄存器间接寻址方式，间址对象为内部 RAM 低 128 字节单元。

例如，已知（R0）＝40H，内部 RAM 40H 单元的内容为 88H，则执行 MOV @R0，#77H 指令后，内部 RAM 40H 单元中的内容变为 77H，寄存器 R0 中的内容不变，仍为 40H。

5）立即数送数据指针 DPTR。

```
MOV DPTR,#data16        ;DPTR←data16
```

指令功能：将 16 位立即数送数据指针 DPTR。

这是一条三字节指令，源操作数采用立即寻址方式，目的操作数采用寄存器寻址方式。DPTR 由两个字节单元 DPH 和 DPL 组成，本指令执行后立即数的高字节送入 DPH 中，低字节送入 DPL 中，从而构成一个 16 位的数据指针，为访问外部 RAM 或 ROM 单元做准备。

例如，指令 MOV DPTR，#1618H 执行后，DPTR 便可以用来指示外部 RAM 1618H 单元。

（3）直接地址单元为一方的传送指令。共有 5 条指令。分别实现寄存器与直接地址单元、寄存器间址单元与直接地址单元、两个直接地址单元之间的数据互传。

1）寄存器与直接地址单元之间的数据互传。

```
MOV  Rn,direct         ;Rn←(direct),n=0,1,…,7
MOV  direct,Rn         ;direct←(Rn),n=0,1,…,7
```

指令功能：将 direct 所指示的直接地址单元中的内容送寄存器 Rn（n＝0，1，…，7），或进行反向传送。

这是两条双字节指令，一个操作数采用直接寻址方式，一个操作数采用寄存器寻址方式。直接寻址对象包括内部 RAM 低 128 字节单元和专用寄存器。

例如，已知 40H 单元中的内容为 30H，则执行 MOV R6，40H 指令后，R6 中的内容为 30H。

2）寄存器间址单元与直接地址单元之间的数据互传。

```
MOV @Ri,direct         ;(Ri)←(direct),i=0,1
MOV direct,@Ri         ;direct←((Ri)),i=0,1
```

指令功能：将 direct 所指示的直接地址单元中的内容送 Ri（i＝0，1）所指示的内部 RAM 低 128 字节单元。

例如，已知（R1）＝47H，内部 RAM 47H 单元中的内容为 56H，则执行 MOV 30H，@R1 指令后，内部 RAM 30H 单元中的内容为 56H。

3）直接寻址单元之间的数据互传。

```
MOV direct2,direct1        ;direct2←(direct1)
```

指令功能：将 direct1 所指示的直接地址单元中的内容送 direct2 所指示的直接地址单元中。

这是一条三字节指令，指令中的两个操作数均采用直接寻址方式。直接寻址对象为内部 RAM 低 128 字节单元和专用寄存器。

例如，已知内部 RAM 25H 单元中的内容为 44H，则执行 MOV 80H，25H 指令后，

80H 单元（即 P0 口）中的内容为 44H。在程序中该指令常写成 MOV P0，25H，即用寄存器名来表示其直接地址。

分析以上 16 条指令可以发现，通用数据传送指令使用了寄存器寻址、寄存器间接寻址、直接寻址和立即寻址四种寻址方式来取得操作数，数据传送的目标（指令中的目的操作数）均为内部 RAM 中的可寻址单元（包括所有低 128 字节单元和高 128 字节单元内的专用寄存器），数据的来源（指令中的源操作数）可以是内部 RAM 中的寻址单元，还可以是立即数（一般为 8 位立即数，但仅有 MOV DPTR，♯data16 一条指令使用 16 位立即数）。应该注意，不同的寻址方式，其寻址的对象和范围均有所不同。在通用传送指令中，寄存器寻址的对象只有 8 个当前工作寄存器 D0～R7 和 A、DPTR 两个专用寄存器；寄存器间接寻址的对象为 RAM 中低 128 字节单元，直接寻址的对象覆盖所有 RAM 可寻址单元。

2. 外部 RAM 与累加器 A 之间的数据传送指令

这类指令共有 4 条（2 对）。它们都以 A 为一方，也就是说外部 RAM 单元只能跟内部 RAM 中的一个单元——累加器 A 进行数据互传。另外，这 4 条指令中，外部 RAM 单元均采用寄存器间接寻址方式。

（1）外部 RAM 低 256 字节单元与累加器 A 之间的数据互传。

```
MOVX A,@Ri        ;A←((Ri)),i= 0,1
MOVX @Ri,A        ;(Ri)←(A),i= 0,1
```

指令功能：将 Ri（i＝0，1）所指示外部 RAM 单元中的内容送累加器 A，或进行反向传送。

例如，执行下列指令

```
MOV    R0,#80H
MOVX   A,@R0
```

的结果是将外部 RAM 80H 单元中的内容送到累加器 A 中。而执行下列指令

```
MOV    R1,#90H
MOVX   @R1,A
```

的结果是将 A 中的内容送入外部 RAM 90H 单元中。

（2）全部 64KB 外部 RAM 单元与累加器 A 之间的数据互传。

```
MOVX A,@DPTR        ;A←((DPTR))
MOVX @DPTR, A       ;(DPTR)←(A)
```

指令功能：将 DPTR 所指外部 RAM 单元中的内容送累加器 A，或进行反向传送。

例如，执行下列指令

```
MOV DPTR,#0FFFH
MOVX A,@DPTR
```

的结果是将外部 RAM 中 0FFFH 单元的内容送到累加器 A 中，而执行下列指令

```
MOV DPTR,#01FFH
MOVX @DPTR,A
```

的结果是将 A 中的内容送入外部 RAM 的 01FFH 单元中。

3. 程序存储器单元向累加器 A 的数据传送指令

在 MCS-51 指令系统中，只提供了两条读程序存储器的指令，它们都采用变址寻址方式，且都以累加器 A 为接收者（目的操作数）。这两条指令为

```
MOVC A,@A+DPTR        ;A←((A)+(DPTR))
MOVC A,@A+PC          ;A←((A)+(PC))
```

这是两条单字节指令。前一条指令的功能是：将 DPTR 中的内容与 A 中的 8 位无符号数相加形成地址，取出该地址单元中的内容送累加器 A。后一条指令的功能是：将 PC 中的当前值（取完此指令后的 PC 值）与 A 中的 8 位无符号数相加形成地址，取出该地址单元中的内容送累加器 A。这两条指令在功能上是相同的，它们多用于查表，但在使用时略有差异。因为 A 中是 8 位无符号数，所以查表范围在 PC 或 DPTR 所指单元以下的 256 个单元之内。由于 DPTR 可以由 MOV DPTR, ♯data16 指令赋值改变内容，所以实际上 MOVC A, @A+DPTR 指令的查表范围可达 64KB 空间。PC 的内容是不能用赋值的方法来改变的，所以，MOVC A, @A+PC 指令的查表范围将真正控制在指令下的 256 个字节单元之内。

例如，有一个包含 0~9 十个数字键的键盘，每按下一个键后，硬件系统自动把相应的序号（数字值）送入累加器 A 中。设 0~9 十个数字相应的 ASCII 码值已事先按顺序存放在 ROM（程序存储器）中，其首地址为 TAB。以下程序段将把 A 中的数字转化为相应的 ASCII 码，然后送 P0 口输出显示。

```
MOV DPTR,#TAB
MOVC A,@A+DPTR
MOV P0,A
```

这类所谓的转换实质上就是查表。第一条指令将 ASCII 码表首地址（即数字 0 的 ASCII 码存放单元地址）送入 DPTR，所以，第二条指令中的变址寻址目的地址（A）+（DPTR）将指向 A 中数字值相对应的 ASCII 码值存放单元。具体地说，第二条指令执行的结果就是将 A 中数字值的 ASCII 码从表中读出并送入 A 中。其实，第二条指令也可以用 MOVC A, @A+PC 来代替，但是这时要求 ASCII 码表必须存放在该指令以下的 256 字节范围之内。例如，以下程序段在功能上与上述程序段相同。

```
    ADD A,#03H
    MOVC A,@A+ PC
    MOV P0,A
    RET
TAB:(ASCII 码表)
```

📝 **思考**：这类指令 RET 用于分隔程序和数据表，不能省略，为什么？为什么要用第一条指令给 A 中内容加 3？省略它会有什么结果？

4. 数据交换指令

数据交换是在内部 RAM 与累加器 A 之间进行的，由整字节和半字节两种交换方式，共 5 条指令。

（1）整字节交换指令。

```
XCH A,Rn            ;(A)↔(Rn),n= 0,1,…,7
XCH A,direct        ;(A)↔(direct)
XCH A,@Ri           ;(A)↔((Ri)),i= 0,1
```

指令功能：将源操作数所指定的内容与累加器 A 中的内容互换。

（2）半字节交换指令。

```
XCHD A,@Ri          ;(A)_{3~0}↔((Ri))_{3~0},i= 0,1
SWAP A              ;(A)_{3~0}↔(A)_{7~4}
```

第一条指令的功能是将 A 中低 4 位与寄存器间址单元的低 4 位交换；第二条指令的功能是将 A 中高 4 位和低 4 位互换。这两条指令在 BCD 码运算时经常使用。

5. 关于数据传送指令的两点说明

（1）同样的数据传送，可以采用不同寻址方式的指令来实现。例如，把累加器 A 中的内容送内部 RAM 0FH 单元的操作，使用下面的指令组都可以完成：

```
1) MOV 0FH,A
2) MOV R0,#0FH
   MOV @R0,A
3) XCH A,0FH
4) MOV R1,#0FH
   XCH A,@R1
```

因为 0FH 单元是第一组通用寄存器的 R7，所以如果当前工作寄存器组为第一组通用寄存器（即 PSW 中的 RS0＝1，RS1＝0），则指令 MOV R7，A 也可以实现 A 中的内容送 0FH 单元的功能。实际应用时应根据情况酌情选用。

（2）数据传送指令一般不影响程序状态字寄存器 PSW。不过，当传送目标位 A 时，奇偶标志位 P（PSW.0）的状态将受到影响。

（二）算术运算指令

MCS-51 的算术运算类指令共有 24 条，包括加、减、乘、除四则运算指令，还有增 1 减 1 指令和十进制调整指令，下面分别进行介绍。

1. 加法运算指令

（1）共有 8 条，其中不带进位的加法指令有 4 条。

```
ADD A,Rn            ;A←(A)+(Rn),n=0,1,…,7
ADD A,direct        ;A←(A)+(direct)
ADD A,@Ri           ;A←(A)+((Ri)),i=0,1
ADD A,#data         ;A←(A)+data
```

指令功能：将源操作数所指定的内容与 A 中的内容相加，结果存入累加器 A 中。

必须注意，加法运算将 A←（A）＋（Rn）会影响 PSW 的位状态。具体影响的标志位如下：

1）进位标志位 CY（PSW.7）：若运算过程中 D7 位有进位，则 CY 置 1；否则 CY 清 0。

2) 半进位标志位 AC（PSW.6）：若运算过程中 D3 位有进位，则 AC 置 1；否则 AC 清 0。

3) 溢出标志位 OV（PSW.2）：两个带符合数相加时，若最高位、次高位之一有进位时，将发生溢出（注意，两者均有进位时不是溢出），此时 OV 置 1；否则 OV 清 0。

4) 奇偶标志位 P（PSW.0）：若运算结果中 1 的个数为奇数，则 P 置 1；否则 P 清 0。

例如，执行指令

```
MOV A,#7FH
ADD A,#47H
```

以后，（A）=C6H，其相加过程为

$$
\begin{array}{r}
01111111 \quad 7FH \\
+ \quad 01000111 \quad 47H \\
\hline
11000110 \quad C6H
\end{array}
$$

由相加过程可知，最高位 D7 无进位，故 CY 清 0；D3 位有进位，AC 置 1；D6 位向 D7 位有进位而 D7 位无进位，所以 OV 置 1；结果 C6H 中含有 4 个 1，故 P 清 0。

（2）带进位加法指令也有 4 条。

```
ADDC A,Rn          ;A←(A)+(Rn)+(CY)
ADDC A,direct      ;A←(A)+(direct )+(CY)
ADDC A,@Ri         ;A←(A)+((Ri))+(CY)
ADDC A,#data       ;A←(A)+data+(CY)
```

它们与不带进位的加法指令不同的是多加了一个进位标志位的状态值。带进位加法指令主要用于多字节加法运算。

例如，设有两个双字节无符号二进制数分别存放在内部 RAM 30H、31H 及 40H、41H 单元中（存放规则是低字节在前，高字节在后）。求这两个数之和可以使用下列程序段来完成：

```
MOV A,30H       ;被加数低字节送 A
ADD A,40H       ;与加数低字节相加
MOV 30H,A       ;低字节相加结果送 30H 单元
MOV A,31H       ;被加数高字节送 A
ADDC A,41H      ;与加数高字节及低字节相加时的进位位相加
MOV 31H,A       ;高字节及进位位相加的结果送 31H 单元
```

这里已经假定高字节相加时，最高位不产生进位，否则将得不到预期的结果。

2. 减法运算指令

MCS - 51 指令系统中只提供了 4 条带进位的减法指令。

```
SUBB A,Rn        ;A←(A)-(Rn)-(CY)
SUBB A,direct    ;A←(A)-( direct)-(CY)
SUBB A,@Ri       ;A←(A)-((Ri))-(CY)
SUBB A,#data     ;A←(A)-data-(CY)
```

指令功能：累加器 A 中的内容与源操作数所指定的内容及进位标志位中的内容相减，结果存入累加器 A 中。

减法指令也影响 PSW 的位状态，具体影响的位如下：

（1）进位标志位 CY：如果 D7 有借位，则 CY 置 1；否则 CY 清 0。

（2）半进位标志位 AC：如果 D3 有借位，则 AC 置 1；否则 AC 清 0。

（3）溢出标志位 OV：两个带符合数相减，若最高位、次高位之一有借位时，将发生溢出（两者均有借位不是溢出），OV 置 1；否则 OV 清 0。

（4）奇偶标志位 P：结果中 1 的个数为奇数时，P 置 1；否则 P 清 0。

例如，设 A 和 R2 中存放有两个无符号数，求两数之差的程序段如下：

```
CLR C        ;CY 清 0
SUBB A,R2    ;A←(A)-(R2)-(CY)
```

第一条指令将 CY 清 0，以免在执行第二条指令减 CY 的内容时影响结果。一般地说，在用 SUBB 指令进行单字节减法运算或多字节的最低字节减法运算之前，应先使 CY 清 0。

显然，在加减指令中，总是默认第一操作数在累加器 A 中，并且运算结果也总是存回累加器 A 中；第二操作数或在寄存器 Rn 中，或为立即数，或在内部 RAM 中，可以由直接寻址和寄存器间接寻址取得。

3. 乘、除法运算指令

MCS-51 指令系统中，乘、除指令各有一条，它们都是单字节指令，但它们的执行时间是最长的，共需 4 个机器周期。两条指令中的两个操作数均采用（隐含）寄存器（A，B）寻址方式取得。

（1）乘法指令。

```
MUL AB   ;AB←(A)×(B)
```

指令功能：将累加器 A 和寄存器 B 中的两个无符号 8 位二进制数相乘，所得 16 位乘积的低字节存放在 A 中，高字节存放在 B 中。

乘法运算影响 PSW 中的 CY、OV 和 P 三个标志位，即进位标志位 CY 总是被清 0；若乘积小于 FFH（结果未超过 8 位，即 B 中内容为 0），则 OV 清 0，否则 OV 置 1，所以，OV=0 表示结果小于 256，OV=1 表示结果大于或等于 256；P 标志位视 A 中 1 的个数的奇偶而定。

（2）除法指令。

```
DIV AB   ;A←(A)/(B)的商
         ;B←(A)/(B)的余数
```

指令功能：对 A 和 B 中的两个无符号数进行除法运算，指令执行后，商存入 A 中，余数存入 B 中。

除法运算也影响 PSW 中的 CY、OV 和 P 三个标志位，即进位标志位 CY 总是被清 0；当除数（B）为 0 时，OV 置 1，否则 OV 清 0；P 标志位视 A 中 1 的个数的奇偶而定。

例如，（A）=50H，（B）=40H。指令 MUL AB 执行后，结果为 1400H，即（A）=00H，（B）=14H，因结果大于 256（B 中内容不为 0），所以溢出标志位 OV 置 1；因 A 中

1 的个数为 1（奇数），故 P 置 1。指令 DIV AB 执行后，结果商为 01H，余数为 10H，即（A）＝01H，（B）＝10H，标志位（OV）＝0，（P）＝1。如果（B）＝0，则执行 DIV AB 后，A、B 中的内容不定，标志位（OV）＝1。做除法运算后，一般要判断标志位 OV 的状态，若为 1，则应报告"被 0 除错误"的信息。

4. 增 1 减 1 指令

（1）增 1 指令。

```
INC A        ;A←(A)+1
INC Rn       ;Rn←(Rn)+1,n=0~7
INC direct   ;direct←(direct)+1
INC @Ri      ;(Ri)←((Ri))+1,i=0,1
INC DPTR     ;DPTR←(DPTR)+1
```

（2）减 1 指令。

```
DEC A        ;A←(A)-1
DEC Rn       ;Rn←(Rn)-1,n=0~7
DEC direct   ;direct←direct-1
DEC @Ri      ;(Ri)←((Ri))-1,i=0,1
```

上述 9 条指令中，除 INC A 和 DEC A 两条指令影响 P 标志位以外，其余指令均不影响 PSW 的位状态。通过上述 9 条指令，我们可以对内部 RAM 中的任何一个可寻址单元进行增 1 减 1 运算。也就是说，内部 RAM 中任何一个可寻址单元都可以作为计数器使用，这个特征为循环控制程序的设计提供了极大的方便。

5. 十进制调整指令

这类指令只有一条，即

```
DA A
```

指令功能：对 BCD 数（二进制编码的十进制数）加法运算的结果进行修正。

MCS - 51 指令系统中只提供了"ADD"和"ADDC"两类二进制加法运算指令，用二进制加法指令对十进制数（BCD 数）进行加法运算，其结果无疑要作相应的修正，DA A 指令就是用来完成这种修正任务的。修正的方法是：在每一条做十进制加法运算的"ADD"或"ADDC"指令后，安排一条十进制调整指令 DA A，这样，当执行 DA A 指令时，系统会通过逻辑电路依照修正规则自动对 A 中的结果进行修正。

😑 注意：① DA A 指令只对加法进行正确的 BCD 码调整，且必须跟在"ADD"或"ADDC"指令后；② 在执行 DA A 指令时，若在两个 BCD 码数相加的结果中，低 4 位大于 9 或有半进位，则在低 4 位加 06H 进行修正；若高 4 位大于 9 或有进位，则在高 4 位加 06H 进行修正。

【例 3 - 1】 设 A＝34，B＝53，求 A＋B 的值。

解　34 的 BCD 码为 0011 0100B，53 的 BCD 码为 01010011B。运算过程为

$$
\begin{array}{r}
0011 \quad 0100 \\
+ \ 0101 \quad 0011 \\
\hline
1000 \quad 0111
\end{array}
$$

结果为 87，显然运算结果仍然为 BCD 码，并且运算过程中没有产生进位，这一结果是正确的，不需要进行修正。

若设 A＝37，B＝46，则这两个 BCD 码的运算过程为

$$
\begin{array}{r}
0011\quad 0111\\
+\quad 0100\quad 0110\\
\hline
0111\quad 1101
\end{array}
$$

结果为 7DH，运算结果的低位大于 9，已不是 BCD 码，需要修正，即低位加 6，最后结果为 83。

（三）逻辑运算及移位指令

1. 逻辑运算指令

共 20 条指令，分别实现两操作数的与、或和异或运算，以及一个操作数（A 中内容）的清 0 与求反运算。这里讲的逻辑运算是按位进行的，运算结果存入目的操作数所指定的累加器 A 或直接地址单元中。

（1）逻辑与指令。

```
ANL A,Rn          ;A←(A)∧(Rn)
ANL A,direct      ;A←(A)∧(direct)
ANL A,@Ri         ;A←(A)∧((Ri))
ANL A,#data       ;A←(A)∧data
ANL direct, A     ;direct←(direct)∧(A)
ANL direct,#data  ;direct←(direct)∧data
```

当要求对字节数据的某几位清 0 而其余位不变时，我们就可以使用逻辑与指令。例如，将 A 中内容的高 3 位清 0 而低 5 位不变，可以通过执行指令 ANL A，♯1FH 来实现。

（2）逻辑或指令。

```
ORL A,Rn          ;A←(A)∨(Rn)
ORL A,direct      ;A←(A)∨(direct)
ORL A,@Ri         ;A←(A)∨((Ri))
ORL A,#data       ;A←(A)∨data
ORL direct, A     ;direct←(direct)∨(A)
ORL direct,#data  ;direct←(direct)∨data
```

当要求传送字节数据中的某几位而其余位保持不变时，我们无法直接使用数据传送指令，但可以使用或指令来实现。例如，将 A 的低 4 位传送到 P1 口的低 4 位，P1 口的高 4 位保持不变。这一操作可以用下列程序段来实现：

```
MOV R0,A          ;R0←(A)
ANL A,#0FH        ;屏蔽 A 的高 4 位
ANL P1,#F0H       ;屏蔽 P1 的低 4 位
ORL P1,A          ;A 中低 4 位送 P1 口低 4 位
MOV A,R0          ;恢复 A 中内容
```

读者可能会想到用 XCHD A，@Ri 来完成上述操作，事实上，如果这里的传送目标不是 P1 口，而是可以间接寻址的内部 RAM 低 128 字节区间的某个单元，那么这个想法是可

行的。但是，P1 口不能间接寻址，所以就只能使用逻辑指令来实现上述功能了。请读者务必注意指令使用的局限性。

（3）逻辑异或指令。

```
XRL A,Rn            ;A←(A)⊕(Rn)
XRL A,direct        ;A←(A)⊕(direct)
XRL A,@Ri           ;A←(A)⊕((Ri))
XRL A,#data         ;A←(A)⊕ data
XRL direct,A        ;direct←(direct)⊕(A)
XRL direct,#data    ;direct←(direct)⊕ data
```

上述三类指令，每类有 6 条，它们具有一个共同的特征，即当结果存放在累加器 A 中时（每一类的前 4 条指令），第二操作数可以是寄存器内容、直接寻址的内部 RAM 单元内容、寄存器间接寻址的内部 RAM 低 128 字节单元内容及立即数；而当结果存放在直接地址单元中时（每一类的后两条指令），第二操作数只能是 A 中的内容或立即数。

（4）累加器 A 清 0 及取反指令。

```
CLR A               ;A←0
CPL A               ;A←(/A)
```

第一条指令的功能是使 A 清 0，第二条指令的功能是使 A 中内容取反。

2. 移位指令

在 MCS-51 指令系统中，只有 4 条对累加器 A 中的内容进行移位操作的指令，分别实现 A 中内容不带进位循环左、右移位和带进位循环左、右移位的功能。

（1）不带进位的循环移位指令。

```
RL A                ;A n+1←An,A0←A7,n=0,1,…,6
RR A                ;An←A n+1,A7←A0,n=0,1,…,6
```

其功能如图 3-4 所示。

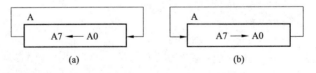

图 3-4　不带进位的循环移位指令功能示意图
(a) RL A 指令功能；(b) RR A 指令功能

例如，（A）=01010010B=82，执行 RL A 指令后，（A）=10100100B=164。可见，左移一位后，A 中数据增大两倍。一般来说，对于小于 128 的数据（A7=0）都可以通过左移一位来增大两倍。

若接着执行 RR A 指令，则（A）=01010010B=82，A 中内容恢复原值。一般地，对于偶数（A0=0），右移一位可以使其值减小一半。

（2）带进位的循环移位指令。

```
RLC A               ;A n+1←An,CY←A7,A0←CY,n=0,1,…,6
```

```
RRC A                   ;An←A n+1,A7←CY,CY←A0,n=0,1,…,6
```

其功能如图 3-5 所示。

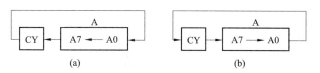

图 3-5 带进位的循环移位指令功能示意图
(a) RLC A 指令功能；(b) RRC A 指令功能

这两条指令常用于对 A 中内容进行逐位检测，即将 A 中数据逐位移入 CY 中，再由条件指令对 CY 进行判断。例如，设 A 中存放一带符号数，执行指令 RLC A 后，符号位将移入 CY 中，于是通过对 CY 状态的检测就可以判别 A 中数据的正负。

（四）位操作指令

MCS-51 具有丰富的位操作指令，它们构成了一个布尔操作指令集，包括位传送、位运算及控制转移等，共计达 17 条指令。硬件上，MCS-51 提供了一个专门的布尔处理机，它以 PSW 中的进位标志位 CY 作累加器，以内部 RAM 位寻址区中的 128 个寻址位和专用寄存器中的 83 个寻址位作为存储位。

1. 位传送指令

位传送指令实现可寻址位与累加位 CY 之间的数据互传，共有两条指令。

```
MOV C,bit               ;CY←(bit)
MOV bit,C               ;bit←(CY)
```

指令中 C 是 CY 的符号名。

例如，将 07H 位的状态传送到 67H 位，可用下列程序段来完成：

```
MOV 00H,C               ;CY 状态暂存于 00H 位
MOV C,07H               ;07H 位状态位送 CY
MOV 67H,C               ;再转送 67H 位
MOV C,00H               ;恢复 CY 状态
```

由本例可知，以 CY 为中介可实现任意两个可寻址位（包括内部 RAM 低 128 字节单元中 20H～2FH 16 个字节的 128 个位和 11 个专用寄存器中的 83 个寻址位）之间的状态传送。

2. 置位与复位指令

```
CLR C                   ;CY←0
CLR bit                 ;bit←0
SETB C                  ;CY←1
SET bit                 ;bit←1
```

3. 位运算指令

位运算有与、或、非三种，共 6 条指令，即

```
ANL C,bit               ;CY←(CY)∧(bit)
```

```
ANL C,/bit          ;CY←(CY)∧(/bit)
ORL C,bit           ;CY←(CY)∨(bit)
ORL C,/bit          ;CY←(CY)∨(/bit)
CPL C               ;CY←(/CY)
CPL bit             ;bit←(/bit)
```

上述各指令中，bit 代表位地址，关于位寻址的表示方法可以参照本单元中位寻址部分的内容，这里不再赘述。

（五）顺序结构程序设计举例

为了帮助读者进一步理解和掌握上述各类指令的功能及其使用方法和规则，逐步建立起程序设计的基本概念，下面我们先来讲解几个简单的例子。所谓简单程序就是指只有顺序结构的程序。在这种程序中，指令的执行顺序就是指令的书写顺序（也是指令的存储顺序）。

【例 3-2】　设在第二组工作寄存器 R0 和 R1 中存放了两个 8 位无符号二进制数，试编程求出其乘积并将结果送回 R0 和 R1 中，R0 中存放高字节，R1 中存低字节。

解　乘法指令要求被乘数和乘数分别存放在 A 和 B 中，指令执行后，乘积仍存放在 A 和 B 中，且 B 中为结果的高字节。所以，首先必须将乘数和被乘数送至 A、B 中，再执行乘法指令，乘法指令执行完后，再从 A、B 中取得乘积。

程序清单如下：

```
    SET PSW.4      ;设定 RS0=0,RS1=1,选择第二组寄存器为当前工作寄存器组
    CLR PSW.3
    MOV A,R0       ;被乘数(R0)送 A 中
    MOV B,R1       ;乘数(R1)送 B 中
    MUL AB         ;做乘法运算
    MOV R0,B       ;乘积高字节送 R0
    MOV R1,A       ;乘积低字节送 R1
LP:SJMP LP         ;暂停
```

注意：数据传送指令中，B 寄存器只能采用直接寻址方式进行访问，但指令中除了可以用直接地址 0F0H 表示外，也可以用寄存器名 B 表示。但是，它和乘法指令中的符号名 B 是有本质区别的，乘法指令中 B 寄存器采用寄存器寻址方式进行访问。应该指出，因为 MCS-51 指令系统中未提供程序暂停指令，所以程序中常用"LP：SJMP LP"或"SJMP $"（$ 表示当前指令的首地址）指令进行代替。

【例 3-3】　设有两个 8 位无符号二进制数分别存放在外部 RAM 的 1568H 和 1569H 单元中。试编程求两数之和，并将结果送回 1568H 和 1569H 单元。

解　两个 8 位二进制数相加，结果可能超过 8 位，超过 8 位时的进位位"记录"在 CY 中，因此，相加运算后，应将其取出作为结果的高字节存放于 1568H 单元中。

程序清单：

```
    MOV DPTR,#1568H    ;数据指针指向被加数高位
    MOVX A,@DPTR       ;取被加数于 A 中
    MOV R1,A           ;转存被加数到 R1 中,准备取加数
    INC DPTR           ;数据指针指向加数单元
```

```
    MOVX A,@DPTR          ;取加数于 A 中
    ADD A,R1              ;两数相加
    MOVX @DPTR,A          ;结果的低字节送 1569H 单元
    CLR A                 ;A 清 0,准备取 CY 值
    ADDC A,#00H           ;取进位位 CY(即结果的高字节)于 A 中
    MOV DPTR,#1568H       ;DPTR 指向 1568H 单元
    MOVX @DPTR,A          ;结果的高字节送 1568H 单元
LP:SJMP LP               ;暂停
```

通过例 3-3，可以清楚地看出外部 RAM 中数据的处理过程。还应该指出，程序中指令 ADDC A，♯00H 的功能也可以由 RLC A 指令来完成，见例 3-4。

【例 3-4】　将分别存放在 R2 和 R3 中的 BCD 码数相加，并将结果送回 R2 和 R3 中。

解　两个两位十进制数相加，结果可能是三位，且第三位或为 0 或为 1 并存于 CY 中。

程序清单：

```
    MOV A,R2             ;一个 BCD 数送 A 中
    ADD A,R3             ;与第二个 BCD 数相加
    DA A                 ;做十进制调整
    MOV R3,A             ;结果的低字节送 R3 中
    CLR A                ;A 清 0,准备取 CY 值
    RLC A                ;CY 值移入 A 中最低位 A0
    MOV R2,A             ;结果的高字节送 R2 中
LP:SJMP LP               ;暂停
```

【例 3-5】　将存放在 R2、R3 中的一个双字节数（高字节在 R2 中，低字节在 R3 中）循环右移一位。

解　必须注意，循环移位操作只能在累加器 A 中进行。

程序清单：

```
    CLR C                ;进位位 CY 清 0,为移位做准备
    MOV A,R3             ;数据的低字节送 A
    RRC A                ;CY←(ACC.0)=(R3.0),ACC.7←(CY)=0
    MOV R3,A             ;保存结果 R3  R3.7~R3.1
    MOV A,R2             ;数据的高字节送 A
    RRC A                ;CY←(ACC.0)=(R2.0),ACC.7←(CY)=(R3.0)
    MOV R2,A             ;保存结果至 R2  R3.0、R2.7~R2.1
    CLR A                ;A 清 0
    RRC A                ;CY(即 R2.0)移入 A 中最高位
    ADD A,R3             ;将 R2.0 送入 R3 中最高位
    MOV R3,A             ;结果是 R3  R2.0、R3.7~R3.1
    SJMP $
```

【例 3-6】　将 R2 中存放的 8 位无符号二进制整数转换为 BCD 码，并将百位 BCD 码存于 R6 中，将十位和个位 BCD 码存于 R5 中（十位 BCD 码在 R5 的高 4 位，个位在低 4 位）。

解　8 位二进制数可以表示为 3 位十进制数，所以对原数除以 100 所得的商就是百位的 BCD 码，再将余数除以 10 所得的商为十位的 BCD 码，最后的余数就是个位的 BCD 码。

程序清单如下：

```
MOV A,R2      ;原二进制数送 A 中
MOV B,#64H    ;设定除数为 100
DIV AB        ;(A)/100 商存于 A,余数存于 B
MOV R6,A      ;A 中百位 BCD 码送 R6 中
MOV A,#0AH    ;设定除数为 10
XCH A,B       ;除数与被除数交换归位
DIV AB        ;(A)/10 商存于 A,余数存于 B
RL A          ;将 A 中处于低 4 位的十位 BCD 码移入高 4 位,以空出低 4 位存放个位 BCD 码
RL A
RL A
RL A
ADD A,B       ;B 中位 BCD 码送 A 低 4 位
MOV R5,A      ;十位和个位 BCD 码送 R5 中
SJMP $
```

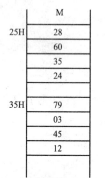

图 3-6　数据存放示意图

程序中四条 RL A 指令的功能可以用一条指令 SWAP A 来完成，这将既节省指令存储空间，又节省指令执行时间。

【例 3-7】　设有两个四字节 BCD 数，x = 24356028，y = 12450379。x 自 25H 单元开始存放，y 自 35H 单元开始存放。求两数的和并将结果存入 x 所占的单元中。数据在内存中按照低字节在前、高字节在后的顺序存放，如图 3-6 所示。

解　从低字节开始，加数和被加数按字节对应相加，每加一个字节后，求出和的一个字节存入内存，全部字节加完后，便求出了两数之和。程序流程图如图 3-7 所示。

程序清单：

```
        ORG    2000H
        MOV    R0,#25H      ;置被加数地址指针初值
        MOV    R1,#35H      ;置加数地址指针初值
        MOV    R3,#04H      ;字节数送 R3
        CLR    C            ;进位位清 0
LOOP:MOV       A,@R0        ;被加数送 A
        ADDC   A,@R1        ;与加数相应字节相加
        DA     A            ;对 A 中的和数调整
        MOV    @R0,A        ;存和数
        INC R0              ;修改指针
        INC R1
        DJNZ   R3,LOOP      ;R3←(R3)-1,(R3)≠0 转 LOOP
        JNC    HERE         ;最高字节相加时无进位转 HERE
        MOV    @R0,#01H     ;有进位,则存此进位作为和的最高字节
```

```
HERE:SJMP      HERE                ;暂停
     END
```

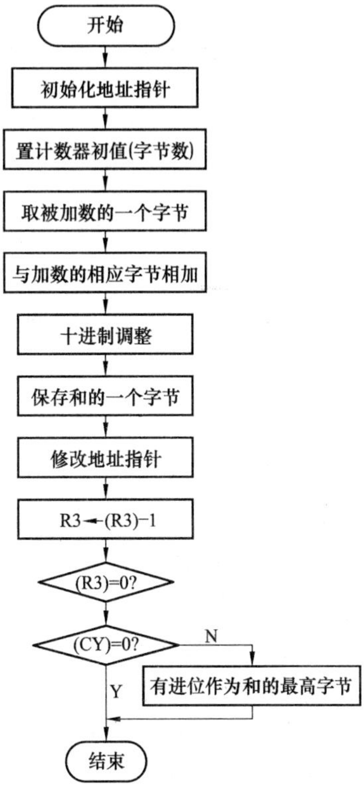

【例3-8】 将内部数据存储器50H单元的一个8位二进制数拆开，分成两个4位数，高4位存入61H单元，低4位存入60H单元，60H、61H单元的高4位清零。

解　程序清单：

```
     ORG      8000H
CZCX:MOV      R0,#50H
     MOV      R1,#60H
     MOV      A,@R0
     ANL      A,#0FH
     MOV      @R1,A
     INC      R1
     MOV      A,@R0
     ANL      A,#0F0H
     SWAP     A
     MOV      @R1,A
     SJMP     $
```

思考：

（1）如何通过PSW的标志位状态来判断两个无符号数相加或相减时结果是否产生了溢出？

（2）对于数据指针DPTR，只有加1指令，而无减1指令，有什么办法能实现对DPTR减1的操作？

（3）说明RL/RLC、RR/RRC两对指令之间的区别。

图3-7　例3-7流程图

五、分支结构程序设计

根据某个条件是否成立来决定下一步进行何种操作，就形成了分支。在高级语言中用条件语句来控制分支，在机器语言中则使用转移指令来控制分支。下面我们将在详细地介绍转移指令以后，再举例说明分支结构程序设计的基本方法和技巧。

1. 转移指令

转移指令的功能就是改变程序的执行顺序，一般可以分为无条件转移和条件转移两类指令。

（1）无条件转移指令。

1）长转移指令。

```
LJMP addr16    ;PC←addr16
```

指令功能：将16位地址（addr16）送程序计数器PC，从而强迫程序转向去执行存放在addr16单元中的指令。

长转移指令占三个字节，依次存放操作码和16位转移地址（高字节在前，低字节在后，转移范围可达64KB空间）。

2）绝对转移指令。

AJMP addr11

这条指令比较特殊，它共占两个字节，格式如下：

a10	a9	a8	0	0	0	0	1
a7	a6	a5	a4	a3	a2	a1	a0

其中，a0~a10 为 11 位地址。执行 AJMP 指令的结果是用指令中提供的 11 位地址去替换 PC 中的 11 位内容，形成新地址，从而达到程序转移的目的。必须注意的是，被替换的 PC 值是执行本条指令以后的 PC 值，即本指令地址加 2。所以，AJMP 指令的功能可以表示为

$$PC \leftarrow (PC)+2, PC_{10\sim0} \leftarrow addr11$$

显然转移范围可达 2KB（000H~7FFH）空间。

【例 3-9】 若在 ROM 中的 07FDH 和 07FEH 两地址单元处有一条 AJMP 指令，试问它向高地址方向跳转有无余地？

解　AJMP 指令在执行过程中，要求 PC 的高 5 位不能发生变化。但是在执行本例的 AJMP 指令时 PC 的内容已经等于 07FFH，若向高地址跳转就要到 0800H 以后了，这样高 5 位地址就要发生变化，这是不允许的。换言之，07FFH 是第 0 个 2KB 页面中的最后一个字节，因此，从这里往高地址方向再无 AJMP 跳转的余地了。

3）短转移指令。

```
SJMP rel        ;PC←(PC)+2+rel
```

该指令为双字节指令，其中 rel 为相对偏移量，它是一个带符号的 8 位二进制补码数，因此它可以实现双向转移，转移范围为 $-128 \sim +127$ 字节单元。用汇编语言编程时，指令中的相对地址 rel 可以用符号地址（即转去的目的指令的标号）来表示，汇编程序在汇编时，会自动计算出具体的地址值。

4）变址寻址转移指令。

```
JMP @A+DPTR     ;PC←(A)+(DPTR)
```

该指令只占一个字节，转移的目的地址由 16 位基址（DPTR 内容）和 8 位变址（A 中内容）之和来确定。在基址取定后，改变 A 中的内容可以使转移地址在基址以下 256 字节的范围内变动。因为基址可以通过赋值改变，所以实际上变址寻址转移指令的转移范围可达 64KB 空间。

例如：

```
        MOV DPTR,#1800H
        JMP @A+DPTR
        ⋮
1800H:LJMP 0FF0H
1803H:AJMP 100H
1805H:SJMP 50H
```

当（A）＝0 时，程序执行完第二条指令后先转移到 1800H 处，通过执行 LJMP 0FF0H

指令,程序转移到地址 0F0FH 单元去执行;当(A)＝3 时,(A)＋(DPTR)＝1803H,则程序先转移到 1803H 处去执行 AJMP 100H 指令,然后再转移。转移的目的地址计算方法是:按规则,用 100H＝(000100000000)$_B$ 的低 11 位去替换(PC)的低 11 位得(PC)＝(0001100100000000)$_B$＝1900H;即程序将转移到 1900H 单元处去执行。当(A)＝5 时,(A)＋(DPTR)＝1805H,则程序先转去执行 SJMP 50H 指令,然后转移到(1805H＋2H＋50H)＝1857H 单元处去执行。显然,在 JMP @A+DPTR 指令前,对 A 赋以不同的值,将会选择不同的程序段来执行,这正是本节末要介绍的散转结果。

(2)条件转移指令。上面介绍的无条件转移指令的特点是:指令一执行,必将产生程序转移。而下面将要介绍的条件转移指令的特点是:当满足某个条件时才转移,否则不发生转移,而继续执行下一条指令。这类指令共有 11 条,下面将分别进行介绍。

1)累加器判 0 转移指令。下列两条双字节指令,分别实现累加器 A 的为 0 转移和非 0 转移。

```
JZ  rel    ;若(A)= 0,则 PC←(PC)+2+rel,转移
           ;若(A)≠0,则 PC←(PC)+2,不转移,顺序往下执行
JNZ rel    ;若(A)≠0,则 PC←(PC)+2+rel,转移
           ;若(A)= 0,则 PC←(PC)+2,不转移,顺序往下执行
```

例如,设(R1)＝64H,(RZ)＝64H,(CY)＝0,则执行以下程序段之后,程序将转移到 1623H 处执行。

```
MOV A,R1
SUBB A,R2
1600H:JNZ 0FH
1602H:JZ 1FH
```

因为执行第二条指令的结果使(A)＝0,则执行第三条指令时因条件不成立而不发生转移,顺序执行第四条指令。执行第四条指令时,因条件成立而发生转移,转移的目的地址为 1602H＋2H＋1FH＝1623H。

2)数值比较转移指令。这类指令共有 4 条,均为三字节指令,其功能是比较两个操作数,若两操作数不等则转移,否则顺序执行其后的指令。指令格式如下:

```
CJNE A,#data,rel    ;若(A)≠data,则 PC←(PC)+3+rel,转移
                    ;若(A)= data,则 PC←(PC)+3,不转移,顺序执行
CJNE A,direct,rel   ;若(A)≠direct,则 PC←(PC)+3+rel,转移
                    ;若(A)= direct,则 PC←(PC)+3,不转移,顺序执行
CJNE Rn,#data,rel   ;若(Rn)≠data,则 PC←(PC)+3+rel,转移
                    ;若(Rn)= data,则 PC←(PC)+3,不转移,顺序执行
CJNE @Ri,#data,rel  ;若(Ri)≠data,则 PC←(PC)+3+rel,转移
                    ;若(Ri)= data,则 PC←(PC)+3,不转移,顺序执行
```

必须指出,上面四条指令执行后将影响标志位 CY 的状态:当比较的两个操作数相等或第一操作数大于第二操作数时,CY 清 0;当第一操作数小于第二操作数时,CY 置 1。因此,执行指令"CJNE"以后,可以通过测试 CY 的状态来判断两个操作数的大小。

【例 3-10】 有一个温度控制系统,采集的温度值送入累加器 A 中。要求温度在 30～

35℃之间，若低于30℃则转到SW（升温处理程序），高于35℃则转到JW（降温处理程序）。

解 程序清单（请注意温度注释）：

```
        CJNE A,#1EH,LOOP        ;温度≠30℃,转LOOP1
        AJMP EOF                ;温度＝30℃,转EOF
LOOP1:MOV R0,A                  ;暂存现在的温度值
        CLR A                   ;A清0
        RLC A                   ;将(CY)移入ACC.0
        JNZ SW                  ;(CY)≠0,表示温度低于30℃,转SW
        MOV A,R0                ;恢复温度值存于A
        CJNE A,#23H,LOOP2       ;温度≠35℃,转LOOP2
        AJMP EOF                ;温度＝35℃,转EOF
LOOP2:CLR A                     ;A清0
        RLC A                   ;(CY)送A.0
        JZ JW                   ;(CY)=0,表示温度高于35℃,转JW
EOF:RET                         ;温度在30～35℃之间,返回
```

3）进位标志位CY的状态判断指令。下面两条双字节指令，分别实现有进（借）位转移和无进（借）位转移。

```
JC rel    ;若(CY)=1,则PC←(PC)+2+rel,转移
          ;若(CY)≠1,则PC←(PC)+2,不转移,顺序执行
JNC rel   ;若(CY)=0,则PC←(PC)+2+rel,转移
          ;若(CY)≠0,则PC←(PC)+2,不转移,顺序执行
```

利用这两条指令，可以简化例3-10的程序。程序改写如下：

```
        CJNE A,#1EH,LOOP1
        AJMP EOF
LOOP1: JC SW
        CJNE A,#23H,LOOP2
        AJMP EOF
LOOP2: JNC JW
EOF:    RET
```

在例3-10中，先将进位标志位CY的状态移入A中最低位，然后用JZ、JNZ指令判断A是否为0来检测有无借位。上述程序是利用JC、JNC指令直接对CY的状态进行判断，从而简化了程序。

4）可寻址位的状态判断转移指令。共有以下3条三字节指令，它们与其他位操作指令配合，广泛应用于多点自动监测控制系统中。

```
JB bit,rel     ;位状态为1转移
JNB bit,rel    ;位状态为0转移
JBC bit,rel    ;位状态为1转移,并使该位清0
```

必须指出，条件转移指令及无条件短转移指令中都使用相对地址（其偏移量用rel表

示），前面已经给出了地址偏移量、指令地址及目的地址之间的关系式为

$$目的地址＝指令地址＋指令字节数＋rel$$

在手工汇编的过程中经常碰到已知目的地址和指令地址求偏移量这种问题。由以上公式可得

$$rel＝（目的地址－指令地址）－指令字节数＝地址差值－指令字节数$$

【例 3 - 11】　一条短转移指令"SJMP rel"的首地址为 2010H 单元。求：

（1）转移到目的地址为 2020H 单元的 rel；

（2）转移到目的地址为 2000H 单元的 rel。

解　"SJMP rel"是双字节指令，故指令字节数为 2，则由题意知，本条指令首地址为 2010H。

（1）　　　　　　　rel＝（2020H-2010H-2）$_\text{补}$＝（0EH）$_\text{补}$＝0EH

（2）　　　　　　　rel＝（2000H-2010H-2）$_\text{补}$＝（-12H）$_\text{补}$＝0EEH

应该注意，若程序向后转移，则计算出的 rel 为负数，在机器指令中必须用其补码表示。

条件转移指令的主要作用就是实现分支，分支结构也是基本程序结构之一，它改变了顺序结构程序呆板的顺序执行模式，实现了可选择的操作（如例 3 - 9），大大增加了程序的活力和功能。分支程序一般可以分为单重分支和多重分支两种情况，下面分别介绍这两种分支程序。

2. 单重分支程序

单重分支结构完成一般高级语言中的 IF - THEN - ELSE 语句的功能，用框图表示如图 3 - 8 所示。下面仅举一例予以说明。

【例 3 - 12】　试对第二组通用寄存器中的 R7 的内容进行判断，若为负数则结束程序，否则，将 R7 的内容送 P0 口。

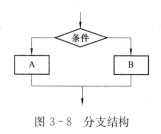

图 3 - 8　分支结构

解　PSW 中 RS1、RS0 两位是用来选择工作寄存器组的，题目要求使用第二组通用寄存器工作，即要让 PSW.4＝1，PSW.3＝0。

程序清单：

```
SET PSW. 4      ;RS1←1
CLR PSW. 3      ;RS0←0
MOV A,R7        ;A←(R7)
RLC A           ;符号位 ACC.7 移入 CY
JC LP           ;(CY)=1,表示(R7)为负数,结束
MOV P0,R7       ;(CY)≠1,表示(R7)为正数,送 P0 口
LP:SJMP LP      ;暂停
```

3. 多重分支程序

多重分支包括多分支嵌套和多分支转移（即散转）两种结构，下面分别举例予以说明。

【例 3 - 13】　设有两个 8 位无符号数分别存放在外部 RAM 的 1568H 和 1569H 单元中，试将其中较大的数找出并存入 1570H 单元中。

解　详细算法可由程序流程图 3 - 9 来描述。

程序清单：

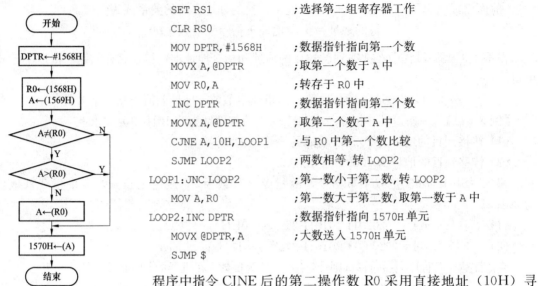

图 3-9　例 3-13
程序流程图

SET RS1	;选择第二组寄存器工作
CLR RS0	
MOV DPTR, #1568H	;数据指针指向第一个数
MOVX A, @DPTR	;取第一个数于 A 中
MOV R0, A	;转存于 R0 中
INC DPTR	;数据指针指向第二个数
MOVX A, @DPTR	;取第二个数于 A 中
CJNE A, 10H, LOOP1	;与 R0 中第一个数比较
SJMP LOOP2	;两数相等,转 LOOP2
LOOP1:JNC LOOP2	;第一数小于第二数,转 LOOP2
MOV A, R0	;第一数大于第二数,取第一数于 A 中
LOOP2:INC DPTR	;数据指针指向 1570H 单元
MOVX @DPTR, A	;大数送入 1570H 单元
SJMP $	

程序中指令 CJNE 后的第二操作数 R0 采用直接地址（10H）寻址，这是指令使用规则所要求的。请读者注意，由于机器语言中指令功能较弱，规则严格，所以在初学程序设计时，要多查指令表，切忌误用或杜撰指令。

【例 3-14】　铁路行李测量计价系统规定：行李在 50kg 以下，按 2.00 元/kg 计价；超过 50kg 的部分按 3.00 元/kg 计价；超过 100kg 属于超重，试设计此程序。

解　详细算法可由程序流程图 3-10 来描述。

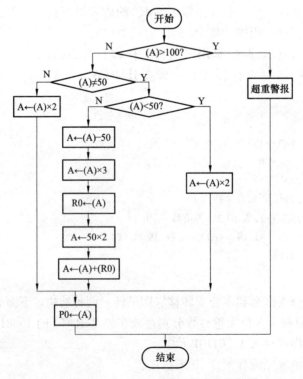

图 3-10　例 3-14 程序流程图

程序清单：

```
        CLR C               ;CY←0
        MOV R1,A            ;R1,暂存 A
        SUBB A,#64H         ;A←(A)-100
        JNC BJ              ;(A)> 100,转超重警报
        MOV A,R1            ;A←R1,恢复 A
        CJNE A,#32H,LOOP1   ;(A)≠50,转 LOOP1
        MOV B,#2H           ;(A)=50,单价 2 送 B
        MUL AB              ;计算 50kg 行李的收费
        SJMP LOOP3          ;然后转去输出结果
LOOP1:JC LOOP2             ;(A)< 50,转 LOOP2
        MOV B,#3H           ;(A)> 50,单价 3 送 B
        SUBB A,#32H         ;A←(A)50
        MUL AB              ;求超过 50kg 部分的计价
        MOV R0,A            ;结果转存于 R0 中
        MOV A,#32H          ;A←50
        MOV B,#2H           ;单价 2 送 B
        MUL AB              ;求 50kg 的计价
        ADD A,R0            ;求总收费
        SJMP LOOP3          ;转 LOOP3
LOOP2:MOV B,#2H            ;单价 2 送 B
        MUL AB              ;求不足 50kg 时的总收费
LOOP3:MOV 80H,A            ;结果输出
        SJMP EOF
BJ:(超重报警程序段)
EOF:RET
```

上述例子说明，通过条件转移指令的复合使用可以实现分支嵌套结果，分支嵌套是解决复杂条件问题的有效方法。

下面讨论实现多重分支的另一个方法——散转。散转程序主要通过散转指令（即变址寻址的无条件转移指令）来实现。这类程序结构在一般的高级语言里都有，如 BASIC 语言中的 ON-GOTO、ON-GOSUB 和 PASCAL 中的 CASE 语句等就是用于实现散转的。

散转程序设计的一般步骤如下：

（1）建立一张散转表。表内可以按顺序存放各程序段的首地址或转向各程序段的转移指令（如 LJMP，AJMP）或调用指令（如 LCALL，ACALL）。

（2）将散转表的首地址置于基址寄存器（数据指针 DPTR）中。

（3）对变址寄存器 A 进行不同的赋值，然后通过 JMP 指令转向散转表中不同的位置以取得相应程序段的首地址或相应的转移指令，从而实现散转。

散转程序设计的举例说明如下。

【例 3-15】　设有 n 段程序，编号为 0~n-1。如果用 R2 存放编号值，试编程根据 R2 中的值，将它们分别转移到 2KB 范围内的处理程序入口处。

解　此例中散转表直接由短转移指令 AJMP 组成，散转表首地址为 TAB。因为 AJMP

指令占两个字节，所以将编号值（R2）乘以 2，就可以得到相应程序段的转移指令在散转表中离表首的距离。

程序清单：

```
      MOV DPTR,#TAB        ;散转表首地址送 DPTR
      CLR C                ;CY←0
      MOV A,R2             ;程序编号送 A
      RLC A                ;A←(A)×2,求距离
      JNC LP               ;ACC.7=0,转 LP
      INC DPH              ;ACC.7=1,DPTR 加 1
LP:JMP @A+DPTR             ;散转
TAB：AJMP PG0              ;转 0 号程序段
      AJMP PG1             ;转 1 号程序段
      ⋮                    ;    ⋮
      AJMP PGn             ;转 n 号程序段
```

【例 3 - 16】 有 10 段分散在 64KB 范围内的程序，编号为 0～9，仍以 R2 存放编号，试编程实现散转。

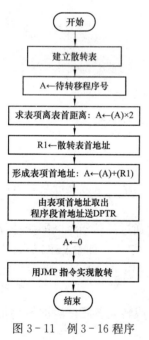

图 3 - 11 例 3 - 16 程序
流程图

解 此例采用另一种方法。散转表由各程序段的首地址组成，并且建立在内部 RAM 低 128 字节中的数据缓冲区（30H～7FH）之内。因地址为 16 位，所以每个表占两个字节，并规定高位地址在前，低位地址在后。程序流程图如图 3 - 11 所示。

程序清单：

```
;建立地址散转表的程序段
MOV R0,#30H          ;散转表首地址送 R0
MOV @R0,#PG0H        ;0 号程序段首地址高字节送 30H
INC R0               ;R0 指向 31H
MOV @R0,#PG0L        ;0 号程序段首地址低字节送 31H
INC R0               ;R0 指向 32H 单元,准备存入下一地址
  ⋮
INC R0               ;R0 指向 42H 单元
MOV @ R0,#PG9H       ;9 号程序段首地址高字节送 42H
INC R0               ;R0 指向 43H 单元
MOV @ R0,#PG9L       ;9 号程序段首地址低字节送 43H
;散转控制程序段
MOV A,R2             ;程序段编号送 A 中
CLR C                ;CY 清 0
RLC A                ;A←(A)×2,求表项离表首的距离
MOV R1,#30H          ;散转表首地址送 R1 中
ADD A,R1             ;求表项在表中的距离
MOV R1,A             ;表项首地址送 R1 中
MOV DPH,@R1          ;取程序段首地址高字节于 DPH
INC R1               ;R1 指向程序段首地址低字节单元
```

```
MOV DPL,@R1        ;取程序段首地址低字节于 DPL
CLR A              ;A 清 0，准备散转
JMP @A+DPTR        ;散转到相应程序段
SJMP $
```

本程序中，散转表建立在内部 RAM 中，因此我们采用 R1 间接寻址来取得表中程序段的首地址。如果散转表建立在程序存储器 ROM 中，则可以按前面给出的一般步骤，采用变址指令 MOVC A，@A+DPTR 从表中取得各程序段的首地址。实际上，散转表一般也应该建立在 ROM 中，此时需要借用伪指令。

📝 **思考：**

（1）JZ/JNZ，JC/JNC，JB/JNB 三对指令的区别是什么？

（2）简述 JB/JNB 和 JBC 三条指令的实际意义。

六、循环结构程序设计

循环就是重复执行某个程序段，直到满足一定条件或重复一定次数后结束。与一般高级语言不同的是，MCS-51 指令系统中未提供循环控制指令。但是，像高级语言中可以使用条件语句和 goto 语句实现循环一样，在机器语言中，可以利用条件转移指令来实现循环。

1. 循环程序的结构

循环程序的基本结构包括四个部分，如图 3-12 所示。

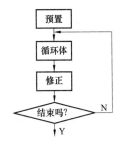

（1）预置部分。为循环控制和循环运算做准备。包括设定循环控制变量初值，地址初值、循环次数设置及累加器清 0 等。

（2）循环体。需要重复执行的程序段。

（3）修正部分。修改循环控制变量。

（4）控制转移部分。根据修正的结果，判断是否继续循环。

根据循环控制方式的不同，可以把循环分为计数循环和条件循环两种类型。

图 3-12 循环程序的基本结构

2. 循环程序的设计

（1）计数循环程序。对循环次数固定的循环结构可以采用以下方法来进行程序设计：① 选择一个寄存器或某个内存单元（通常为 Rn，n=0～7）作循环计数器，并预置初值（如循环次数等）；② 在修正部分对寄存器的内容实施修改（如减 1、增 1 等操作）；③ 判断寄存器的内容是否已经达到设定的终值（如寄存器值为 0 或其他数），是则结束循环，否则继续执行循环体。

MCS-51 指令系统中提供的两条减 1 条件转移指令最适合于实现计数循环控制，现介绍如下。

1）寄存器减 1 条件转移指令。

```
DJNZ Rn,rel
```

这是一条双字节指令，其功能是：先使寄存器内容减 1，然后判断寄存器内容是否为 0，若为 0 则顺序执行其下的指令；否则程序发生转移。即 Rn←(Rn)−1，若 (Rn)≠0，则 PC←(PC)+2+rel；若 (Rn)=0，则 PC←(PC)+2。

2）直接寻址单元减 1 条件转移指令。

```
DJNZ direct,rel
```

这是一条三字节指令，其功能是：先使直接寻址单元的内容减 1，然后判断其值是否为 0，若为 0 则顺序执行其下指令；否则程序发生转移。即 direct←(direct)−1，若（direct）≠0，则 PC←（PC）+3+rel；若（direct）=0，则 PC←（PC）+3。

下面举例说明计数循环程序的设计方法。

【例 3−17】 将从外部 RAM 3000H 单元开始连续存放的 50 个单字节数据传送到内部 RAM 30H 单元开始的 50 个单元中。

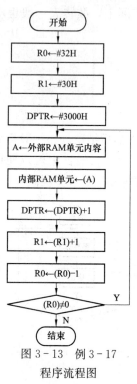

图 3−13　例 3−17
程序流程图

解　本例的程序以寄存器 R0 为计数器，程序流程图如图 3−13 所示。

程序清单：

```
        MOV R0,#32H          ;循环次数 50 送 R0
        MOV R1,#30H          ;内部 RAM 数据区首地址送 R1
        MOV DPTR,#3000H      ;外部 RAM 数据区首地址送 DPTR
LOOP:MOVX A,@DPTR          ;外部 RAM 单元的内容送累加器 A
        MOV #R1,A            ;再将累加器 A 中的内容送内部 RAM 单元
        INC DPTR             ;修改外部数据指针
        INC R1               ;修改内部数据指针
        DJNZ R0,LOOP         ;R0←(R0)-1,若(R0)≠0,则循环
        SJMP $
```

例 3−17 中，先将总循环次数送计数器 R0 中，并规定 R0 的终值为 0，因此，用"DJNZ"指令可以方便地实现循环控制。如果题目只给出了循环控制量的初值、终值和步长值（不一定为 1），则不能直接使用"DJNZ"指令来控制循环。此时有两种方法控制循环：第一种方法是先算出循环次数，然后采用例 3−17 的方法进行控制；第二种方法是利用增 1/减 1 或加法/减法指令和条件转移指令的组合来控制循环，请看例 3−18。

【例 3−18】 计算 1+3+5+7+…+99 的值。

解　容易算出，1 到 100 之间的奇数之和为 2500，在内存之中占两个字节，用 R5 和 R6 来存放该和数（R5 中存高字节，R6 中存低字节）。程序中用 R0 作循环控制变量，初值为 1，终值为 101（本是 99，但考虑到 CJNZ 指令等于终值时结束转移的特点，所以应取 101），步长为 2。

程序清单：

```
        MOV R0,#01H          ;计数器置初值 1
        MOV R5,#00H          ;结果单元清 0
        MOV R6,#00H
LOOP:MOV A,R6              ;结果低字节原值送 A
        ADD A,R6             ;与现行奇数相加
        MOV R6,A             ;结果送回 R6
        CLR A                ;A 清 0
        ADDC A,R5            ;将低字节相加的进位加入高字节中
        MOV R5,A             ;结果的高字节送回 R5 中
```

```
      INC R0                    ;R0←(R0)+2,得下一奇数
      INC R0
      CJNE R0,#65H,LOOP         ;(R0)≠101,则循环
      SJMP $
```

（2）条件循环程序。对于无固定次数的循环一般采用条件控制方法。这种控制方法一般可以分为两种结构：一种是当型控制结构，即在每开始执行循环体之前判断某个条件是否成立，若不成立则执行循环体，否则发生转移而退出循环，如图3-14（a）所示；另一种是直到型控制结构，即在每执行完一遍循环体后再判断条件是否成立，若条件成立则重复执行循环体，否则结束循环，如图3-14（b）所示。

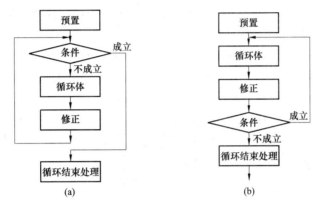

图3-14 循环控制结构
(a) 当型循环；(b) 直到型循环

应该指出，这里对循环条件的规定与一般高级语言相反。这是由机器语言中条件指令规定条件成立则转移，条件不成立则顺序执行这一固有特性所决定的。

【例3-19】 设有一个英文句子（字符串），以 ASCII 码的形式逐个字符地连续存放在从外部 RAM 2000H 开始的单元中，句子以"$"字符结尾。试编程将字符逐个取出，并送 P0 口输出，直到输出整个句子。

解 题中没有说明句子有多长，但给出了句末标志"$"。因此，可以在每取出一个字符后，立即判断取出的是否为句末标志"$"，若不是则送 P0 口输出，并继续循环，再取下一个字符；否则停止循环。下面我们用以上两种控制结构分别编程。

方法1：用直到型结构。程序如下：

```
      MOV DPTR,#2000H           ;字符串首地址送 DPTR
      MOVX A,@DPTR              ;取第一个字符到 A
LOOP:MOV P0,A                   ;送 P0 口输出
      INC DPTR                  ;DPTR 指向下一个字符单元
      MOVX A,@DPTR              ;取一个字符到 A
      CJNE A,#24H,LOOP          ;(A)≠'$'(ASCII 码为 24H),则循环
      SJMP $
```

方法2：用当型结构。程序如下：

```
        MOV DPTR,@2000H
LOOP:MOVX A,@DPTR          ;取一个字符
     MOV R0,A              ;转存字符
     CLR C                 ;CY清0,为减法作准备
     SUBB A,#24H           ;与'$'比较
     JZ EOF                ;若为'$'则结束循环
     MOV P0,R0             ;否则字符送 P0 口输出
     INC DPTR              ;DPTR 指向下一个字符单元
     SJMP LOOP             ;无条件返回
EOF:SJMP LOOP
```

（3）多重循环结构。多重循环也称为循环嵌套，即一个循环程序的循环体内又包含另一个或几个循环的结构。

【例3-20】　设有10个英文语句，自外部 RAM 1000H 单元开始以 ASCII 码形式逐个字符地连续存放，每个句子都以"$"结尾。试编程实现连续取出10个句子并送至 P0 口输出显示。

　　解　该题要用到双重循环，内层循环就是例3-19的结构，外层循环可以采用计数器控制方式实现（即循环10次）。程序流程图如图3-15所示。

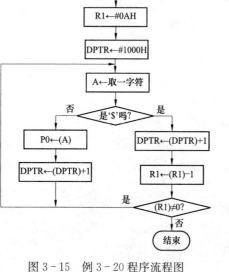

图3-15　例3-20程序流程图

程序清单：

```
     MOV R1,#0AH          ;循环计数器置初值10
     MOV DPTR,#1000H      ;数据指针置初值1000H
LOOP1:MOVX A,@DPTR
     MOV R0,A
     CLR C
     SUBB A,#24H
     JZ LOOP2
     MOV P0,R0
     INC DPTR
     SJMP LOOP1
LOOP2:INC DPTR            ;跳过句末符'$'
     DJNZ R1,LOOP1        ;10个句子未取完则循环
     SJMP $
```

【例3-21】　将内部 RAM 中 20H～3FH 单元的内容传送到外部数据存储器以 2000H 开始的连续单元中。

　　解　20H～3FH共有32个单元，需传送32次数据。将 R1 作为循环计数器。
程序清单：

```
START:  MOV   R0,#20H
        MOV   DPTR,#2000H
        MOV   R1,#32H
LOOP:   MOV   A,@R0
```

```
        MOVA    @DPTR,A
        INC     R0
        DJNZ    R1,LOOP      SJMP  $
```

【**例 3 - 22**】 把片内 RAM 40H～49H 单元中的 10 个无符号数进行逐一比较，并按从小到大的顺序依次排列在这些单元中。

解 程序清单：

```
START:  CLR     F0
        MOV     R3,#9
        MOV     R0,#40H
        MOV     A,@R0
L2:     INC     R0
        MOV     R2,A
        SUBB    A,@R0
        MOV     A,R2
        JC      L1
        SETB    F0
        XCH     A,@R0
        DEC     R0
        XCH     A,@R0
        INC     R0
L1:     MOV     A,@R0
        DJNZ    R3,L2
        JB      F0,START
        RET
```

编写循环程序时应注意以下问题：

（1）在进入循环之前，应合理设置循环初始变量。

（2）循环体只能执行有限次，不能够成死循环。

（3）不能破坏或修改循环体，尤其要避免从循环体外直接跳转到循环体内。

（4）注意多重循环的嵌套情况。

（5）循环体内可以直接转移到循环体外或外层循环中，实现一个由多个条件控制结束的循环结构。

（6）循环体的编程要仔细推敲，合理安排。

📝 **思考：**

（1）说明 CJNE 和 DJNZ 两类指令之间的区别，并简述两者的用法与用途。

（2）修正部分是循环结构的关键部分，请分别找出例 3 - 17～例 3 - 21 程序中的修正部分，并说明各自的功能和意义。

七、堆栈和子程序

（一）堆栈和子程序的概念

在程序设计中，经常遇到这样的情况：在一个程序的不同地方需要执行同一个程序段。如果每次都重复书写这个程序段，会使程序变得冗长而杂乱。这样做既烦琐又增加了内存的开销，显然是不合适的。那么，能否将这个具有独立功能的程序段独立起来供程序多次使用呢？为了解决这个问题，我们引入了子程序的概念。所谓子程序，就是具有一定功能的可供重复调用的相对独立的程序段。调用子程序时需要暂停主程序的执行，转去执行子程序，待子程序执行完后，再返回主程序继续往下执行。为了保证能从子程序正确地返回主程序，在调用子程序时，CPU 必须把主程序的断点（PC 当前值）保存起来。另外，在转去执行子程序以后，对那些已经在主程序中使用并且还要使用的寄存器和存储单元中的内容，也必须进行妥善保存（即保护现场），以保证在返回主程序后能够顺利地往下执行。

用于保护断点和保护现场的存储区称为堆栈。堆栈是在内存中开辟的按照后进先出原则组织的一个专用区域。该区域只能在一端进行存取操作，这一端称为栈顶。栈顶的位置随数据的入栈和出栈而变化。在 MCS-51 单片机中，栈顶的位置由堆栈指针 SP 来指示。在进行程序设计时，通过对 SP 赋初值来开辟堆栈区，安排栈顶的初始位置（即栈底）。一般在内部 RAM 的 30H～7FH 单元中开辟堆栈比较合适。

按栈顶指针移动的方向，可以将堆栈分为向上生长型和向下生长型两种，如图 3-16 所示。

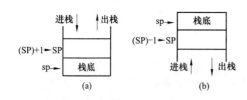

图 3-16　两种不同类型的堆栈
(a) 向上生长型；(b) 向下生长型

向上生长型堆栈的栈底在低地址单元。数据进栈时，地址递增，指针（SP）上移；数据出栈时，地址递减，指针（SP）下移。MCS-51 系列单片机采用向上生长型堆栈，这种堆栈的操作规则为：数据进栈前，栈顶指针（SP）先向上移动一个单元，即 SP←（SP）+1，然后将数据写入堆栈指针 SP 所指的单元。因此，先存进去的数据放在下面，后存进去的数据放在上面，类似货栈堆放货包，一包包地摞起来。数据出栈时，先将 SP 所指单元的内容弹出，然后堆栈指针向下移动一个单元，即 SP←（SP）-1，SP 指向新的栈顶。这样，存放在最下面的数据最后被读出，类似于货栈出货。由此可见，堆栈中的数据存取遵循"先进后出"的原则。

向下生长型堆栈的栈底在高地址单元。数据进栈时，地址递减，指针（SP）下移；数据出栈时，地址递增，指针（SP）上移。其堆栈操作规则与向上生长型正好相反。

还应该指出，按堆栈设置在片内还是片外，可以将堆栈分为内堆栈和外堆栈两种类型。MCS-51 单片机采用内堆栈形式。

堆栈的使用方式有两种：一种是自动方式，在调用子程序或中断时，断点的保护就是采用这种方式；另一种是指令方式，即通过指向堆栈操作指令有意识地进行入栈、出栈操作，现场的保护一般采用这种方式。

（二）堆栈操作指令

堆栈操作有进栈和出栈两种，进栈操作是把数据压入栈顶；出栈操作是将数据从栈顶弹出。堆栈操作指令共有两条。

1. 进栈操作指令

```
PUSH direct  ;SP←(SP)+1
             ;(SP)←(direct)
```

这是一条双字节指令，其功能是将直接地址单元的内容压入 SP 所指单元（栈顶）。实际上它包含了以下两个操作：

(1) 修改栈顶指针，即 SP←（SP）+1。

(2) 将直接地址 direct 寻址的单元中内容压入当前 SP 所指单元中。

例如，设（R0）=20H，（SP）=30H，则执行 PUSH R0 后，（SP）=31H，((SP))=20H。

2. 出栈操作指令

```
POP direct  ;direct ←((SP))
             SP←(SP)-1
```

这也是一条双字节指令，其功能是将栈顶单元内容送入直接地址单元中。它也包含了两个操作：

(1) 将栈顶单元内容弹出送到内部 RAM 的直接地址单元中。

(2) 修改栈顶指针，即 SP←（SP）-1。

例如，设（SP）=32H，片内 RAM 中的（32H）=15H，(31H) =35H。则执行

```
POP DPH
POP DPL
```

两条指令后，（SP）=30H，（DPTR）=1535H。

（三）子程序的调用和返回

1. 子程序的调用

通过前面的分析已经知道，子程序的调用要解决好断点和现场保护的问题，一般机器的指令系统中，断点的保护都是由子程序调用指令来完成的。具体地讲，断点就是子程序调用指令的下一条指令的地址，即执行完调用指令后的 PC 当前值。子程序调用指令必须将该值压入堆栈进行保护。子程序调用指令的另一个重要功能就是实现转移，即将被调用子程序的入口地址送入程序计数器 PC 中，以完成到子程序的转移。

MCS-51 提供了两条子程序调用指令：绝对调用指令和长调用指令。

(1) 绝对调用指令。

```
ACALL addr11
```

这是一条双字节指令，其机器指令格式如下：

a10	a9	a8	1	0	0	0	1
a7	a6	a5	a4	a3	a2	a1	

其中，a0~a10 为 11 位位地址；a7~a0 在指令的第二字节中，a10~a8 则占据第一字节的高 3 位。

指令功能如下：

1) 保护断点：保护断点是通过自动方式的堆栈操作来完成的，即把执行该指令以后的 PC 值（本指令地址+2）自动压入堆栈保存起来。

2) 形成目的地址（入口地址），实现程序转移。

3) 用本指令提供的 11 位地址去替换程序计数器 PC 的低 11 位内容（$PC_{0\sim10}$），而 PC 的高 5 位（$PC_{11\sim15}$）保持不变。它们一起组合形成 16 位的有效转移目的地址（即子程序的入

口地址），实现程序的转移。

其功能可以表示为

PC←(PC)+2

SP←(SP)+1,(SP) ←(PC)$_{0\sim7}$

SP←(SP)+1,(SP) ←(PC)$_{8\sim15}$

PC$_{0\sim10}$←addr11,PC$_{11\sim15}$保持不变

例如，程序中有绝对调用指令

6100H ACALL 480H

执行该指令后，PC 当前值＝本指令地址＋2＝6102H，即 0110000100000010B。该值被自动压入堆栈保护起来。指令提供的 11 位地址是 480H，即 100100000000B，它替换 PC 的低 11 位后，PC 的值变为 0110010010000000B（6480H），从而转向 6480H 子程序入口处取指令执行，这样便实现了子程序的调用。

应该指出，由于 ACALL addr11 指令只提供低 11 位地址，所以它所调用的子程序入口地址必须在包含 PC 当前值在内的 2KB 范围内。若把 64KB 的内存空间以 2KB 为一页，一共可以分为 32 页，则本指令调用的子程序入口地址必须在当前 PC 值的同一个页面内，否则将引起程序转移的错误。

（2）长调用指令。

LCALL addr16

这是一条三字节指令，指令中直接给出 16 位的目的地址，执行 LCALL addr16 指令时，先将 PC 当前值（本指令地址＋3）压入堆栈保护起来，然后转去执行入口地址为 addr16 的子程序。其功能可以表示为

PC←(PC)+3

SP←(SP)+1,(SP)←(PC)$_{0\sim7}$

SP←(SP)+1,(SP)←(PC)$_{8\sim16}$

PC←addr16

由于本指令给出了被调用子程序的 16 位入口地址，因此长调用指令的调用范围可达 64KB。但它比 ACALL 指令长一个字节。

例如，在子程序中有长调用指令

10FFH LCALL 801FH

执行该指令后，(PC)=10FFH＋3＝1102H。1102H 即为断点地址，它被自动压入堆栈保存起来。然后将子程序入口地址 801FH 送程序计数器 PC，从而转去执行子程序。

2. 子程序的返回

子程序执行结束以后，应该返回到到调用程序中，这个功能由子程序返回指令来完成。MCS-51 指令系统提供的子程序返回指令只有一条，它不区分长调用和绝对调用。其格式为

RET

这是一条单字节指令。其功能是结束子程序的执行，同时把保存在堆栈中的断点地址弹

出送至程序计数器 PC 中，使程序从断点处继续执行。其功能可以表示为

$$PC_{8\sim16} \leftarrow ((SP)), SP \leftarrow (SP)-1$$
$$PC_{0\sim7} \leftarrow ((SP)), SP \leftarrow (SP)-1$$

例如，设（SP）=74H，（73H）=23H，（74H）=01H，执行 RET 指令后，则（PC）=0123H，（SP）=72H。一般子程序的最后一条指令都是返回指令，每个子程序中至少要有一条返回指令。在程序设计中，有时在子程序里还会调用其他子程序，这种情况称为子程序嵌套。子程序嵌套情况如图 3-17 所示。

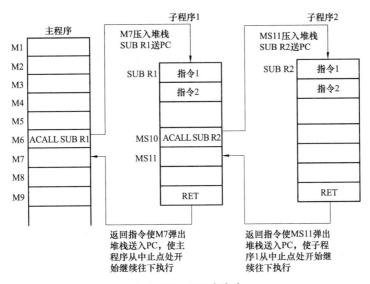

图 3-17 子程序嵌套

3. 子程序的设计

在用汇编语言编写应用程序时，恰当地使用子程序可以使整个程序的结构清晰，便于阅读和理解。同时还可以减少源程序和目标程序的代码长度。例如，将程序中要多次执行的一个程序段写成子程序的形式，而在每次使用该程序段的地方只需写上一条调用指令即可，显然，这样程序将会简练得多。当然，从程序执行的角度来看，每调用一次子程序，都要附加断点保护及现场保护的任务，因此增加了程序的执行时间。

在汇编语言程序中使用子程序时，要解决好参数传递和现场保护两个问题。大多数子程序都有入口参数和出口参数。入口参数是调用子程序时必须带入的一些参数，出口参数是子程序的一些执行结果。

在调用高级语言子程序时，参数的传递是很方便的。通过调用语句中的实参数和子程序中的形式参数的结合（即形实结合）很容易完成参数的往返传递。而在汇编语言中子程序调用指令不允许附带任何参数。因此，参数的互相传递必须由编程者自己安排，即在子程序调用时，编程者应事先在程序中把有关参数（入口参数）放到某些约定的位置（如某个工作寄存器中）。子程序运行时，可以从约定的位置得到有关参数。同样，子程序在运行结束前，也应把运算结果（出口参数）送到约定位置。在返回主程序后，主程序可以从约定的位置中得到所需用的结果。在 MCS-51 单片机汇编语言中，参数传递同样采用以下方法进行：

（1）用工作寄存器或累加器传递参数。这种方法是将入口参数或出口参数放在工作寄存器或累加器中。使用这种方法设计的程序比较简单，运算速度也快。这是最常用的参数传递方法，其缺点是传递的参数不能太多。

（2）用指针寄存器来传递参数。由于数据一般存放在存储器中，因此可以用指针来指示数据的位置，这样可以大大减少传递数据的工作量，并可以实现变长度运算。如果参数在内部 RAM 中，可以用 R0、R1 作指针；如果入口参数在外部 RAM 中，则可以用 DPTR 作指针。变长度运算时，可以用一个寄存器来指出数据长度，也可以在数据中设置结束标记。

（3）用堆栈来传递参数。堆栈可以用来向子程序传递参数，也可以从子程序中传回参数。调用前，主程序可用 PUSH 指令把入口参数压入堆栈中，以后子程序可以用栈指针来间接访问堆栈中的参数，同时也可以将结果参数送回堆栈中。返回主程序后，用 POP 指令得到这些结果参数。这种方法具有简单、传递参数量大的优点，不必为特定的参数分配存储单元。

在编写子程序时，还应注意保护现场和恢复现场。实际应用中往往会碰到这样的问题：同一寄存器或内存单元等，在调用程序时，它们已经被占用了，并存有一些中间结果，现在子程序也要使用它们。为了解决这一矛盾，使它们中的信息不丢失，一般在子程序中先将这些单元中的信息压入堆栈保护起来，即保护现场，然后再使用这些单元。在子程序运行结束前，再将这些信息逐一弹出到原来的工作单元中，恢复其原来的状态，即恢复现场，使此调用程序可以继续往下执行。

前面已经说明，堆栈是按照"先进后出"原则组织的数据结构。因此，子程序中现场信息的入栈和出栈顺序应该相反，才能保证现场信息的正确恢复。请看以下示例：

```
SUBROU:PUSH ACC
       PUSH PSW
       PUSH DPL
       PUSH DPH
       POP DPH
       POP DPL
       POP PSW
       POP ACC
       RET
```

至于每个具体的子程序是否需要恢复现场，以及哪些参数应该保护，则应视具体情况而定。

【例 3-23】 试编程实现 $c = a^2 + b^2$。设 a、b、c 分别存放于内部 RAM 的三个单元 30H、31H、32H 中（a、b 为小于 10 的正整数）。

解 该题通过两次调用查平方表子程序来得到 a^2 和 b^2，并在主程序中完成求和运算。

源程序如下：

```
MOV A,30H      ;取第一个数送 A
ACALL SQR      ;调用查平方表子程序
MOV R1,A       ;暂存第一个数的平方(a²)于 R1
MOV A,31H      ;取第二个数送 A
```

```
        ACALL SQR          ;调用查平方表子程序
        ADD A,R1           ;完成 c=a²+b² 运算
        MOV 32H,A          ;保存结果
HERE:   SJMP HERE          ;暂停
SQR:    INC A              ;查表位置调整
        MOVC A,@A+PC       ;查平方表
        RET                ;返回
TAB:    DB 0,1,4,9,16
        DB 25,36,49,64,81
        END
```

其中，DB 和 END 都是伪指令。

分析以上程序可知，该查表子程序的入口参数和出口参数都是通过累加器 A 来传递的，并且在第一次调用返回后立即将 A 中的内容送入 R1 中暂存，从而让出累加器 A 去参加第二次调用。此外，该程序也没有其他中间结果需要保存，因此在子程序中没有必要进行现场保护。

【例 3-24】 设计一个确定 ASCII 码字符串长度的通用子程序。假定字符串起始地址已存入 R0，字符串结束标志为"$"（字符"$"的 ASCII 码为 24H）。要求将求得的字符串长度存入外部 RAM 的 3000H 单元中。

解 确定字符串长度的方法是：将字符串的字符逐个地与结束标志进行比较，用一个长度计数器计数。每比较一次，若不相同，长度计数器加 1，直到相同为止，这时计数器中的值就是该字符串的长度。考虑到该子程序的通用性，在程序设计中进行了现场保护和现场恢复。

程序清单：

```
STLEN:PUSH ACC           ;保护现场
      PUSH PSW
      PUSH DPL
      PUSH DPH
      MOV R2,#00H        ;计数器清 0
LOOP: MOV A,#24H         ;结束标志送 A
      SUBB A,@R0         ;结束标志与 R0 所指字符相减
      JZ DONE            ;若相等则转 DONE
      INC R0             ;若不相等,则修改地址指针,指向下一字符
      INC R2             ;计数器加 1
      SJMP LOOP          ;转 LOOP 继续比较
DONE: MOV A,R2           ;字符串长度送 A
      MOV DPTR,#3000H    ;数据指针指向 3000H 单元
      MOVX @DPTR,A       ;保存结果
      POP DPH            ;恢复现场
      POP DPL
      POP PSW
      POP ACC
```

```
        RET
```

这个子程序的入口参数是字符串的首地址，它通过寄存器 R0 来传递，在调用程序中只需将字符串的首地址赋给 R0 即可。出口参数是字符串的长度，通过外部 RAM 的 3000H 单元传回调用程序。

【例 3 - 25】　在 HEX 单元中有两位十六进制数，试编程将它们分别转换成 ASCII 码，并存入 ASC 和 ASC+1 单元中。

解　本例将编写一个子程序来完成任一位十六进制数到 ASCII 码的转换。两位十六进制数转换成 ASCII 码就可以通过两次调用该子程序来完成。具体的转换采用查表的方法来实现。

程序清单：

```
        ;调用程序
        PUSH HEX            ;先转换低位十六进制数
        ACALL HASC          ;调用转换子程序
        POP ASC             ;参数返回送 ASC
        MOV A,HEX           ;十六进制数送 A
        SWAP A              ;高位和低位交换
        PUSH ACC            ;转换高位
        ACALL HASC          ;调用转换子程序
        POP ASC+1           ;高位对应的 ASCII 码送 ASC+1
HERE:SJMP HARE              ;暂停
        ;子程序
HASC   :DEC SP
        DEC SP              ;修改 SP,使它指向入口参数位置
        POP ACC             ;弹出参数到 A
        ANL A,#0FH          ;屏蔽高位
        ADD A,#07H          ;调整查表指针
        MOVC A,@A+PC        ;查表
        PUSH ACC            ;参数进栈
        INC SP
        INC SP              ;修改 SP 的返回地址
        RET
ASCTAB :DB    '0','1','2','3','4','5','6','7'
        DB    '8','9','A','B','C','D','E','F'
```

在例 3 - 25 中，调用程序和子程序之间的参数传递是通过堆栈进行的。在这种参数传递方式中，编程者只需知道进出子程序的参数个数（在本例中各为一个），并在调用前将入口参数一次压入堆栈，在调用后把返回参数弹出堆栈即可。至于从哪个内存单元压入堆栈，或从堆栈弹出到什么位置则都是随意选择的。另外，子程序开始的两条 DEC 指令和结束时的两条 INC 指令是为了将堆栈指针 SP 调整到合适的位置，以免将断点地址作为参数弹出，或返回到错误的位置。

📝 **思考：**

（1）什么叫堆栈？堆栈指针 SP 的作用是什么？

（2）以下程序段执行后，能否恢复现场？为什么？

```
PUSH   ACC   ;
PUSH   PSW   ;  保护现场
PUSH   B     ;
⋮
POP    ACC   ;
POP    PSW   ;  恢复现场
POP    P     ;
```

【单元任务】

任务一 流水灯设计

一、任务导入

单片机的 4 个并行 I/O 口既可以按字节操作，也可以按位操作。本任务实现用单片机的 P1 口作为输出口，通过对 P1 口的各位进行操作，控制 8 个发光二极管，使之依次点亮，从而模拟流水灯的效果。

二、任务分析

用单片机组成一个最小控制系统，利用 P1 口控制 8 个发光二极管来模拟信号灯，按照从左向右或从右向左的规律依次点亮，并延时一段时间，以实现流水灯的效果。

三、任务实施

1. 硬件设计

用 80C51 单片机 P1 口的 8 位分别对应接 8 个发光二极管，各发光二极管的阳极通过保护电阻接到 +5V 的电源上，阴极接到输入端上。流水灯硬件电路图如图 3-18 所示。

2. 软件设计

P1 口为准双向口，每一位能独立地定义为输入位或输出位。现从 P1.0 开始到 P1.7 依次循环点亮各发光二极管，每点亮一个发光二极管，可以通过调用延时子程序来延时一段时间。由于 8 个发光二极管采用共阳极接法，所以要使得某段二极管发光，只要给相应位送低电平即可。程序流程图如图 3-19 所示。

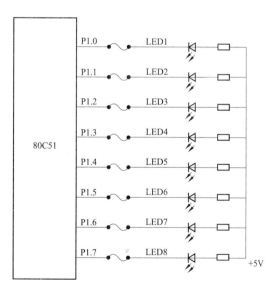

图 3-18 流水灯硬件电路图

图 3-19   流水灯程序流程图

程序清单：

```
        ORG    0000H
        LJMP   START
        ORG    0030H
START:MOV   A,#0FEH
        MOV    P1,A          ;P1.0送低电平,点亮 LED1
        LCALL  DELAY         ;调用延时子程序实现延时
        RL     A             ;循环左移,为点亮下一个灯做准备
        LJMP   START         ;返回,继续循环点亮
        END
DELAY:MOV   R1, #127        ;延时子程序
DEL1:  MOV    R2, #200
DEL2:  DJNZ   R2, DEL2
        DJNZ   R1, DEL1
        RET
```

任务二   模拟交通灯设计

一、任务导入

交通灯是我们日常生活中经常接触到的简单控制系统。它按照固定的规律循环显示,有条不紊地控制着交通信号指示灯的亮灭,从而维持着正常的交通运行。我们可以选取80C51单片机的任意一个并行口作为输出口,控制模拟交通灯的亮灭规律。

二、任务分析

要完成本任务,首先必须了解交通灯的亮灭规律。假设用 6 个发光二极管分别代表东西、南北两个方向的红、绿、黄三种颜色的信号灯,即 L1（红）、L2（绿）、L3（黄）作为东西方向的指示灯,L5（红）、L6（绿）、L7（黄）作为南北方向的指示灯。而交通灯的亮灭规律如下:初始态是两个路口的红灯全亮,之后东西路口的绿灯亮,南北路口的红灯亮,东西方向通车,延时一段时间后,东西路口绿灯灭,黄灯开始闪烁,闪烁若干次后,东西路口红灯亮,而同时南北路口的绿灯亮,南北方向开始通车,延时一段时间后,南北路口的绿灯灭,黄灯开始闪烁,闪烁若干次后,再切换到东西路口方向通车,不断重复上述过程。

三、任务实施

1. 硬件设计

各发光二极管的阳极通过保护电阻接到＋5V 的电源上,阴极接到输入端上,因此要使其点亮应使相应输入端为低电平。现利用 P1 口作为输出口,用它的 6 位 P1.0～P1.2 和

P1.4～P1.6 连接到东西、南北方向的三种指示灯上。P1.0～P1.2 分别接东西方向的红、绿、黄指示灯，P1.4～P1.6 分别接南北方向的红、绿、黄指示灯。模拟交通灯硬件电路图如图 3-20 所示。

2. 软件设计

按照任务分析中交通灯的亮灭规律，画出模拟交通灯的程序流程图，如图 3-21 所示。

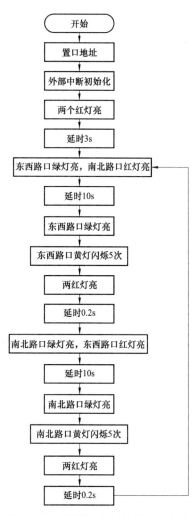

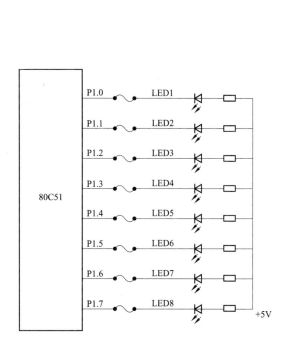

图 3-20　模拟交通灯硬件电路图　　　图 3-21　模拟交通灯的程序流程图

程序清单：

```
        ORG    0000H
        LJMP   START
        ORG    0030H
START:  MOV    A,#11H        ;两个红灯亮,黄灯、绿灯灭
        ACALL  DISP          ;调用显示单元
        ACALL  DE3S          ;延时 3s
LLL:    MOV    A,#12H        ;东西路口绿灯亮,南北路口红灯亮
```

```
          ACALL  DISP
          ACALL  DE10S              ;延时 10s
          MOV    A,#10H             ;东西路口绿灯灭,南北路口红灯亮
          ACALL  DISP
          MOV    R2,#05H            ;R2 中的值为黄灯闪烁次数
TTT:      MOV    A,#14H             ;东西路口黄灯亮,南北路口红灯亮
          ACALL  DISP
          ACALL  DE02S              ;延时 0.2s
          MOV    A,#10H             ;东西路口黄灯灭,南北路口红灯亮
          ACALL  DISP
          ACALL  DE02S              ;延时 0.2s
          DJNZ   R2,TTT             ;返回 TTT,使东西路口黄灯闪烁 5 次
          MOV    A,#11H             ;两个红灯亮,黄灯、绿灯灭
          ACALL  DISP
          ACALL  DE02S              ;延时 0.2s
          MOV    A,#21H             ;东西路口红灯亮,南北路口绿灯亮
          ACALL  DISP
          ACALL  DE10S              ;延时 10s
          MOV    A,#01H             ;东西路口红灯亮,南北路口绿灯灭
          ACALL  DISP
          MOV    R2,#05H            ;黄灯闪烁 5 次
GGG:      MOV    A,#41H             ;东西路口红灯亮,南北路口黄灯亮
          ACALL  DISP
          ACALL  DE02S              ;延时 0.2s
          MOV    A,#01H             ;东西路口红灯亮,南北路口黄灯灭
          ACALL  DISP
          ACALL  DE02S              ;延时 0.2s
          DJNZ   R2,GGG             ;返回 GGG,使南北路口,黄灯闪烁 5 次
          MOV    A,#11H             ;两个红灯亮,黄灯、绿灯灭
          ACALL  DISP
          ACALL  DE02S              ;延时 0.2s
          JMP    LLL                ;转 LLL 循环
DE10S:    MOV    R5,#100            ;延时 10s
          JMP    DE1
DE3S:     MOV    R5,#30             ;延时 3s
          JMP    DE1
DE02S:    MOV    R5,#02             ;延时 0.2s
DE1:      MOV    R6,#200
DE2:      MOV    R7,#126
DE3:      DJNZ   R7,DE3
          DJNZ   R6,DE2
          DJNZ   R5,DE1
          RET
```

```
DISP: CPL    A
      MOV    P1,A
      RET
      END
```

任务三　模拟汽车转向灯设计

一、任务导入

汽车在不同位置都安装有各类信号灯，它们是汽车驾驶员之间及驾驶员向行人传递汽车行驶状况的表达工具。这些信号灯一般包括转向灯、刹车灯、倒车灯等，其中转向灯包括左转向、右转向及停车时的双闪灯。本任务就是利用单片机设计一个汽车转向灯的控制系统。

二、任务分析

汽车转向灯的控制主要包括两方面的内容：一是驾驶员进行的操作；二是转向灯的输出状态。控制既有输入也有输出，我们可以将单片机的 P1 口既作为输入口又作为输出口使用。在本任务中，可以采用 4 个发光二极管模拟汽车左、右转向灯，用两个开关 K1、K2 作为驾驶员发出的控制操作，模拟汽车转向灯的运行效果。

三、任务实施

1. 硬件设计

P1 口既作输入口，又作输出口。平推开关的输出 K1 接 P1.0，K2 接 P1.1；发光二极管的输入 L1 接 P1.2，L2 接 P1.3，L5 接 P1.4，L6 接 P1.5。K1 作为左转弯开关，K2 作为右转弯开关。L5、L6 作为右转弯灯，L1、L2 作为左转弯灯。模拟汽车转向灯的硬件电路图如图 3-22 所示。

2. 软件设计

汽车转向灯按照以下控制规律运行。

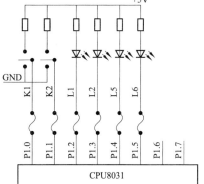

（1）当 K1 接高电平，K2 接低电平时，右转弯灯（L5、L6）灭，左转弯灯（L1、L2）以一定频率闪烁。

（2）当 K2 接高电平，K1 接低电平时，左转弯灯（L1、L2）灭，右转弯灯（L5、L6）以一定频率闪烁。

图 3-22　模拟汽车转向灯的硬件电路图

（3）当 K1、K2 同时接低电平时，发光二极管全灭。

（4）当 K1、K2 同时接高电平时，发光二极管全亮。

画出模拟交通灯的程序流程图如图 3-23 所示。

程序清单：

```
      ORG    0000H
      LJMP   START
      ORG    0030H
START: SETB P1.0
```

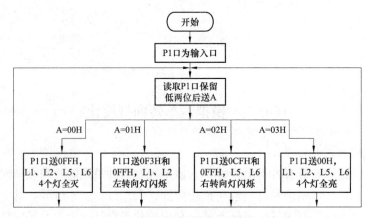

图 3 - 23 模拟汽车转向灯的程序流程图

```
        SETB P1.1              ;用于输入时先置位口内锁存器
MOV A,P1
            ANL A,#03H         ;从 P1 口读入开关状态,取低两位
MOV DPTR,#TAB                  ;转移表首地址送 DPTR
        MOVC A,@A+DPTR
        JMP @A+DPTR
TAB:    DB PRG0-TAB
    DB PRG1-TAB
     DB PRG2-TAB
     DB PRG3-TAB
PRG0:  MOV P1,#0FFH            ;向 P1 口输出 0,发光二极管全灭,此时 K1=0,K2=0
    LJMP START
PRG1:           MOV P1,#0F3H   ;只点亮 L1、L2,表示左转弯
 ACALL DELAY                   ;此时 K1=1,K2=0
 MOV P1,#0FFH                  ;再熄灭 0.5s
 ACALL DELAY                   ;延时 0.5s
 LJMP START
PRG2:    MOV P1,#0CFH          ;只点亮 L5、L6,表示右转弯
 ACALL DELAY                   ;此时 K1=0,K2=1
 MOV P1,#0FFH
 ACALL DELAY
 LJMP START
PRG3:    MOV P1,#00H           ;发光二极管全亮,此时 K1=1,K2=1
    LJMP START
DELAY: MOV R1,#5               ;延时 0.5s
DEL1:  MOV R2,#200
DEL2:  MOV R3,#126
DEL3:  DJNZ R3,DEL3
    DJNZ R2,DEL2
    DJNZ R1,DEL1
```

```
RET
END
```

【单元小结】

指令是控制计算机执行各种操作的符号序列（机器语言中为二进制数字序列，汇编语言中为字符和十六进制数字序列）。一般地说，指令由操作码和操作数两部分组成，操作码规定了 CPU 执行什么操作，操作数即为操作码的操作对象。

访问操作数的方式称为寻址方式。MCS-51 单片机指令系统提供了七种寻址方式，即立即寻址、直接寻址、寄存器寻址、寄存器间接寻址、相对寻址、变址寻址和位寻址。

MCS-51 指令系统共有 111 条指令，本章已分类进行了介绍。MCS-51 指令系统提供了丰富的数据传送指令，且分工明确：内部 RAM 单元中的数据采用通用传送指令 MOV；外部 RAM 单元中的数据传送采用指令 MOVX；而程序存储器 ROM 单元中数据的读取要使用 MOVC 指令。MCS-51 系统还提供了丰富的控制指令和位操作指令，可以实现对多达 211 个位（内部 RAM 低 128 字节位寻址区中有 128 个位，专用寄存器内有 83 个位）进行操作，这对自动控制系统的程序设计非常有利。

分支结构包括单重分支和多重分支两种情况，单重分支是多重分支的特例，而多重分支又有多分支嵌套和多分支转移（即散转）两种结构。

循环有计数控制和条件控制两种方式：计数循环可以用 DJNZ 指令来实现，也可以由 CJNE 加 SJMP 指令来实现；条件循环有当型循环和直到型循环两种结构，它们都由条件转移指令来实现。

堆栈是一种常用的数据结构，它是一个只能在一端进行操作的线性表，这一端称为栈顶，在 MCS-51 中用堆栈指针寄存器 SP 来指示。系统复位时（SP）＝07H，在实际应用时，一般将 SP 设置在 30H～7FH 区段。堆栈主要用于中断发生时和子程序调用时对断点和现场的保护，另外也可以用于数据的传送。

子程序是一段具有独立功能的且能被其他程序调用的程序，其中至少有一条 RET 指令。子程序和调用程序之间一般要进行参数传递。能够接受参数并能将处理结果送回调用程序是子程序具有活力的具体体现。参数传递的方式有多种，常用的有：寄存器传递；参数在 RAM 或 ROM 中时，用 R0、R1 或 DPTR 来间址传递；用堆栈传递。

程序汇编有手工汇编和机器汇编两种方式。机器汇编的程序中必须含有必要的伪指令，它将为汇编系统提供必要的信息。伪指令和助记符指令的集合就是我们常说的汇编语言。助记符指令与机器指令一一对应，汇编时会产生目标代码；伪指令是为汇编系统服务的，汇编时不产生目标代码。

【自我测试】

一、填空题

1. 假设（R0）＝60H，片内存储单元 60H 单元的内容（60H）＝50H，执行指令"MOV 40H，@R0"后，片内存储单元（40H）＝_____。

2. 假设（A）＝0C3H，（R0）＝0AAH，（C）＝1，执行指令"ADDC A，R0"后，结果为（C）＝_____，（AC）＝_____，（OV）＝_____，（AC）＝_____。

3. 将累加器 A 清零的方法有多种，请按照下面要求的指令类型写出实现累加器 A 清零的指令。

数据传送指令＿＿＿＿＿＿＿＿＿＿＿＿＿＿

逻辑与运算指令＿＿＿＿＿＿＿＿＿＿＿＿

逻辑异或运算指令＿＿＿＿＿＿＿＿＿＿＿

累加器 A 的清零指令＿＿＿＿＿＿＿＿＿

4. 分析下列指令源操作数的寻址方式。

(1) MOV 40H，@R1 ＿＿＿＿＿＿＿＿＿＿＿＿＿＿

(2) MOV A，@R0 ＿＿＿＿＿＿＿＿＿＿＿＿＿＿

(3) MOV DPTR，#00ABH＿＿＿＿＿＿＿＿＿＿＿＿＿＿

(4) MOVX A，@DPTR ＿＿＿＿＿＿＿＿＿＿＿＿＿＿

(5) MOVC A，@A+PC ＿＿＿＿＿＿＿＿＿＿＿＿＿＿

(6) ADD A，#30H ＿＿＿＿＿＿＿＿＿＿＿＿＿＿

(7) ANL 60H，#30H ＿＿＿＿＿＿＿＿＿＿＿＿＿＿

(8) SETB RS0 ＿＿＿＿＿＿＿＿＿＿＿＿＿＿

(9) CLR C ＿＿＿＿＿＿＿＿＿＿＿＿＿＿

(10) ORL C，D3H ＿＿＿＿＿＿＿＿＿＿＿＿＿＿

二、选择题

1. 单片机与外部 I/O 口进行数据传送时，将使用＿＿＿＿＿＿＿指令。

A. MOVX

B. MOV

C. MOVC

D. 视具体情况而定

2. 将外部数据存储器单元的内容送到累加器中的指令是＿＿＿＿＿＿＿。

A. MOVX A，@A+DPTR

B. MOV A，@R0

C. MOVC A，@A+DPTR

D. MOVX A，@DPTR

3. 在 80C51 单片机中，下一条要执行指令的地址存放在＿＿＿＿＿＿＿。

A. SP

B. DPTR

C. PC

D. PSW

4. 能将 A 的内容向右循环移一位，将第 0 位移入第 7 位的指令是＿＿＿＿＿＿＿。

A. RLC A

B. RRC A

C. RR A

D. RL A

5. 用来定义字节数据的伪指令是_____。

A. ORG

B. DB

C. DW

D. EQU

三、简答题

1. 已知（A）=7AH，（R0）=30H，（30H）=A5H，（PSW）=80H，请写出下列各条指令执行后 A 中的内容（假设（CY）=0）：

(1) XCH A，R0   (2) XCH A，30H

(3) XCH A，@R0   (4) XCHD A，@R0

(5) SWAP A   (6) ADD A，R0

(7) ADD A，30H   (8) ADD A，♯30H

(9) ADDC A，30H   (10) SUBB A，30H

(11) SUBB A，♯30H   (12) ANL A，@R0

2. 已知（80H）=30H，（30H）=1FH，（1FH）=00H，（P1）=0FH，执行下列每一条指令后其目的操作数所指示的寄存器或存储单元中的内容为多少？请给每条指令添加注释。

MOV R0，♯80H

MOV A，@R0

MOV R1，A

MOV B，@R1

MOV @R1，P1

MOV P2，P1

3. 阅读下列各程序段并说明其功能。

(1) MOV R0，80H

     MOV A，@R0

     MOV @R0，60H

     MOV 60H，A

(2) MOV DPTR，♯1600H

     MOVX A，@DPTR

     MOV R1，A

     INC DPTR

     MOVX A，@DPTR

     ADD A，R1

     MOV R1，A

4. 下列程序段执行后，A 中的内容是多少？

(1) MOV 30H，♯68H

     MOV R0，♯30H

     MOV A，@R0

```
        CLR C
        RLC A
        RR A
        ANL A，＃0FH
        SWAP A
 (2) MOV A，＃76H
        MOV R1，＃00H
        MOV R0，＃08H
LOOP1：RLC A
        JNC LOOP2
        INC R1
LOOP2：DJNZ R0，LOOP1
        MOV A，R1
 (3) MOV SP，＃30H
        MOV A，＃10H
        MOV B，＃60H
        PUSH 0E0H
        PUSH 0F0H
        POP 0F0H
        POP 0E0H
 (4) MOV A，＃08H
        SETB C
        MOV 10H，C
        RRC A
        MOV 11H，C
        RRC A
        MOV 12H，C
        RRC A
        MOV 13H，C
        ANL 22H，＃0FH
        MOV A，22H
```

5. 若单片机晶振频率为 6MHz，求下列延时子程序的延时时间。

```
DELAY：MOV R1，＃0F6H
LOOP：  MOV R3，＃0FAH
        DJNZ R3，$          ；$代表本指令首地址
        DJNZ R1，LOOP
        RET
```

6. 阅读程序，说明其功能。

```
 (1)     CLR C
```

```
            MOV A，R0
            ADD A，R2
            DA A
            MOV R4，A
            MOV A，R1
            ADDC A，R3
            DA A
            MOV R5，A
(2)         MOV R0，#20H
            MOV R7，#08H
            MOV A，@R0
            DEC R7
LOOP：INC R0
            MOV 2AH，@R0
            CJNE A，2AH，CHK
CHK：   JNC LOOP1
            MOV A，@R0
LOOP1:DJNZ R7，LOOP
            MOV 2BH，A
```

四、训练题

1. 设自内部 RAM 30H 单元开始存放一批单字节无符号数据，其中，30H 单元存放的是数据的个数，试编程求出这批数据之和，结果紧跟在数据后存放（假定数据之和小于256）。

2. 将自内部 RAM STRI 单元开始连续存放的长度为 100 的字符串（以字符"CR"结尾），传送到外部 RAM STRO 开始的连续单元中，试编程实现该动能。

3. 80C51 单片机的 P1 口接八个发光二极管，编程使八个二极管从两边到中间顺序点亮后，再从中间到两边顺序熄灭。

4. 自己设计几种花型，做出循环彩灯。

单元四　中断系统的应用

【单元概述】

计算机具有实时处理数据的能力，能对外界发生的事件进行及时处理，这是依靠它们的中断系统来实现的。中断是 CPU 与 I/O 设备之间进行数据交换的一种控制方式，本单元以学习单片机的中断系统为基础，利用单片机的外部中断功能，实现在实际应用中突发事件发生时的应急处理。

【学习目标】

（1）了解中断、中断源的概念。

（2）理解中断处理过程。

（3）掌握中断控制寄存器各位的功能及中断标志的功能。

（4）学会中断应用程序的设计。

【相关知识】

一、中断系统

1．中断的概念

对于什么是中断，我们从一个生活中的例程引入。你正在家中看书，突然电话铃响了，你放下书本，去接电话，和来电话的人进行交谈，然后放下电话，回来继续看书。这就是生

图 4-1　中断示意图

活中"中断"的现象，就是正常的工作过程被外部的事件打断了。仔细研究一下生活中的中断，对于学习单片机的中断也很有好处。

CPU 暂时中止其正在执行的程序，转去执行请求中断的外设或事件的服务程序，等处理完毕后再返回执行原来中止的程序，称为中断。其运行过程如图 4-1 所示。

2．设置中断的原因

（1）提高 CPU 的工作效率。

（2）具有实时处理功能。在实时控制中，现场的各种参数、信息均随时间和现场而变化。这些外界变量可以根据要求随时向 CPU 发出中断申请，请求 CPU 及时处理中断请求。如果中断条件满足，CPU 马上就会响应并进行相应的处理，从而实现实时处理。

（3）具有故障处理功能。针对难以预料的情况或故障，如掉电、存储出错、运算溢出等，可以通过中断系统由故障源向 CPU 发出中断请求，再由 CPU 转到相应的故障处理程序进行处理。

（4）实现分时操作。中断可以解决快速的 CPU 与慢速的外设之间的矛盾，使 CPU 和外设同时工作。CPU 在启动外设工作后继续执行主程序，同时外设也在工作。每当外设做完一件事就发出中断申请，请求 CPU 中断它正在执行的程序，转去执行中断服务程序（一般

情况是处理输入/输出数据），中断处理完之后，CPU 恢复执行主程序，外设也继续工作。这样，CPU 可以启动多个外设同时工作，大大地提高了 CPU 的效率。

3. 中断源

生活中很多事件都能引起中断：有人按了门铃，电话铃响了，闹钟响了，烧的水开了等诸如此类的事件。我们把能引起中断的根源称之为中断源。80C51 单片机中一共有 5 个中断源：两个外部中断INT0和INT1，两个定时/计数器中断 T0 和 T1，一个串行口中断。

（1）INT0（P3.2），外部中断 0 请求信号输入引脚。可以由 IT0（TCON.0）选择其为低电平有效还是下降沿有效。当 CPU 检测到 P3.2 引脚上出现有效的中断信号时，中断标志 IE0（TCON.1）置 1，向 CPU 申请中断。

（2）INT1（P3.3）：外部中断 1 请求信号输入引脚。可以由 IT1（TCON.2）选择其为低电平有效还是下降沿有效。当 CPU 检测到 P3.3 引脚上出现有效的中断信号时，中断标志 IE1（TCON.3）置 1，向 CPU 申请中断。

（3）T0：定时/计数器 0 溢出中断，对外部脉冲计数由 P3.4 输入。TF0 为定时/计数器 1 溢出中断请求标志位。当定时/计数器 0 产生溢出时，定时/计数器 0 中断请求标志位 TF0 置位（由硬件自动执行），并向 CPU 申请中断，请求中断处理。

（4）T1：定时/计数器 1 溢出中断，对外部脉冲计数由 P3.5 输入。TF1 为定时/计数器 0 溢出中断请求标志位。当定时/计数器 1 产生溢出时，定时/计数器 1 中断请求标志位 TF1 置位（由硬件自动执行），并向 CPU 申请中断，请求中断处理。

（5）串行口中断：包括串行接收中断 RI 和串行发送中断 TI。当串行口接收完一帧串行数据时置位 RI 或当串行口发送完一帧串行数据时置位 TI，向 CPU 申请中断。

4. 中断系统的结构

80C51 系列单片机的中断系统有 5 个中断源，两个优先级，可实现二级中断服务嵌套。由片内特殊功能寄存器中的中断允许寄存器 IE 控制 CPU 是否响应中断请求；由中断优先级寄存器 IP 安排各中断源的优先级；当同一优先级内各中断同时提出中断请求时，由内部的查询逻辑确定其响应次序。

80C51 单片机的中断系统由中断请求标志位（在相关的特殊功能寄存器中）、中断允许寄存器 IE、中断优先级寄存器 IP 及内部硬件查询电路组成，如图 4-2 所示。图 4-2 反映出 80C51 单片机中断系统的功能和控制情况。

5. 中断控制

（1）中断屏蔽（两级管理）。在中断源与 CPU 之间有一级控制，类似于开关，其中第一级为一个总开关，第二级为五个分开关，由 IE 寄存器控制。

IE	EA			ES	ET1	EX1	ET0	EX0

1）EA：总控制位。

2）ES：串口控制位。

3）ET1：T1 中断控制位。

4）EX1：INT1控制位。

5）ET0：T0 中断控制位。

6）EX0：INT0控制位。

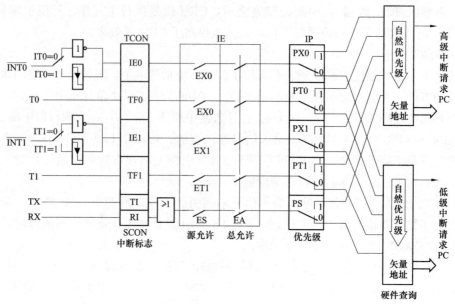

图 4-2   80C51 单片机中断系统内部结构示意图

若各位为"1"，则允许中断（开关接通）；若为"0"，则不允许中断（开关断开）。例如，SETB EA 表示允许中断，CLR IE.7 表示不允许中断。

（2）中断优先级。设想一下，我们正在看书，电话铃响了，同时又有人按了门铃，我们应该先做哪样呢？如果你正在等一个很重要的电话，你一般不会去理会门铃；反之，如果你正在等一个重要的客人，则可能就不会去理会电话了。如果不是这两种情况（即不等电话，也不是等人上门），可能会按自己平常的习惯去处理。总之，这里存在一个优先级的问题，在单片机中也是如此，也有优先级的问题。优先级的问题不仅仅发生在两个中断同时产生的情况下，也发生在一个中断已经产生，又有一个中断产生的情况下。比如，你正在接电话，有人按门铃的情况，或者你正在开门与人交谈，又有电话响了的情况。

CPU 在同一时间只能响应一个中断请求。为此将 5 个中断源分成高级、低级两个级别，高级中断优先执行，由 IP 进行控制。

IP				PS	PT1	PX1	PT0	PX0

以上各位与 IE 的低五位相对应，为"1"时为高级中断。初始化编程时，由软件确定。例如，SETB PT0 或 SETB IP.1、CLR PX0 等。

同一级中的 5 个中断源的优先顺序是：外部中断 0，定时/计数器 T0 中断，外部中断 1，定时/计数器 T1 中断、串行口中断。

现将中断优先原则概括为以下四句话：

原则一：低级不打断高级。

原则二：高级不睬低级。

原则三：同级不能打断。

原则四：同级、同时中断，事先约定。

6. 中断控制寄存器

80C51 单片机中涉及中断控制的有三个方面的 4 个特殊功能寄存器：

1）中断请求：定时和外部中断请求控制寄存器 TCON；串行口控制寄存器 SCON。

2）中断允许：中断允许控制寄存器 IE。

3）中断优先级：中断优先级控制寄存器 IP。

（1）中断请求控制寄存器。T0、T1 中断请求标志放在 TCON 中，串行口中断请求标志放在 SCON 中。

TCON 的结构、位名称、位地址和功能见表 4-1。

表 4-1 　　　　　　　　　　 **TCON 的结构、位名称、位地址和功能**

TCON	D7	D6	D5	D4	D3	D2	D1	D0
位名称	TF1	—	TF0	—	IE1	IT1	IE0	IT0
位地址	8FH	8EH	8DH	8CH	8BH	8AH	89H	88H
功能	T1 中断标志	—	T0 中断标志	—	$\overline{INT1}$中断标志	$\overline{INT1}$触发方式	$\overline{INT0}$中断标志	$\overline{INT0}$触发方式

1）TF1（TCON.7）：定时/计数器 1 的溢出中断标志。T1 被启动计数后，从初值做加 1 计数，计满溢出后由硬件置位 TF1，同时向 CPU 发出中断请求，此标志一直保持到 CPU 响应中断后才由硬件自动清 0。同时，也可由软件查询该标志，并由软件清 0。

2）TF0（TCON.5）：定时/计数器 0 溢出中断标志。其操作功能与 TF1 相同。

3）IE1（TCON.3）：外部中断$\overline{INT1}$的中断请求标志位。IE1＝1 时，外部中断 1 向 CPU 申请中断。

4）IT1（TCON.2）：外部中断$\overline{INT1}$的触发方式控制位。

当 IT1＝0 时，外部中断 1 控制为电平触发方式。在这种方式下，CPU 在每个机器周期的 S5P2 期间对$\overline{INT1}$引脚（P3.3）采样，若为低电平，则认为有中断申请，随即使 IE1 标志置位，向 CPU 发出中断请求；若为高电平，则认为无中断申请，或中断申请已撤除，随即使 IE1 标志复位。在电平触发方式中，CPU 响应中断后不能由硬件自动清除 IE1 标志，也不能由软件清除 IE1 标志，也就是说，IE0 的状态完全由$\overline{INT1}$的状态决定。所以，在中断返回之前必须撤销引脚上的低电平，否则将再次产生中断导致出错。

当 IT0＝1 时，$\overline{INT0}$为边沿触发方式（下降沿有效）。CPU 在每个机器周期的 S5P2 取样$\overline{INT0}$引脚（P3.2）电平，如果在连续的两个机器周期检测到$\overline{INT0}$引脚由高电平变为低电平，即第一个周期取样到$\overline{INT0}$＝1，第二个周期取样到$\overline{INT0}$＝0，则置 IE0＝1，产生中断请求。在边沿触发方式下，CPU 响应中断时，能由硬件自动清除 IE0 标志。注意，为保证 CPU 能检测到负跳变，$\overline{INT0}$的高、低电平时间至少应保持 1 个机器周期。

5）IE0（TCON.1）：外部中断$\overline{INT0}$的中断请求标志位。其操作功能与 IE1 相同。

6）IT0（TCON.0）：外部中断$\overline{INT0}$的触发方式控制位。其操作功能与 IT1 相同。

SCON 寄存器中的中断标志位见表 4-2。

表 4-2 　　　　　　　　　　 **SCON 寄存器中的中断标志位**

SCON	D7	D6	D5	D4	D3	D2	D1	D0
位名称	—	—	—	—	—	—	TI	RI
位地址	—	—	—	—	—	—	99H	98H
功能	—	—	—	—	—	—	串行发送中断标志	串行接收中断标志

SCON 是串行口控制寄存器，其低两位 TI 和 RI 用于锁存串行口的发送中断标志和接

收中断标志。

1) TI（SCON.1）：串行发送中断标志。CPU 将数据写入发送缓冲器 SBUF 时，就启动发送，每发送完一个串行帧，硬件将使 TI 置位。但 CPU 响应中断时并不清除 TI，必须由软件清除。

2) RI（SCON.0）：串行接收中断标志。在串行口允许接收时，每接收完一个串行帧，硬件将使 RI 置位。同样，CPU 在响应中断时不会清除 RI，必须由软件清除。

80C51 系统复位后，TCON 和 SCON 均清 0，应用时要注意各位的初始状态。

（2）中断允许控制寄存器 IE。80C51 单片机的 5 个中断源都是可屏蔽中断，其中断系统内部设有一个专用寄存器 IE，用于控制 CPU 对各中断源的开放或屏蔽。IE 寄存器各位的定义见表 4-3。

表 4-3 IE 寄存器各位的定义

IE	D7	D6	D5	D4	D3	D2	D1	D0
位名称	EA	—	—	ES	ET1	EX1	ET0	EX0
位地址	AFH	—	—	ACH	ABH	AAH	A9H	A8H
中断源	CPU	—	—	串行口	T1	$\overline{LNT1}$	T0	$\overline{LNT0}$

1) EA：CPU 中断允许总控制位。当 EA=1 时，CPU 开中断；当 EA=0 时，CPU 关中断，且屏蔽所有 5 个中断源。

2) EX0：外部中断$\overline{INT0}$中断允许控制位。当 EX0=1 时，$\overline{INT0}$开中断；当 EX0=0 时，$\overline{INT0}$关中断。

3) EX1：外部中断$\overline{INT1}$中断允许控制位。当 EX1=1 时，INT1 开中断；当 EX1=0 时，$\overline{INT1}$关中断。

4) ET0：定时/计数器 T0 中断允许控制位。当 ET0=1 时，T0 开中断；当 ET0=0 时，T0 关中断。

5) ET1：定时/计数器 T1 中断允许控制位。当 ET1=1 时，T1 开中断；当 ET1=0 时，T1 关中断。

6) ES：串行口中断（包括串行发送、串行接收）允许控制位。当 ES=1 时，串行口开中断；当 ES=0 时，串行口关中断。

说明：80C51 单片机对中断实行两级控制，总控制位是 EA，每一中断源还有各自的控制位。首先要 EA=1，其次还要自身的控制位置为 "1"。

（3）中断优先级寄存器 IP。80C51 单片机的中断源优先级是由中断优先级寄存器 IP 进行控制的。5 个中断源总共可以分为两个优先级，每一个中断源都可以通过 IP 寄存器中的相应位设置成高级中断或低级中断，因此，CPU 对所有中断请求只能实现两级中断嵌套。IP 寄存器各位的定义见表 4-4。

表 4-4 IP 寄存器各位的定义

IP	—	—	—	PS	PT1	PX1	PT0	PX0
位地址	—	—	—	BCH	BBH	BAH	B9H	B8H

1) PS（IP.4）：串行口中断优先控制位。当 PS=1 时，设定串行口为高优先级中断；当

PS=0 时，设定串行口为低优先级中断。

2）PT1（IP.3）：定时器 T1 中断优先控制位。当 PT1＝1 时，设定定时器 T1 中断为高优先级中断；当 PT1＝0 时，设定定时器 T1 中断为低优先级中断。

3）PX1（IP.2）：外部中断 1 中断优先控制位。当 PX1＝1 时，设定外部中断 1 为高优先级中断；当 PX1＝0 时，设定外部中断 1 为低优先级中断。

4）PT0（IP.1）：定时器 T0 中断优先控制位。当 PT0＝1 时，设定定时器 T0 中断为高优先级中断；当 PT0＝0 时，设定定时器 T0 中断为低优先级中断。

5）PX0（IP.0）：外部中断 0 中断优先控制位。当 PX0＝1 时，设定外部中断 0 为高优先级中断；当 PX0＝0 时，设定外部中断 0 为低优先级中断。

当系统复位后，IP 的低 5 位全部清 0，所有中断源均设定为低优先级中断。

如果几个同一优先级的中断源同时向 CPU 申请中断，CPU 通过内部硬件查询逻辑，按自然优先级顺序确定先响应哪个中断请求。自然优先级由硬件形成，其排列顺序见表 4－5。

表 4－5   中断优先级顺序

中断源	优先级
外部中断 0	最高级 ↓ 最低级
定时/计数器 T0 中断	
外部中断 1	
定时/计数器 T1 中断	
串行口中断	

二、中断处理过程

生活中当有事件产生时，进入中断之前我们必须先记住现在看到书的第几页了，或拿一个书签放在当前页的位置，然后去处理不一样的事情（因为处理完了，我们还要回来继续看书）；电话铃响了，我们要到放电话的地方去；门铃响了，我们要到门那边去。也就是说，不一样的中断要在不一样的地点处理，而这个地点常常还是固定的。计算机中也是采用这种办法，5 个中断源，每个中断产生后都到一个固定的地方去找处理这个中断的程序，当然在去之前首先要保存下面将执行的指令的地址，以便处理完中断后回到原来的地方继续往下执行程序。

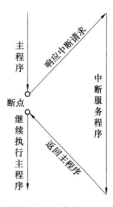

图 4－3 中断处理全过程

（一）中断处理过程

中断处理过程大致可以分为四步：中断请求、中断响应、中断服务、中断返回。中断处理全过程如图 4－3 所示。

1. 中断请求

中断源发出中断请求信号，相应的中断请求标志位（在中断允许控制寄存器 IE 中）置 1。

2. 中断响应

CPU 查询（检测）到某中断标志为“1”，在满足中断响应的条件下，响应中断。

（1）中断响应条件：① 中断源有中断请求；② 该中断已经“开通”；③ CPU 此时没有响应同级或更高级的中断。

在 CPU 执行程序的过程中,在每个机器周期的 S5P2 期间,中断系统对各个中断源进行取样。这些取样值在下一个机器周期内按优先级和内部顺序被依次查询。如果某个中断标志在上一个机器周期的 S5P2 时被置成了"1",那么它将于现在的查询周期中及时被发现。接着 CPU 便执行一条由中断系统提供的硬件 LCALL 指令,转向被称作中断向量的特定地址单元,进入相应的中断服务程序。若遇到下列任一条件,则硬件将受阻,不能产生 LCALL 指令:

1)CPU 正在处理同级或高优先级中断。

2)当前查询的机器周期不是所执行指令的最后一个机器周期,即在完成所执行的指令前,不会响应中断,从而保证了指令在执行过程中不被打断。

3)正在执行的指令为 RET、RETI 或任何访问 IE 或 IP 寄存器的指令,即只有在这些指令后面至少再执行一条指令时才能接受中断请求。

若由于上述条件的阻碍中断未能得到响应,当条件消失时该中断标志已经不再有效,那么该中断将不被响应。也就是说,中断标志曾经有效,但未获响应,查询过程在下个机器周期将重新进行。

(2)中断响应时间。从中断源提出中断申请,到 CPU 响应中断(如果满足了中断响应条件),需要经历一定的时间。若在 M1 周期的 S5P2 前某中断生效,在 S5P2 期间其中断请求被锁存在相应的标志位中。下一个机器周期 M2 恰逢某指令的最后一个机器周期,且该指令不是 RET、RETI 或访问 IE、IP 的指令。于是,后面两个机器周期 M3 和 M4 便可以执行硬件 LCALL 指令,M5 周期将进入中断服务程序。

可见,80C51 的中断响应时间(从标志置 1 到进入相应的中断服务)至少要 3 个完整的机器周期。中断控制系统对各中断标志进行查询需要 1 个机器周期。如果响应条件具备,CPU 执行中断系统提供的相应向量地址的硬件长调用指令,这个过程要占用两个机器周期。

另外,如果中断响应过程受阻,就要增加等待时间。若同级或高级中断正在进行,则所需要的附加等待时间取决于正在执行的中断服务程序的长短,等待的时间不确定。若没有同级或高级中断正在进行,则所需要的附加等待时间在 3~5 个机器周期之间。这是因为:第一,如果查询周期不是正在执行指令的最后机器周期,则附加等待时间不会超 3 个机器周期(因执行时间最长的指令 MUL 和 DIV 也只有 4 个机器周期);第二,如果查询周期恰逢 RET、RETI 或访问 IE、IP 的指令,而这类指令之后又跟着 MUL 或 DIV 指令,则由此引起的附加等待时间不会超过 5 个机器周期(1 个机器周期完成正在进行的指令再加上 MUL 或 DIV 的 4 个机器周期)。

所以,对于没有嵌套的单级中断,响应时间为 3~8 个机器周期。

(3)中断响应操作。CPU 响应中断后,进行下列操作:

1)关闭同级中断,将相应的优先级状态触发器置 1,以阻断后来同级或低级的中断请求。

2)保护断点地址,执行一条硬件 LCALL 指令,即把程序计数器 PC 的内容压入堆栈进行保存。

3)撤除该中断源的中断请求标志。

4)将相应的中断服务程序的入口地址送入 PC。

5)执行中断服务程序。

80C51 的五个中断入口地址如下：

1) $\overline{\text{INT0}}$：0003H。

2) T0：000BH。

3) $\overline{\text{INT1}}$：0013H。

4) T1：001BH。

5) 串行口：0023H。

3. 执行中断服务程序

中断服务程序应包含以下几部分：① 保护现场；② 执行中断服务程序主体，完成相应操作；③ 恢复现场。

中断服务程序由用户编写程序来完成。编写中断服务程序时应注意以下两点：

（1）由于 80C51 系列单片机的两个相邻中断源中断服务程序入口地址相距只有 8 个单元，一般的中断服务程序是不够存放的，通常是在相应的中断服务程序入口地址单元放一条长转移指令 LJMP，这样可以使中断服务程序能灵活地安排在 64KB 程序存储器空间的任何地方。若在 2KB 范围内转移，则可以使用 AJMP 指令。

（2）硬件 LCALL 指令，只是将 PC 内的断点地址压入堆栈保护，而对其他寄存器（如程序状态字寄存器 PSW、累加器 A 等）的内容并不做保护处理。所以，在中断服务程序中，首先用软件保护现场，在中断服务之后、中断返回前恢复现场，以防止中断返回后丢失原寄存器的内容。

4. 中断返回

在中断服务程序最后，必须安排一条中断返回指令 RETI。当 CPU 执行 RETI 指令后，会自动完成下列操作：

（1）恢复断点地址。将中断响应时压入堆栈保存的断点地址从栈顶弹出送回 PC，CPU 从原来中断的地方继续执行程序。

（2）将相应中断优先级状态触发器清 0，开放同级中断，以便允许同级中断源请求中断。

注意：不能用 RET 指令代替 RETI 指令，因为用 RET 指令虽然也能控制 PC 返回到原来中断的地方，但 RET 指令没有清零中断优先级状态触发器的功能，这样中断控制系统会认为中断仍在进行，其后果是与此同级的中断请求将得不到响应。所以中断服务程序结束时必须使用 RETI 指令。

若用户在中断服务程序中进行了入栈操作，则在 RETI 指令执行前应进行相应的出栈操作，使栈顶指针 SP 与保护断点后的值相同，即在中断服务程序中，PUSH 指令与 POP 指令必须成对使用，否则程序不能正确返回断点。

通过上述分析，给出中断处理过程的流程图，如图 4-4 所示。

（二）中断请求的撤除

中断源发出中断请求后，相应中断请求标志置"1"。CPU 响应中断后，必须清除中断请求"1"标志。否则中断响应返回后，将再次进入该中断，引起死循环，从而导致出错。

（1）对定时/计数器 T0、T1 中断、边沿触发方式的外部中断请求标志 TF0、TF1、IE0、IE1，在 CPU 响应中断时就用硬件自动清除。

（2）对外部中断电平触发方式，需要采取软硬件结合的方法消除后果。

（3）对串行口中断，用户应在串行中断服务程序中用软件清除 TI 或 RI。

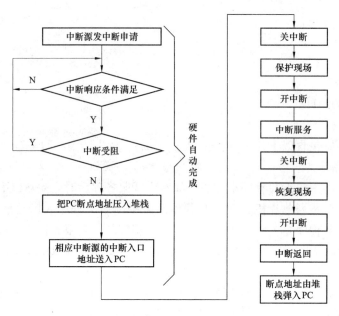

图 4-4　中断处理过程流程图

（三）中断优先控制和中断嵌套

1. 中断优先控制

80C51 首先根据中断优先级进行中断优先控制，此外还规定了同一中断优先级之间的中断优先权。其从高到低的顺序为$\overline{\text{INT0}}$、T0、$\overline{\text{INT1}}$、T1、串行口。

中断优先级是可编程的，而中断优先权是固定的，不能进行设置，仅用于同级中断源同时请求中断时的优先次序。

80C51 中断优先控制的基本原则如下：

（1）高优先级中断可以中断正在响应的低优先级中断，反之则不能。

（2）同优先级中断不能互相中断。

（3）同一中断优先级中，若有多个中断源同时请求中断，CPU 将先响应优先权高的中断，后响应优先权低的中断。

2. 中断嵌套

当 CPU 正在执行某个中断服务程序时，如果更高一级的中断源请求中断，CPU 可以"中断"正在执行的低优先级中断，转而响应更高一级的中断，这就是中断嵌套。中断嵌套要求只能高优先级"中断"低优先级，低优先级不能"中断"高优先级，同一优先级也不能相互"中断"。中断嵌套示意图如图 4-5 所示。

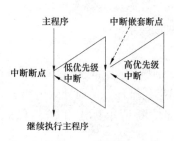

图 4-5　中断嵌套示意图

中断嵌套结构类似于调用子程序嵌套，但不同之处如下：

（1）子程序嵌套是在程序中事先安排好的；而中断嵌套是随机发生的。

（2）子程序嵌套无次序限制，而中断嵌套只允许高优先级"中断"低优先级。

三、中断的应用

1. 中断应用中主要考虑的问题

(1) 中断初始化。

1) 设置堆栈指针 SP。

2) 定义中断优先级。

3) 定义外部中断触发方式。

4) 开放中断。

5) 安排好等待中断或中断发生前主程序应完成的操作内容。

(2) 中断服务子程序。

中断服务子程序内容要求如下：

1) 在中断服务入口地址设置一条跳转指令，转移到中断服务程序的实际入口处。

2) 根据需要保护现场。

3) 中断源请求中断服务要求的操作。

4) 恢复现场。与保护现场相对应，注意先进后出、后进先出的操作原则。

2. 中断应用举例

(1) 单外部中断源的应用。在实际应用中，若外部中断源的个数小于或等于单片机中断输入引脚的个数，则可以直接将外部中断源接到单片机的中断引脚$\overline{INT0}$（P3.2）或$\overline{INT1}$（P3.3）上即可应用。

【例 4 - 1】　单外部中断源示例。

图 4 - 6 所示为采用单外部中断源的数据采集系统示意图。将 P1 口设置成数据输入口，外围设备每准备好一个数据时，发出一个选通信号（正脉冲），使 D 触发器的 Q 端置 1，经$\overline{Q}$端向$\overline{INT0}$送入一个低电平中断请求信号。如前所述，采用电平触发方式时，由于外部中断请求标志 IE0（或 IE1）在 CPU 响应中断时不能由硬件自动清除，因此，在响应中断后，要设法撤除$\overline{INT0}$的低电平。撤除$\overline{INT0}$的方法是，将 P3.0 线与 D 触发器的复位端相连，只要在中断服务程序中由 P3.0 输出一个负脉冲，就能使 D 触发器复位，$\overline{INT0}$无效，从而清除 IE0 标志。

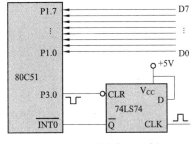

图 4 - 6　单中断源示例

程序清单：

```
        ORG 0000H
START:  LJMP MAIN           ;跳转到主程序
        ORG 0003H
        LJMP INT0           ;转向中断服务程序
        ORG 0030H           ;主程序
MAIN:   CLR IT0             ;设INT0为电平触发方式
        SETB EA             ;CPU 开放中断
        SETB EX0            ;允许INT0中断
        MOV DPTR,#1000H     ;设置数据区地址指针
        …
```

```
            ORG 0200H                    ;INT0中断服务程序
    INT0:   PUSH PSW                     ;保护现场
            PUSH ACC
            CLR P3. 0                    ;由 P3. 0 输出 0
            NOP
            NOP
            SETB P3. 0                   ;由 P3. 0 输出 1,撤除INT0
            MOV P1, #0FFH                ;置 P1 口为输入
            MOV A, P1                    ;输入数据
            MOVX @DPTR, A                ;存入数据存储器
            INC DPTR                     ;修改数据指针,指向下一个单元
            …
            POP ACC                      ;恢复现场
            POP PSW
            RETI                         ;中断返回
            END
```

（2）多外部中断源的应用。80C51 单片机内部只有两个外部中断源，引脚信号为$\overline{INT0}$和$\overline{INT1}$（即 P3. 2 和 P3. 3）。但在实际的应用系统中，往往要求较多的外部中断源，所以需要进行外部中断源的扩展。

当外部中断源多于中断输入引脚时，可以采取以下方式进行扩展：

1）用后面介绍的定时/计数器输入信号端 T0、T1 作为外部中断入口引脚。

2）用串行口接收端 RXD 作为外部中断入口引脚。

3）用中断和查询相结合的方法，用一个中断入口接收多个外部中断源，并加入查询电路。

下面通过具体的例子来介绍采用中断和查询相结合的方法进行外部中断源扩展的方法。

【例 4 - 2】　如图 4 - 7 所示，利用单片机扩展 5 个外部中断源，中断优先次序为 X0～X4，其中将优先级最高的 X0 接到外部中断 0 上，X1～X4 接到外部中断 1 上，单片机的 P1.4～P1.7 接 4 个发光二极管用来作为输出指示。当 X1～X4 中任意一个外部中断发生时，相应的发光二极管点亮，当 X0 外部中断发生时，4 个发光二极管全部点亮。

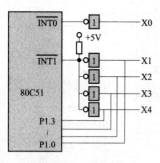

图 4 - 7　多外部中断源示例

程序清单：

```
    ORG 0000H
    START:  LJMP MAIN                    ;跳转到主程序
            ORG  0003H
            LJMP ZHD0                    ;转外部中断 0 服务程序入口
            ORG 0013H
            LJMP ZHD1                    ;转外部中断 1 服务程序入口
            ORG 0030H
    MAIN:   MOV  SP, #70H                ;设置堆栈指针
```

```
        SETB  IT0                  ;设置外部中断 0 为边沿触发方式
        SETB  IT1                  ;设置外部中断 1 为边沿触发方式
        MOV   IP,#00000001B        ;设置外部中断 0 为最高优先级
        MOV   IE,#10000101B        ;开放外部中断 0 和外部中断 1
        MOV   A,#0FFH              ;关闭发光二极管
        MOV   P1,A
LOOP:   AJMP  LOOP
ZHD0:   PUSH  PSW                  ;保护现场
        PUSH  ACC
        MOV   A,#0FH              ;4 个发光二极管全亮
        MOV   P1,A
        POP   ACC                  ;恢复现场
        POP   PSW
        RETI                       ;中断返回
ZHD1:   PUSH  PSW                  ;保护现场
        PUSH  ACC
        ORL   P1,#0F0H             ;读取 P1 口的低 4 位
        JNB   P1.0,IN1             ;中断源查询,并转向相应的中断服务程序
        JNB   P1.1,IN2
        JNB   P1.2,IN3
        JNB   P1.3,IN4
FH1:    POP   ACC                  ;恢复现场
        POP   PSW
        RETI                       ;中断返回
IN1:    MOV   A,#11101111B         ;中断服务程序 1
        MOV   P1,A                 ;LED1 发光二极管亮
        AJMP  FH1
IN2:    MOV   A,#11011111B         ;中断服务程序 2
        MOV   P1,A                 ;LED2 发光二极管亮
        AJMP  FH1
IN3:    MOV   A,#10111111B         ;中断服务程序 3
        MOV   P1,A                 ;LED3 发光二极管亮
        AJMP  FH1
IN4:    MOV   A,#01111111B         ;中断服务程序 4
        MOV   P1,A                 ;LED4 发光二极管亮
        AJMP  FH1
        END
```

当所要处理的外部中断源的数目较多而其响应速度又要求很快时,采用软件查询的方法进行中断优先级排序往往满足不了时间上的要求,因为这种方法是按照从优先级最高到优先级最低的顺序,由软件逐个进行查询,在这个过程中需要一定的查询时间。这时采用硬件对外部中断源进行优先级排序就可以避免这个问题。常用的硬件排序电路是 74LS148 优先权编码器。具体使用方法可以参考有关书籍。

【单元任务】

任务一　抢答器的设计

一、任务导入

抢答器广泛应用于各种知识竞赛及竞猜类节目中。我们可以通过单片机外接的按键，查看并判断是哪个键最先按下，从而确定是谁获得了回答问题的权利。本任务就是利用单片机设计一个四人抢答器，该抢答器包括一个主持人按键（开始键），4个抢答按键，一个显示号码的数码管，8只LED指示灯和一只蜂鸣器。

二、任务分析

抢答器需要完成的基本功能主要如下：开机后，由8只LED指示灯显示流水灯；主持人没有按下"开始"键时，不可以抢答；主持人按下"开始"键后，流水灯停止，数码管显示"一"；甲、乙、丙、丁4人可以进行按键抢答，当有人按下键后，蜂鸣器响，同时显示座位号；显示3s后，流水灯继续显示，回到初始状态。在整个流水灯不停地循环显示的过程中，及时接收到抢答按键的输入，就是利用80C51单片机的中断功能来实现的。

在设计过程中要考虑中断源的处理。主持人与4个抢答者共有5个按键，对单片机来说有5个输入状态，若都采用中断方式，则5个输入方式均为外部中断源。但是80C51单片机只有两个外部中断源，因此，我们可以使主持人按键采用中断方式，4个抢答者按键采用查询方式，因为单片机运行速度较快，所以不会影响比赛的公平性。

三、任务实施

1. 硬件设计

在本应用系统中，单片机的输入信号主要有主持人和选手按键，输出信号主要有发光二极管、数码显示管和蜂鸣器。因此，我们可以通过80C51单片机的并行接口来实现数据的传输。抢答器设计的系统图如图4-8所示。

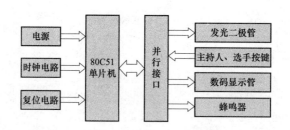

图4-8　抢答器设计的系统图

我们选用单片机P0.0～P0.3四位作为四个选手的按键输入端，主持人的按键输入端接单片机的外部中断$\overline{INT0}$（P3.2），P1口接8个发光二极管，P2口接数码显示管，P3.4接蜂鸣器。抢答器设计的电路图如图4-9所示。

2. 软件设计

主持人按键采用中断方式，4个抢答者按键采用查询方式进行处理。程序流程图如图4-10所示。图4-10（a）所示为中断服务子程序程序流程图，图4-10（b）所示为主程序流程图。

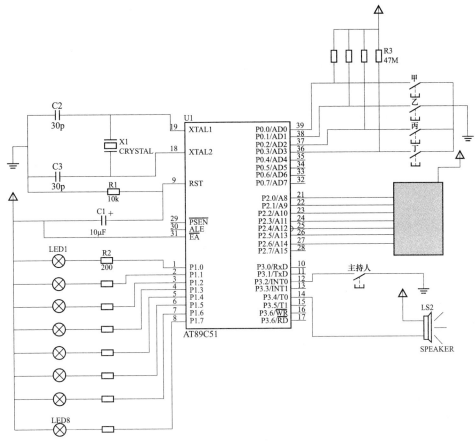

图 4-9 抢答器设计的电路图

程序清单:

```
        ORG  0000H
        LJMP MAIN              ;设置主程序入口
        ORG  0003H            ;外部中断INT0
        LJMP INT0
        ORG  0030H
MAIN:   SETB IT0              ;设置边沿触发方式
        SETB EX0              ;允许中断
        SETB EA
        MOV  A,    #0FEH      ;设置 LED 最低位亮,"0"亮
LOOP:   MOV  P1,   A          ;输出 P1 口
        MOV  30H,  #10        ;设置延时时间为 0.5s
        LCALL DELAY
        RL   A                ;左移 1 位
        SJMP LOOP
INT0:   CLR  EA               ;关闭中断
        PUSH ACC
        MOV  30H,  #2         ;延时 100ms
```

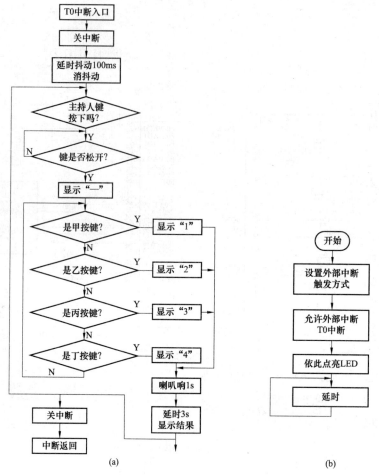

(a)   (b)

图 4-10 抢答器设计的程序流程图

(a) 中断服务子程序流程图；(b) 主程序流程图

```
        LCALL DELAY
        JB    P3.2, INT0_RET        ;若主持人键没按下,则认为是一次干扰,中断返回
        JNB   P3.2,$                ;按下,等待释放
        MOV   P2,  #0BFH            ;主持人键已按下,显示"—"
INT0_1: MOV   A,   P0               ;读 P0 口内容
        JNB   ACC.0,LP1             ;若甲按下,转 LP1
        JNB   ACC.1,LP2             ;若乙按下,转 LP2
        JNB   ACC.2,LP3             ;若丙按下,转 LP3
        JNB   ACC.3,LP4             ;若丁按下,转 LP4
        SJMP  INT0_1                ;继续等待抢答
LP1:    MOV   P2,  #0F9H            ;显示"1"
        SJMP  LP_COM
LP2:    MOV   P2,  #0A4H            ;显示"2"
        SJMP  LP_COM
LP3:    MOV   P2,  #0B0H            ;显示"3"
```

```
        SJMP  LP_COM
LP4:    MOV   P2, #99H              ;显示"4"
LP_COM: CLR   P3.4                  ;开喇叭
        MOV   30H,#20               ;设置喇叭响的时间
        LCALL DELAY                 ;延时 1s
        SETB  P3.4                  ;关喇叭
        MOV   30H,#60H              ;设置结果显示时间
        LCALL DELAY
        MOV   P2, #0FFH             ;数码管全灭
INT0_RET: SETB EA                   ;关中断
        POP   ACC
        RETI
DELAY:  MOV   R4, 30H               ;延时子程序,延时时间= (30H)×50ms
DEL0:   MOV   R5,#50
DEL1:   MOV   R6,#250
DEL2:   NOP
        NOP
        DJNZ R6,DEL2
        DJNZ R5,DEL1
        DJNZ R4,DEL0
        RET
        END
```

任务二　外部中断控制的交通灯

一、任务导入

交通信号灯的各种指示模拟就是用红、黄、绿三种颜色的指示灯按照指定的时间和规律进行显示，并且在紧急情况下还能进行应急处理，即禁止四个方向的车辆通行，从而保证紧急车辆及时通过。

二、任务分析

使用 P1 口作为输出口，控制六个发光二极管，模拟交通灯的管理控制。

国内的交通灯一般设在十字路口，在醒目位置用红、绿、黄三种颜色的指示灯进行管理控制，再加上一个倒计时的显示计时器来控制行车。对于一般情况下的安全行车，车辆分流尚能发挥作用，但根据实际行车过程中出现的情况，还存在以下缺点：

（1）经常出现的情况是某一车道车辆较多，放行时间应该长一些，另一车道车辆较少，放行时间应该短一些。

（2）没有考虑紧急车通过时，两车道应采取的措施，例如，消防车执行紧急任务通过时，两车道的车都应停止，让紧急车通过。

基于传统交通灯控制系统设计过于死板，红绿灯交替时间过于程式化的缺点，智能交通灯控制系统的设计就更显示出了它的研究意义。它能根据道路交通拥堵，交叉路口经常出现拥堵的情况，利用单片机控制技术，提出软件和硬件设计方案，能够实现道路的最大通行

效率。

三、任务实施

1. 硬件设计

在仔细分析设计要求的前提下，把系统要完成的任务分配给若干个单元电路，画出一个能表示各单元功能和关系的原理框图。依靠原理框图，可以为下一步的器件选择和布线提供依据和参考。外部中断控制的交通灯原理图如图 4 - 11 所示。

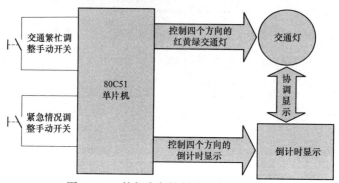

图 4 - 11　外部中断控制的交通灯原理图

由设计要求和原理框图可知，智能交通灯系统所需的元器件包括 80C51 单片机、红黄绿三色 LED 灯、倒计时显示 LED 数码管和控制开关。

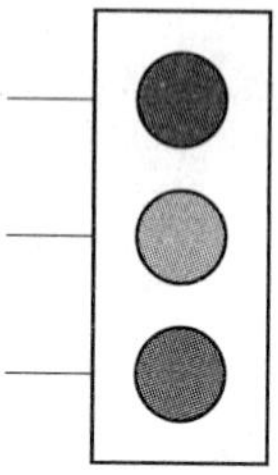

（1）红黄绿三色 LED 灯。交通灯模块由红、黄、绿三色灯组成，内部三色灯采用共阴极接法，对外有 3 个引脚，每个引脚分别对应一种颜色的灯。使用时只要令需要点亮的灯接高电平，不需要点亮的灯接低电平即可，接线方便简单。交通灯模块如图 4 - 12 所示。

图 4 - 12 交通灯模块

（2）倒计时显示 LED 数码管。由于设计要求中需要显示的倒计时最长为 50s，两位 8 段的数码管足以满足设计要求。倒计时 8 段 LED 数码管模块如图 4 - 13（a）所示。

数码管模块内部采用共阳极接法，a～g 引脚分别对应"8"字形的其中一段，共 7 段，相应段的引脚接低电平时点亮，接高电平时熄灭，DP 为小数点对应的引脚。其符号和引脚关系如图 4 - 13（b）所示。内部接法如图 4 - 13（c）所示。

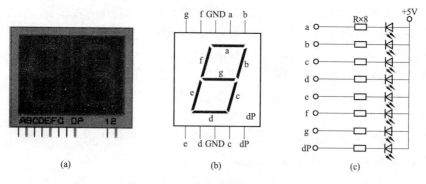

图 4 - 13　倒计时 8 段 LED 数码管

（a）7SEG - MPX2CA 模块；（b）符号和引脚；（c）内部共阴极接法

1）字段码。所谓字段码就是为数码管显示提供的各段状态组合的字形代码。七段数码管的字段码为 7 位，八段数码管的段码为 8 位，用一个字节即可表示。在字段码字节中代码位与各段发光二极管的对应关系见表 4－6。

表 4－6　　　　　　　字段码字节中代码位与各段发光二极管的对应关系

段码	D7	D6	D5	D4	D3	D2	D1	D0
段名	dp	g	f	e	d	c	b	a

字段码的值与数码管公共引脚的接法（共阳极和共阴极）有关。以八段数码管共阳极为例，显示十六进制数的字段码值见表 4－7。

表 4－7　　　　　　　　共阳极十六进制数字段码表

显示数值	段　　码
0	C0H
1	F9H
2	A4H
3	B0H
4	99H
5	92H
6	82H
7	F8H
8	80H
9	90H

2）动态显示。LED 显示器多采用动态显示方式，全部数码管共用一套段码驱动电路。显示时通过位控信号采用扫描的方法逐位地循环点亮各位数码管。动态显示时虽然在任一时刻只有一位数码管被点亮，但是由于人眼具有的视觉暂留效应，看起来会与全部数码管持续点亮的效果完全一样。LED 显示器动态显示需要为各位提供段码及相应的位控制，此即通常所说的段控和位控。

（3）控制开关。这里我们选择了两个开关：繁忙 15s 调整开关和紧急车辆通行开关。

本智能交通灯系统所需的单元电路由开关控制电路、80C51 单片机主电路、红黄绿三色灯电路和倒计时显示电路构成，各个单元之间的关系较为简单和明确，只需和主电路依次进行连接即可。将各个元器件连接为一个功能完善的整体，构成的智能交通灯控制系统连接图如图 4－14 所示。

在图 4－14 中，南北方向记为 AB 车道，东西方向记为 CD 车道，A、B、C 和 D 路口各有两个红黄绿三色 LED 灯和一个两位 8 段倒计时显示 LED 数码管，其中靠近中间黄色路中分界线的一个三色 LED 灯模拟的是转向灯。U2 为非门，用来使倒计时显示 LED 数码管交替工作，实现动态显示。

2. 软件设计

根据设计的具体要求，画出外部中断控制的交通灯程序流程图，如图 4－15 所示。

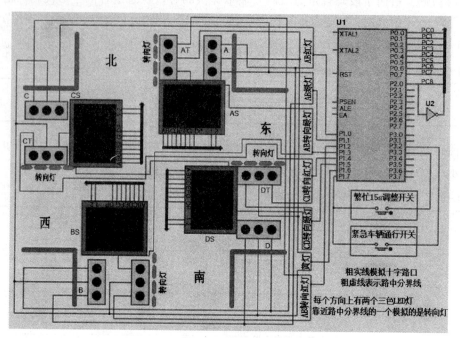

图 4-14　外部中断控制的交通灯电路图

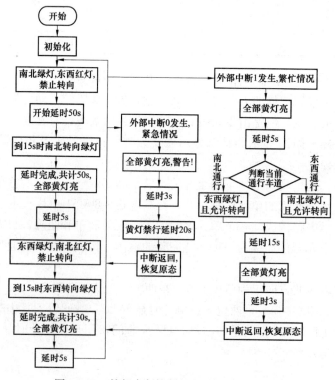

图 4-15　外部中断控制的交通灯程序流程图

程序清单:

```
                ORG     0000H
                LJMP    MAIN
                ORG     0003H           ;外部中断 0,紧急情况手控开关
                LJMP    WINT0
                ORG     000BH           ;定时器 0 中断
                LJMP    T0INT
                ORG     0013H           ;外部中断 1,繁忙时手控开关
                LJMP    WINT1
        MAIN:   MOV     IE,#10000111B   ;中断允许
                MOV     TCON,#00H       ;低电平触发方式
                MOV     IP,#00000010B   ;定时器 0 设为高级中断
                MOV     P1,#00010110B   ;P1.7 置 0,为外部中断提供低电平信号
                                        ;P1.2 和 P1.4 置 1,表示 AB 和 CD 当前禁止转向
                                        ;P1.1 置 1 表示 AB 线路通行
                MOV     DPTR,#4000H     ;DPTR 设置数码管显示的首地址
                MOV     R0,#51D         ;R0 设置倒计时的秒数
                MOV     R1,#15D         ;R1 设置何时转向
                CLR     C               ;将 P1.0 的当前值放入 CY
                MOV     00H,C           ;将 C 中的内容保存在 00H,以免后面的程序改变 C
                ACALL   DELDIS          ;调用 50s 延时且数码管倒计时的 DELDIS 子程序
                MOV     P1,#01000000B   ;50s 后黄灯开始亮,其他灯均不亮
                MOV     DPTR,#405AH
                MOV     R0,#6D
                MOV     R1,#0D
                ACALL   DELDIS          ;调用 5s 延时且数码管倒计时的 DELDIS 子程序
                MOV     P1,#00010101B   ;P1.7 置 0,为外部中断提供低电信号
                                        ;P1.2 和 P1.4 置 1,表示 AB 和 CD 当前禁止转向
                                        ;P1.0 置 1,表示 CD 线路通行
                MOV     DPTR,#4028H
                MOV     R0,#31D
                MOV     R1,#15D
                SETB    C               ;将 P1.0 的当前值放入 CY
                MOV     00H,C           ;将 C 中的内容保存在 00H
                ACALL   DELDIS          ;调用 30s 延时且数码管倒计时的 DELDIS 子程序
                MOV     P1,#01000000B   ;50s 后黄灯开始亮,其他灯均不亮
                MOV     DPTR,#405AH
                MOV     R0,#6D
                MOV     R1,#0D
                ACALL   DELDIS          ;调用 5s 延时且数码管倒计时的 DELDIS 子程序
                SJMP    MAIN            ;开始新一轮的循环
        WINT0:  PUSH    PSW             ;紧急情况中断程序
                MOV     R2,P1
```

```
        MOV     50H,R0
        MOV     51H,R1
        MOV     52H,DPL
        MOV     53H,DPH
        MOV     P1,#01000000B       ;紧急情况时黄灯警告 3s
        MOV     DPTR,#405EH
        MOV     R0,#4D
        MOV     R1,#0D
        ACALL   DELDIS              ;调用 3s 延时且数码管倒计时的 DELDIS 子程序
        MOV     P1,#01000000B       ;AB,CD 黄灯亮,全线禁行 20s
        MOV     DPTR,#403CH
        MOV     R0,#21D
        MOV     R1,#0D
        ACALL   DELDIS              ;调用 20s 延时且数码管倒计时的 DELDIS 子程序
        POP     PSW                 ;以下 6 行代码为恢复现场
        MOV     P1,R2
        MOV     R0,50H
        MOV     R1,51H
        MOV     DPL,52H
        MOV     DPH,53H
        RETI
WINT1:                              ;繁忙中断程序
        PUSH    PSW                 ;以下 6 行代码为保护现场
        MOV     R2,P1
        MOV     50H,R0
        MOV     51H,R1
        MOV     52H,DPL
        MOV     53H,DPH
        MOV     P1,#01000000B       ;黄灯警告 5s
        MOV     DPTR,#405AH
        MOV     R0,#6D
        MOV     R1,#0D
        ACALL   DELDIS              ;调用 5s 延时且数码管倒计时的 DELDIS 子程序
        MOV     DPTR,#4046H
        MOV     R0,#16D
        MOV     R1,#0D
        MOV     C,00H
        JNC     ABLD                ;AB 通行时,如果 CD 繁忙,则转到 ABLD
        MOV     P1,#00011010B
        SJMP    INT1EXIT
ABLD:   MOV     P1,#00100101B
INT1EXIT:
        ACALL   DELDIS              ;调用 15s 延时且数码管倒计时的 DELDIS 子程序
```

```
            MOV     P1,#01000000B        ;黄灯警告 3s
            MOV     DPTR,#405EH
            MOV     R0,#4D
            MOV     R1,#0D
            ACALL   DELDIS               ;调用 3s 延时且数码管倒计时的 DELDIS 子程序
            POP     PSW                  ;以下 6 行代码为恢复现场
            MOV     P1,R2
            MOV     R0,50H
            MOV     R1,51H
            MOV     DPL,52H
            MOV     DPH,53H
            RETI
    T0INT:  MOV     R5,A                 ;定时中断 0
            PUSH    PSW                  ;以下两行代码为保护现场
            MOV     A,30H+1
            JNZ     GOON
            DEC     30H
    GOON:   DEC     30H+1
            MOV     A,30H
            ORL     A,30H+1
            JNZ     EXIT
            MOV     30H,#HIGH(20000)
            MOV     30H+1,#LOW(20000)
            INC     DPTR
            INC     DPTR
            DEC     R0
            DEC     R1
            CJNE    R1,#0H,EXIT
            ACALL   T15S
    EXIT:   POP     PSW                  ;以下两行代码为恢复现场
            MOV     A,R5
            RETI
    DELAY:  MOV     R6,#20               ;两位数码管动态交替显示延时程序
            MOV     R7,#20
DELAYLOOP:  DJNZ    R6,DELAYLOOP
            DJNZ    R7,DELAYLOOP
            RET
    T15S:                                ;在当前绿灯线路使转向绿灯点亮
            MOV     C,P1.0
            JNC     ABTG
            MOV     P1,#00100101B
            SJMP    T15SEXIT
    ABTG:
```

```
              MOV        P1,#00011010B
              T15SEXIT:
              RET
              ORG        4000H                   ;定义数码管倒计时显示的字符
DB    92H,0C0H,99H,90H,99H,80H,99H,0F8H,99H,82H,99H,92H,99H,99H,99H,0B0H,99H
DB    0A4H,99H,0F9H,99H,0C0H,0B0H,90H,0B0H,80H,0B0H,0F8H,0B0H,82H,0B0H,92H
DB    0B0H,99H,0B0H,0B0H,0B0H,0A4H,0B0H,0F9H,0A4H,82H,0A4H,92H,0A4H,99H,0A4H
DB    0B0H,0A4H,0A4H,0A4H,0F9H,0A4H,0C0H,0F9H,90H,0F9H,80H,0F9H,0f8H,0F9H,82H
DB    0F9H,92H,0F9H,99H,0F9H,0B0H,0F9H,0A4H,0F9H,0F9H,0F9H,0C0H,0C0H,90H,0C0H
DB    80H,0C0H,0f8H,0C0H,82H,0C0H,92H,0C0H,99H,0C0H,0B0H,0C0H,0A4H,0C0H,0F9H
DB    0C0H,0C0H
DELDIS:                                          ;以秒倒计时,并使数码管显示相应的倒计时时间
              CLR        A
              MOV        TMOD,#02H                ;方式 2,定时器
              MOV        TH0,#206D
              MOV        TL0,#206D                ;机器周期= 12÷12MHz= 1μs
                                                 ;(256-206)×1μs= 50μs
                                                 ;定时常数= 206
                                                 ;对 50μs 中断计数 20000 次,就是 1s
              SETB       TR0                      ;开始定时
              MOV        30H,#HIGH(20000)
              MOV        30H+ 1,#LOW(20000)
      LOOP1:
              SETB       P2.0
              MOVC       A,@A+DPTR
              MOV        P0,A
              ACALL      DELAY
              INC        DPTR
              CPL        P2.0
              CLR        A
              MOVC       A,@A+DPTR
              MOV        P0,A
              ACALL      DELAY
              MOV        A,DPL                    ;以下 6 行代码为实现 DPTR-1
              ADD        A,#0FFH
              MOV        DPL,A
              MOV        A,DPH
              ADDC       A,#0FFH
              MOV        DPH,A
              CLR        A
              CJNE       R0,#0H,LOOP1
              RET
              END
```

【单元小结】

中断系统是单片机的重要组成部分。利用中断技术能够更好地发挥单片机系统的处理能力，有效解决慢速工作的外围设备与快速工作的 CPU 之间的矛盾，从而提高 CPU 的工作效率，提高单片机的实时处理能力，在自动检测、实时控制、应急处理等方面应用广泛。

本单元主要介绍了与中断有关的概念：中断、中断源、中断控制、中断响应等。80C51 单片机中断系统提供了 5 个中断源，即外部中断 0 和外部中断 1、定时/计数器 T0 和 T1 溢出中断和串行口中断。5 个中断源分两个优先级，由 IP 寄存器来设定它们的优先级情况。而 CPU 对所有中断源及某个中断源的开放和禁止，是由中断允许寄存器 IE 来设置的。

在本单元的任务中，着重介绍了单片机外部中断的具体应用。在任务一中，应用单片机的外部中断 0，采用中断与查询相结合的方法进行了四位抢答器的设计；在任务二中，应用了单片机的两个外部中断，实现了外部中断控制的交通灯的设计。通过两个任务的学习与实践，使学生能够基本掌握外部中断应用系统的设计方法。

【自我测试】

一、填空题

1. CPU 暂停正在处理的工作转去处理紧急事件，称为_____，待处理完后，再回到原来暂停处继续执行，称为_____。

2. 80C51 单片机的中断系统由_____、_____、_____、_____等寄存器组成，其中断源有_____、_____、_____、_____和_____。

3. 80C51 单片机的中断矢量地址有_____、_____、_____、_____和_____。

4. 80C51 单片机的中断系统有个_____优先级，它们是由_____来控制的。

5. 对于外部中断 1，若采用边沿触发方式，则需要对_____进行设置。

二、选择题

1. 当 CPU 响应外部中断 0 的中断请求后，程序计数器 PC 的内容是_____。

A. 0003H   B. 000BH   C. 0013H   D. 001BH

2. 80C51 单片机在同一级别里除了串行口中断外，优先级最低的中断源是_____。

A. 外部中断 0   B. 外部中断 1   C. 定时器 0   D. 定时器 1

3. 在中断系统初始化时，不包括的寄存器为_____。

A. TCON   B. IP   C. IE   D. PSW

4. 当外部中断 0 发出中断请求后，中断响应的条件是_____。

A. SETB ET0   B. SETB EX0   C. MOV IE，#81H   D. MOV IE，#61H

5. 80C51 单片机 CPU 开中断的指令是_____。

A. SETB ES   B. SETB EA   C. CLR EA   D. SETB EX0

6. 在程序运行中，若不允许外部中断 0 中断，应该对下列哪一位清零_____。

A. EA   B. EX0   C. ET0   D. EX1

7. 80C51 单片机响应中断的过程是_____。

A. 断点 PC 自动压栈，将对应中断矢量地址装入 PC

B. 关中断，程序转到中断服务子程序

C. 断点压栈，PC 指向中断服务子程序地址

D. 断点 PC 自动压栈，将对应中断矢量地址装入 PC，程序转到该矢量地址，再转到中断服务子程序地址

三、简答题

1. 简述中断的概念及中断处理的全过程。

2. 80C51 单片机有几个中断源？各中断标志是如何产生的？又是如何复位的？

3. 外部中断源有电平触发和边沿触发两种触发方式，这两种触发方式在应用中有何不同，应怎样设定？

4. 在 80C51 单片机的中断源中，哪些中断在 CPU 响应后，中断请求标志位会自动清除？

5. 为什么在一般情况下，在中断入口地址区间要设置一条跳转指令，转移到中断服务程序的实际入口处？

四、训练题

1. 利用 80C51 单片机的 P1 口，检测某一按键，使每按键一次，输出一个正脉冲（宽度任意）。用查询和中断两种方式实现。画出电路图并编写程序。

2. 编写一个灯光控制程序。要求利用单片机 P0 口使对应的 8 个灯以闪灯方式输出，当外部有中断产生时 P0 口以循环点亮的方式输出。

3. 用外部中断 0 和外部中断 1 设计一个选举器，假设有甲、乙两人参加竞选，甲设一个键，乙设一个键，共有 50 人投票，选出得票多的人选。

单元五　定时/计数器的应用

【单元概述】

在单片机应用系统中，常常会有定时控制的要求，如定时输出、定时检测、定时扫描等，也经常要对外部数据进行计数。80C51 单片机内部有两个 16 位的可编程定时/计数器 T0 和 T1。本单元以学习 80C51 单片机的定时/计数器为基础，实现基本的定时和计数功能。

【学习目标】

（1）了解单片机的定时/计数器的工作原理。

（2）掌握定时/计数器常数的设定方法。

（3）学会设计与定时/计数器相关的应用程序。

【相关知识】

80C51 单片机内部有两个 16 位的可编程定时/计数器 T0 和 T1。它们既可以工作于定时模式（对机器周期进行计数），也可以工作于计数模式（对外部脉冲进行计数）。此外，T1 还可以作为串行口的波特率发生器。

一、定时/计数器的结构和工作原理

1. 定时/计数器的结构

80C51 单片机的定时/计数器由定时/计数器 0（T0）、定时/计数器 1（T1）、定时/计数器工作方式寄存器（TMOD）、定时/计数器控制寄存器（TCON）组成。

定时/计数器 T0、T1 实质上是 16 位的加 1 计数器，分别由两个 8 位的寄存器组成（T0 由 TH0 和 TL0 组成，T1 由 TH1 和 TL1 组成），每个寄存器均可以单独访问。TMOD 用于确定定时/计数器的工作方式和功能，TCON 用于控制定时/计数器 T0 和 T1 的启动、停止和设置溢出标志。TMOD、TCON 与 T0、T1 之间通过内部总线及逻辑电路连接。80C51 单片机定时/计数器的逻辑结构图如图 5－1 所示。

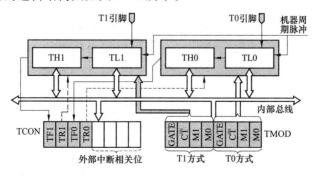

图 5－1　定时/计数器的逻辑结构图

2. 定时/计数器的工作原理

定时/计数器作为加 1 计数器，每输入一个计数脉冲，计数器加 1，当加到计数器全为 1 时，若再输入一个计数脉冲，就会使得计数器回零，同时产生"溢出事件"，使 TCON 中的溢出标志位 TF0 或 TF1 置 1，在定时/计数器被允许中断的情况下向 CPU 发出中断请求。由此可知，产生溢出事件的计数值为 $2^n -$ 计数初值，其中 n 为定时/计数器的位数。

当定时/计数器被设置为定时器模式时，计数脉冲是由系统的时钟振荡器输出脉冲经过 12 分频后送来的（称为机器周期脉冲），这时计数器对内部机器周期计数，即每过一个机器周期，计数器加 1，直至计满溢出，表示定时时间已到。由此可知，加 1 计数的次数与机器周期的乘积即为定时的时间。

📝 **思考**：在什么情况下定时时间最长？

当定时/计数器被设置为计数器模式时，计数脉冲是由 T0（P3.4）或 T1（P3.5）引脚输入的外部脉冲源送来的，由外部脉冲的下降沿触发计数。单片机在每个机器周期的 S5P2 期间采样 T0、T1 引脚的输入电平，当某周期采样值为 1，后一周期采样值为 0 时，计数器加 1。新的计数值在检测到输入引脚电平发生 1 到 0 的负跳变后，在下一个机器周期的 S3P1 期间装入计数器，可见，检测到一个从 1 到 0 的负跳变需要两个机器周期，因此最高检测频率为振荡频率的 1/24。计数器对外部输入信号的占空比没有特别的限制，但必须保证输入信号高电平与低电平的持续时间在一个机器周期以上。

二、定时/计数器的控制

80C51 单片机定时/计数器的工作由两个特殊功能寄存器控制。TMOD 用于设置定时/计数器的工作方式，TCON 用于控制其启动和中断请求。在启动定时/计数器工作之前，CPU 必须将一些命令（称为控制字）写入定时/计数器，这个过程称为定时/计数器的初始化。定时/计数器的初始化通过 TMOD 和 TCON 完成。

1. 工作方式寄存器 TMOD

工作方式寄存器 TMOD 用于设置定时/计数器的工作方式，其高 4 位用于 T1 的设置，低 4 位用于 T0 的设置，其含义完全相同。其格式如下：

D7	D6	D5	D4	D3	D2	D1	D0
GATE	C/$\overline{\text{T}}$	M1	M0	GATE	C/$\overline{\text{T}}$	M1	M0
	T1				T0		

（1）GATE：门控位。当 GATE＝0 时，只要用软件将 TCON 中的 TR0 或 TR1 置 1，就可启动定时/计数器工作；当 GATE＝1 时，除了要用软件将 TCON 中的 TR0 或 TR1 置 1 外，同时还必须保证外部中断引脚$\overline{\text{INT0}}$或$\overline{\text{INT1}}$也为高电平，才能启动定时/计数器工作。

（2）C/$\overline{\text{T}}$：定时/计数模式选择位。当 C/$\overline{\text{T}}$＝0 时为定时模式；当 C/$\overline{\text{T}}$＝1 时为计数模式。

（3）M1、M0：工作方式设置位。定时/计数器有 4 种工作方式，由 M1、M0 进行设置，见表 5 - 1。

表5-1   定时/计数器工作方式设置表

M1	M0	工作方式	说　明
0	0	方式0	13位定时/计数器，无初值自动重装功能
0	1	方式1	16位定时/计数器，无初值自动重装功能
1	0	方式2	8位定时/计数器，有初值自动重装功能
1	1	方式3	T0分成两个独立的8位定时/计数器，T1在此方式下停止计数

🌟说明：TMOD的字节地址为89H，不能按位访问，因此只能用字节指令设置定时/计数器的工作方式。

2. 控制寄存器TCON

TCON的低4位与外部中断设置相关，高4位用于控制定时/计数器的启停和溢出中断申请。其格式如下：

	D7	D6	D5	D4	D3	D2	D1	D0
	TF1	TR1	TF0	TR0	IE1	IT1	IE0	IT0

（1）TF1：T1溢出中断请求标志位。计数溢出时由硬件自动置1，在中断允许时，向CPU发出T1中断请求，CPU响应中断后TF1由硬件自动清0。在中断屏蔽时，TF1可以用作查询测试的标志，此时只能由软件清0。

（2）TR1：T1运行控制位。由软件置1或清0来启动或关闭T1。当GATE＝1，且$\overline{INT1}$为高电平时，TR1置1时才启动T1开始工作；当GATE＝0时，TR1置1时即可启动T1开始工作。TR1清0时T1停止工作。

（3）TF0：T0溢出中断请求标志位。其功能及操作同TF1。

（4）TR0：T0运行控制位。其功能及操作同TR1。

三、定时/计数器的工作方式

由前面介绍的工作方式寄存器TMOD可知，通过对TMOD中的M1、M0位进行设置，可以设置T0、T1的工作方式。80C51单片机的定时/计数器T0有4种工作方式（方式0、1、2、3），T1有3种工作方式（方式0、1、2），在前3种工作方式下，除了T0和T1所使用的寄存器、有关控制位、标志位不同外，其他操作完全相同。下面就以T0为例进行介绍。

1. 方式0

当TMOD的M1、M0为00时，定时/计数器工作于方式0。方式0可以构成一个13位的定时/计数器，其逻辑结构图如图5-2所示。

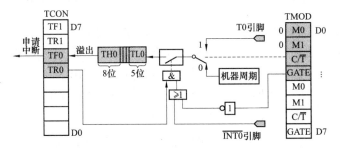

图5-2　定时/计数器T0（或T1）方式0的逻辑结构图

由图 5-2 可知，T0 作为 16 位的加法计数器，在方式 0 时只用了其中的 13 位，由 TH0 的 8 位和 TL0 的低 5 位（高 3 位未用）组成。当 TL0 的低 5 位溢出时自动向 TH0 进位，而 TH0 溢出时自动向中断请求标志位 TF0 进位，将 TCON 中的 TF0 位置 1，并向 CPU 发出中断请求。

当 $C/\overline{T}=0$ 时为定时模式，多路开关连接时钟信号的 12 分频器输出，对机器周期进行计数，每过一个机器周期，计数器加 1，此时 T0 为定时器，定时时长为

$$T=(2^n-X)\times机器周期=(2^{13}-T0\ 初值)\times时钟周期\times12$$

其中，T 为定时时长；2^n 为溢出值；X 为 T0 的初值。

当 $C/\overline{T}=1$ 时为计数模式，多路开关连接 T0 引脚，外部计数脉冲由 T0 引脚输入，当外部脉冲信号由 1 到 0 跳变时，计数器加 1，此时 T0 为计数器，计数个数为

$$N=2^n-X=2^{13}-T0\ 初值$$

其中，N 为计数个数；2^n 为溢出值；X 为 T0 的初值。

当门控位 GATE＝0 时，经反相后使得或门被封锁，输出为 1，$\overline{INT0}$ 信号无效，此时仅由 TR0 控制与门的开启。若 TR0＝1，则与门输出为 1，控制开关接通，定时器 0 从初值开始计数直至溢出。溢出时 13 位的加法计数器为 0，TF0 被置 1，向 CPU 发出中断申请。如果需要重循环计数，则定时器 0 需要重新写入初值，并且需要用软件将 TF0 复位。若 TR0＝0，则与门输出为 0，控制开关断开，停止计数。

当门控位 GATE＝1 时，$\overline{INT0}$ 控制或门的输出，此时由 $\overline{INT0}$ 引脚和 TR0 共同控制与门的开启。若 TR0＝1，当 $\overline{INT0}$ 引脚为高电平时，与门输出为 1，控制开关接通，开始计数；当 $\overline{INT0}$ 引脚为低电平时，与门输出为 0，控制开关断开，停止计数。

2. 方式 1

当 TMOD 的 M1、M0 为 01 时，定时/计数器工作于方式 1。方式 1 可以构成一个 16 位的定时/计数器，其逻辑结构图如图 5-3 所示。

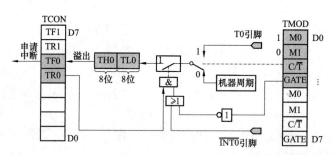

图 5-3　定时/计数器 T0（或 T1）方式 1 的逻辑结构图

由图 5-3 可知，T0 作为 16 位的加法计数器，在方式 1 时所有位全部使用，由 TH0 的 8 位和 TL0 的 8 位组成。当 TL0 溢出时自动向 TH0 进位，而 TH0 溢出时自动向中断请求标志位 TF0 进位，将 TCON 中的 TF0 位置 1，并向 CPU 发出中断请求。

在方式 1 时，不论是定时模式还是计数模式，其工作过程与方式 0 完全相同，差别仅在于定时/计数器位数的不同。所以方式 1 的定时时长为

$$T=(2^n-X)\times机器周期=(2^{16}-T0\ 初值)\times时钟周期\times12$$

计数个数为

$$N = 2^n - X = 2^{16} - T0 \text{ 初值}$$

【例 5-1】 假设单片机的晶振频率为 12MHz，要用定时/计数器 T0 实现 5ms 的延时，试分别计算出采用方式 0、方式 1 时需要写入 T0 的初值。

解 根据前面所学知识，当单片机晶振频率为 12MHz 时，机器周期为 1μs。根据定时时长计算方法 $T = (2^n - X) \times$ 机器周期，可得

$$5\text{ms} = (2^n - X) \times 1\mu\text{s}$$

方式 0 采用 13 位的计数器，故 n 值为 13，求得

$$X = (2^{13} - 5\text{ms}/1\mu\text{s}) = 8192 - 5000 = 3192 = 0\text{C78H}$$

即应将 0CH 送入 TH0，78H 送入 TL0。

方式 1 采用 16 位的计数器，故 n 值为 16，求得

$$X = (2^{16} - 5\text{ms}/1\mu\text{s}) = 65536 - 5000 = 60536 = 0\text{EC78H}$$

即应将 0ECH 送入 TH0，78H 送入 TL0。

3. 方式 2

当 TMOD 的 M1、M0 为 10 时，定时/计数器工作于方式 2。方式 2 可以构成一个 8 位的定时/计数器，其逻辑结构图如图 5-4 所示。

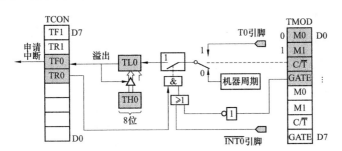

图 5-4　定时/计数器 T0（或 T1）方式 2 的逻辑结构图

由图 5-4 可知，方式 2 中 16 位的加法计数器被分成两个 8 位的计数器使用，T0 的高 8 位 TH0 和低 8 位 TL0，它们具有不同的功能，其中 TL0 是 8 位的计数器，TH0 是重置初值的 8 位缓冲器。

当 TL0 溢出时自动向中断请求标志位 TF0 进位，将 TCON 中的 TF0 置位 1 时，向 CPU 发出中断请求，并将 TH0 中的计数初值重新送入 TL0。TL0 从初值开始重新进入新一轮的加 1 计数，重复循环。方式 2 的定时时长为

$$T = (2^n - X) \times \text{机器周期} = (2^8 - T0 \text{ 初值}) \times \text{时钟周期} \times 12$$

计数个数为

$$N = 2^n - X = 2^8 - T0 \text{ 初值}$$

方式 0 和方式 1 用于循环计数，在每次计满溢出后，计数器的值为 0，若要进行新一轮的计数，还需要通过软件重新将计数初值写入计数器，导致给编程带来麻烦，而且会影响定时时间的精度。方式 2 具有初值自动重装的功能，弥补了上述缺陷，适合用于较精确的定时脉冲发生器。

【例 5 - 2】 假设单片机的晶振频率为 12MHz，要用定时/计数器 T0 实现 $250\mu s$ 的延时，试计算出采用方式 2 实现时需要写入 T0 的初值。

解 当单片机晶振频率为 12MHz 时，机器周期为 $1\mu s$。根据定时时长计算方法 $T = (2^n - X) \times$ 机器周期，可得

$$250\mu s = (2^n - X) \times 1\mu s = 2^8 - T0 \text{ 初值}$$
$$X = (2^8 - 250\mu s/1\mu s) = 256 - 250 = 6 = 06H$$

即应将 06H 分别送入 TH0、TL0。

思考：

（1）分析并计算方式 0、方式 1、方式 2 的最长定时时间和最大计数值。

（2）分析要产生比定时器最长定时时间还要长的定时，或者要求计数次数大于计数器最大计数值时，应该怎么办？

4. 方式 3

当 TMOD 的 M1、M0 为 11 时，定时/计数器工作于方式 3。方式 3 只适用于定时/计数器 T0，定时/计数器 T1 处于方式 3 时相当于 TR1 = 0，T1 停止计数。方式 3 的逻辑结构图如图 5 - 5 所示。

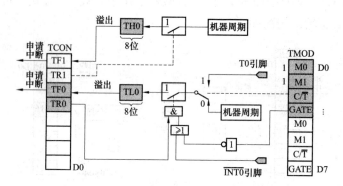

图 5 - 5　定时/计数器 T0 方式 3 的逻辑结构图

由图 5 - 5 可知，方式 3 中 T0 的 16 位加法计数器被分成两个独立的 8 位计数器 TH0 和 TL0。其中，TL0 使用 T0 的控制位、引脚和中断源，如 $C/\overline{T}$、GATE、TR0、TF0 控制位和 T0 引脚（P3.4）、$\overline{INT0}$引脚（P3.2）。当 TL0 溢出时自动向中断请求标志位 TF0 进位，将 TCON 中的 TF0 位置 1，向 CPU 发出中断请求。而 TH0 固定为定时模式（不能进行外部计数），使用 T1 的控制位 TR1、TF1 和中断源，TH0 的启动与停止受 TR1 的控制，TH0 溢出将 TF1 置为 1。

当 T0 工作于方式 3 时，定时/计数器 T1 仍然可以设置工作于方式 0、方式 1 或方式 2，但由于中断源和启动控制位 TR1、溢出标志位 TF1 都被 TH0 占用，因此 T1 不能发出中断请求，工作方式设定后将自动启动，如果要停止工作，只需将其工作方式设置为方式 3 即可。

在单片机串行通信应用中，T1 常作为串行口的波特率发生器。

四、定时/计数器应用举例

80C51 单片机的定时/计数器是可编程的，因此在应用定时/计数器进行定时或计数时，需要通过软件先对其进行初始化。初始化程序应完成的主要工作如下：

（1）对工作方式寄存器 TMOD 进行赋值，确定 T0 或 T1 的工作方式。

（2）计算初值，并将其写入 TH0、TL0 或 TH1、TL1。

（3）如果允许发中断请求，则对中断允许寄存器 IE 赋值，开放中断。

（4）置位 TR0 或 TR1，启动定时/计数器开始工作。

1. 定时应用

（1）定时时间较小时（小于最长定时时间）。假设单片机的晶振频率为 12MHz，则机器周期为 $1\mu s$。在四种工作方式中，方式 1 的定时时间最长，大约为 65ms。当定时时间较短时，可以直接选择采用某种工作方式即可完成定时任务。

【例 5-3】　应用定时/计数器 T0 实现 P1.0 所接 LED 灯每 20ms 亮灭闪烁一次的功能，设晶振频率为 12MHz。

解　要使 LED 灯每 20ms 亮灭闪烁一次，就需要定时/计数器 T0 完成 10ms 的定时。要实现 10ms 的定时，只能选择定时时间最长的方式 1，即 16 位的定时工作方式，不使用门控位。

1）对 TMOD 进行赋值。由上述分析知，工作方式寄存器 TMOD 低 4 位的配置情况为 GATE=0，$C/\bar{T}$=0，M1M0=01，得方式控制字为 01H，即将控制字 01H 赋值予 TMOD。

2）计算计数初值 X。完成 10ms 定时，计算出 $X=(2^{16}-10ms/1\mu s)=65536-10000=55536=0D8F0H$，即应将 0D8H 送入 TH0，0F0H 送入 TL0。

3）若采用中断方式，则开中断。将 IE 中的 CPU 中断允许位 EA 和 T0 中断允许位 ET0 置 1。

4）将 T0 启动控制位 TR0 置 1，启动 T0 开始工作。

程序清单：

```
        ORG     0000H
        LJMP    MAIN              ;跳转到主程序
        ORG     000BH             ;T0 的中断入口地址
        LJMP    INT_T0            ;跳转到中断服务程序
        ORG     0030H
MAIN:   MOV     TMOD, #01H        ;设置 T0 工作于方式 1
        MOV     TH0, #0D8H        ;装入计数初值
        MOV     TL0, #0F0H
        SETB    EA                ;CPU 开中断
        SETB    ET0               ;T0 开中断
        SETB    TR0               ;启动 T0 工作
        SJMP    $                 ;等待中断
INT_T0: CPL     P1.0              ;P1.0 取反输出
        MOV     TH0, #0D8H        ;重新装入初值
        MOV     TL0, #0F0H
        RETI                      ;中断返回
        END
```

也可以采用查询方式实现功能，若采用查询方式，就无须开中断。程序清单如下：

```
        ORG     0000H
        LJMP    MAIN              ;跳转到主程序
```

```
        ORG    0100H
MAIN:   MOV    TMOD, #01H          ;设置 T0 工作于方式 1
LOOP:   MOV    TH0,  #0D8H         ;装入计数初值
        MOV    TL0,  #0F0H
        SETB   TR0                 ;启动 T0 工作
        JNB    TF0,$               ;TF0= 0,等待
        CLR    TF0                 ;清 TF0
        CPL    P1.0                ;P1.0 取反输出
        SJMP   LOOP
        END
```

（2）定时时间较大时（大于最长定时时间）。当定时时间较大时，可以通过两种方法实现：第一种方法是采用一个定时器定时一定的时间间隔（如 20ms），然后用软件进行间隔计数；第二种方法是采用两个定时/计数器级联，其中一个用作定时器，另一个用作计数器，定时器用来产生周期信号（如 20ms 为一个周期），并将该周期信号送入另一个计数器的外部脉冲输入端进行脉冲计数。这两种方法中的计数值计满后即可获得较大的定时时间。

【例 5 - 4】 用 P1.0 引脚输出 5Hz 的音频信号驱动扬声器，作为报警信号，要求报警声音响、停交替进行。设系统晶振频率为 12MHz。

解　要产生 5Hz 的音频信号，就需要定时/计数器完成 200ms 的定时，这个时间大于定时/计数器最长的定时时间。因此可以采用上述第一种方法，通过选用一个定时/计数器定时 20ms，再由软件计数 10 次的方法实现。

1）对 TMOD 进行赋值。选 T0 用作定时器，工作于方式 1，不使用门控位，则工作方式寄存器 TMOD 低 4 位的配置情况为 GATE=0，$C/\overline{T}=0$，M1M0=01，得方式控制字为 01H，即将控制字 01H 赋予 TMOD。

2）计算计数初值 X。完成 20ms 定时，计算出 $X=2^{16}-20ms/1\mu s=65536-20000=45536=0B1E0H$，即应将 0B1H 送入 TH0，0E0H 送入 TL0。

3）若采用中断方式，则开中断。将 IE 中的 CPU 中断允许位 EA 和 T0 中断允许位 ET0 置1。

4）将 T0 启动控制位 TR0 置 1，启动 T0 开始工作。

程序清单：

```
        ORG    0000H
        LJMP   MAIN               ;跳转到主程序
        ORG    000BH              ;T0 的中断入口地址
        LJMP   INT_T0             ;跳转到中断服务程序
        ORG    0030H
MAIN:   MOV    TMOD,#01H          ;设置 T0 工作于方式 1
        MOV    TH0,  #0B1H        ;装入计数初值
        MOV    TL0,  #0E0H
        MOV    R7,#10             ;循环计数 10 次
        SETB   EA                 ;CPU 开中断
        SETB   ET0                ;T0 开中断
        SETB   TR0                ;启动 T0 工作
```

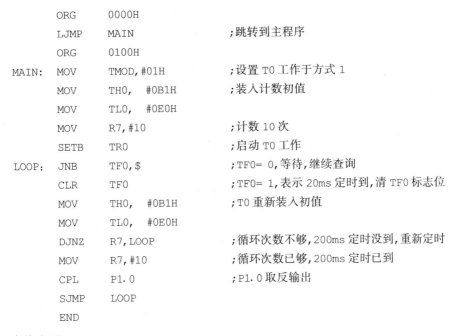

```
            SJMP    $                    ;等待中断
    INT_T0:  DJNZ    R7,NT0               ;循环次数不够,200ms 定时没到,重新定时
            MOV     R7,#10               ;循环次数已够,200ms 定时已到
            CPL     P1.0                 ;P1.0 取反输出
    NT0:     MOV     TH0, #0B1H           ;重新装入初值
            MOV     TL0, #0E0H
            RETI                         ;中断返回
            END
```

也可以采用查询方式，程序清单如下：

```
            ORG     0000H
            LJMP    MAIN                 ;跳转到主程序
            ORG     0100H
    MAIN:    MOV     TMOD,#01H            ;设置 T0 工作于方式 1
            MOV     TH0, #0B1H           ;装入计数初值
            MOV     TL0, #0E0H
            MOV     R7,#10               ;计数 10 次
            SETB    TR0                  ;启动 T0 工作
    LOOP:    JNB     TF0,$                ;TF0= 0,等待,继续查询
            CLR     TF0                  ;TF0= 1,表示 20ms 定时到,清 TF0 标志位
            MOV     TH0, #0B1H           ;T0 重新装入初值
            MOV     TL0, #0E0H
            DJNZ    R7,LOOP              ;循环次数不够,200ms 定时没到,重新定时
            MOV     R7,#10               ;循环次数已够,200ms 定时已到
            CPL     P1.0                 ;P1.0 取反输出
            SJMP    LOOP
            END
```

2. 计数应用

【例 5-5】 用定时/计数器 T1 以方式 2 完成计数，每计 100 个数实现累加器 A 的加 1 操作。试编写程序完成该任务。

解　要使定时/计数器 T1 计数 100 次，则可以选择方式 2 进行计数，即选择 8 位的计数工作方式，不使用门控位。

(1) 对 TMOD 进行赋值。由上述分析知，工作方式寄存器 TMOD 高 4 位的配置情况为 GATE＝0，C/$\overline{\text{T}}$＝1，M1M0＝10，得方式控制字为 60H，即将控制字 60H 赋予 TMOD。

(2) 计算计数初值 X。完成 100 次计数，计算出 $X = 2^8 - 100 = 256 - 100 = 156 = 9\text{CH}$，即应将 9CH 分别送入 TH1 和 TL1。

(3) 若采用中断方式，则开中断。将 IE 中的 CPU 中断允许位 EA 和 T1 中断允许位 ET1 置 1。

(4) 将 T1 启动控制位 TR1 置 1，启动 T1 开始工作。

程序清单:

```
        ORG     0000H
        LJMP    MAIN            ;跳转到主程序
        ORG     001BH           ;T1 的中断入口地址
        LJMP    CVT0            ;跳转到中断服务程序
        ORG     0030H
MAIN:   MOV     TMOD,#60H       ;设置 T1 工作于方式 2
        MOV     TH1,  #9CH      ;装入计数初值
        MOV     TL1,  #9CH
        SETB    EA              ;CPU 开中断
        SETB    ET1             ;T1 开中断
        SETB    TR1             ;启动 T1 工作
        SJMP    $               ;等待中断
CVT0:   INC     A               ;计数次数已到,累加器 A 加 1
        RETI                    ;中断返回
        END
```

也可以采用查询方式,程序清单如下:

```
        ORG     0000H
        LJMP    MAIN            ;跳转到主程序
        ORG     0030H
MAIN:   MOV     TMOD, #60H      ;设置 T1 工作于方式 2
        MOV     TH1, #9CH       ;装入计数初值
        MOV     TL1, #9CH
        SETB    TR1             ;启动 T1 工作
LOOP:   JBC     TF1,LOOP1       ;TF1= 1,转到 LOOP1
        SJMP    LOOP            ;TF1= 0,等待
LOOP1:  INC     A               ;计数次数已到,累加器 A 加 1
        AJMP    LOOP
        END
```

【例 5 - 6】 假设系统晶振频率为 12MHz,编程实现从 P1.1 引脚输出周期为 1s 的方波。

解 要产生周期为 1s 的方波,应进行 500ms 的周期性定时,定时一到则对 P1.1 取反。由于定时时间较长,一个定时/计数器不能直接实现,所以可以考虑采用两个定时/计数器级联的方法,实现较长时间的延时。即将 T0 作为定时器(定时 20ms),T1 作为计数器(计数 25 次)。定时/计数器 T0 每定时 20ms 便向 T1 提供一个计数脉冲,当计数器 T1 的计数值达到 25 次后,即可产生 500ms 的定时。

现设定时/计数器 T0 工作于定时方式 1,定时时长为 20ms;定时/计数器 T1 工作于计数方式 2,计数 25 次。两个定时/计数器都不使用门控位。

(1) 对 TMOD 进行赋值。由上述分析知,工作方式寄存器 TMOD 高 4 位、低 4 位的配置情况为 GATE=0, $C/\overline{T}=1$, M1M0=10;GATE=0, $C/\overline{T}=0$, M1M0=01;得方式控制字为 61H,即将控制字 61H 赋予 TMOD。

（2）计算计数初值 X。完成 20ms 定时，计算出 $X=2^{16}-20ms/1\mu s=65536-20000=45536=B1E0H$，即应将 0B1H 送入 TH0，0E0H 送入 TL0。完成 25 次计数，计算出 $X=2^8-25=256-25=231=0E7H$，即应将 0E7H 分别送入 TH1 和 TL1。

（3）若采用中断方式，则开中断；若采用查询方式，则无须开中断。

（4）将 T0、T1 启动控制位 TR0、TR1 置 1，启动 T0、T1 开始工作。

程序清单：

```
          ORG     0000H
          LJMP    MAIN              ;跳转到主程序
          ORG     0030H
   MAIN:  MOV     TMOD,#61H         ;设置 T0 工作于定时方式 1,T1 工作于计数方式 2
          MOV     TH0,#0B1H         ;装入定时器初值
          MOV     TL0, #0E0H
          MOV     TH1, #0E7H        ;装入计数器初值
          MOV     TH0, #0E7H
          SETB    TR0               ;启动 T0 工作
          SETB    TR1               ;启动 T1 工作
   LOOP:  SETB    P3.5
          JNB     TF0,$             ;TF0 不为 1,即 20ms 未到,等待,继续查询
          CLR     TF0               ;TF0 为 1,即 20ms 已到,清 TF0 标志位
          MOV     TH0, #0B1H        ;重新装入定时器初值
          MOV     TL0, #0E0H
          CLR  P3.5
          JNB     TF1,LOOP          ;TF0 不为 1,25 次计数不够,继续
          CLR     TF1               ;TF0 为 1,25 次计数已够,500ms 时间到
          CPL     P1.1
          SJMP    MAIN
          END
```

3. 利用定时/计数器进行外部中断的扩展

80C51 单片机有两个外部中断引脚。而在实际的应用系统中，若有两个以上的外部中断源，就需要进行外部中断的扩展。如前所述，扩展外部中断的方法主要有采用硬件电路扩展法、采用中断和查询相结合的扩展法、定时/计数器扩展法。

在某个应用系统中，若定时/计数器未使用，就可以利用其扩展外部中断源。扩展方法是将定时/计数器设置为计数方式，将计数初值设定为满程，将待扩展的外部中断源接到定时/计数器的外部计数引脚输入端，从该引脚输入一个下降沿信号，计数器加 1 后便产生定时/计数器溢出中断。因此，可以把定时/计数器的外部计数引脚作为扩展中断源的中断输入端。

【例 5 - 7】　利用 T0 扩展一个外部中断源。要求每来一个外部脉冲信号，使得 P1.0 所接的 LED 灯闪烁一次。

解　现将 T0 设置为计数模式，工作于方式 2，将 T0 外部计数引脚 P3.4 接到待扩展的外部中断源，TH0、TL0 的初值均为 0FFH，从引脚 P3.4 输入一个下降沿信号，计数器加 1 后便产生定时/计数器溢出中断，不使用门控位。

（1）对 TMOD 进行赋值。由上述分析知，工作方式寄存器 TMOD 低 4 位的配置情况为 GATE＝0，C/$\overline{\text{T}}$＝1，M1M0＝10，得方式控制字为 06H，即将控制字 06H 赋予 TMOD。

（2）计算计数初值 X。完成一次计数，计算出 $X＝2^8－1＝256－1＝255＝0FFH$，即应将 0FFH 分别送入 TH0 和 TL0。

（3）若采用中断方式，则开中断。将 IE 中的 CPU 中断允许位 EA 和 T0 中断允许位 ET0 置 1。

（4）将 T0 启动控制位 TR0 置 1，启动 T0 开始工作。

程序清单：

```
        ORG     0000H
        LJMP    MAIN            ;跳转到主程序
        ORG     000BH           ;T0 的中断入口地址
        LJMP    INT_T0          ;跳转到中断服务程序
        ORG     0030H
MAIN:   MOV     TMOD,#06H       ;设置 T0 工作于计数方式 2
        MOV     TH0,  #0FFH     ;装入计数初值
        MOV     TL0,  #0FFH
        SETB    EA              ;CPU 开中断
        SETB    ET0             ;T1 开中断
        SETB    TR0             ;启动 T1 工作
        SJMP    $               ;等待中断
INT_T0: SETB    P1.0            ;外部脉冲信号,P1.0 所接 LED 灯闪烁 1 次
        LCALL   DELAY           ;调用延时子程序
        CLR     P1.0
        LCALL   DELAY
        RETI                    ;中断返回
DELAY:  MOV     R6,#255         ;延时子程序
DEL1:   MOV     R7,#255
        DJNZ    R7,$
        DJNZ    R6,DEL1
        RET
        END
```

4. 门控位的应用

门控位 GATE 是控制外部输入脉冲对定时/计数器的控制的。当 GATE＝1 时，只有当 $\overline{\text{INT0}}$＝1（或$\overline{\text{INT1}}$＝1）且软件使 TR0（或 TR1）置 1 时，才能启动定时/计数器。利用这一特性，可以用来测量输入脉冲的宽度（即输入脉冲系统的机器周期数）。

【例 5 - 8】 测量$\overline{\text{INT0}}$引脚上出现的脉冲信号正脉冲的宽度（正脉冲持续几个机器周期），并将结果存放在 50H 和 51H 中。

解 现将 T0 设置为定时工作方式 1，且 GATE＝1，定时/计数器初值为 0，将 TR0 置 1，当$\overline{\text{INT0}}$引脚上出现高电平时，加 1 计数器开始对机器周期计数。当$\overline{\text{INT0}}$引脚上信号变为低电平时，停止计数，此时，定时/计数器 T0 的高 8 位 TH0、低 8 位 TL0 中的值即为正脉冲持续的机器周期数。

程序清单：

```
           ORG     0000H
           LJMP    MAIN              ;跳转到主程序
           ORG     0030H
MAIN:      MOV     TMOD,#09H         ;设置 T0 工作于定时方式 1,且 GATE= 1
           MOV     TH0,  #00H        ;装入计数初值
           MOV     TL0,  #00H
           MOV     R0,  #50H         ;设置地址指针初值
L1:        JB      P3.2,L1           ;等待INT0变低
           SETB    TR0               ;当INT0由高变低时,TR0= 1
L2:        JNB     P3.2,L2           ;等待INT0变高,启动定时
L3:        JB      P3.2,L3           ;等待INT0变低
           CLR     TR0               ;当INT0由高变低时,停止定时
           MOV     @R0,TL0           ;存放结果
           INC     R0
           MOV     @R0,TH0
           SJMP    $
           END
```

运行上述程序后，只要将 51H、50H 两个单元的内容转化为十进制数，再乘以机器周期就可以得到脉冲宽度。

【单元任务】

任务一　音乐门铃的制作

一、任务导入

声音是由物体振动产生的，不同的振动频率会发出不同的声音，有规律的振动发出的声音称为"乐音"，该任务是应用单片机的定时/计数器产生不同频率的信号，实现音乐门铃的制作。

二、任务分析

通过应用单片机定时/计数器的工作原理，用 P1.0 作为门铃按键的输入端，P1.1 作为声音信号的输出端，声音信号经过放大电路送入扬声器发声。此任务由浅入深，逐步完成，可以分为以下几个子任务：

（1）子任务一：实现"嘀、嘀"的报警声。

（2）子任务二：实现"嘀、嘀"的报警门铃。

（3）子任务三：实现"叮"、"咚"的简单音乐门铃。

（4）子任务四：实现单片机演奏乐曲的音乐门铃。

三、任务实施

（一）子任务一

1. 硬件设计

在此任务中，只实现输出报警声音，没有按键操作。因此，我们将 P1.1 作为输出端，

与音频放大模块的输入端相连。音频放大模块的输出端接一个扬声器，作为模拟门铃。硬件电路原理图如图 5-6 所示。

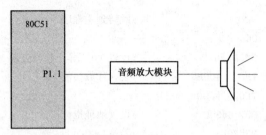

图 5-6 实现"嘀、嘀"报警声硬件电路原理图

2. 软件设计

生活中我们常常听到"嘀、嘀"的报警声音时，实现这种报警声音时，可以利用单片机的定时/计数器 T0 来完成。使 T0 工作于方式 1，每次定时 20ms，定时 10 次，使得扬声器响 200ms、停 200ms，反复循环响、停各 5 次后停止。中断方式程序流程图如图 5-7 所示。

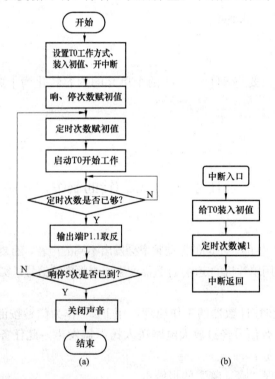

图 5-7 实现"嘀、嘀"报警声中断方式程序流程图
(a) 主程序流程图；(b) 中断服务子程序流程图

(1) 设置 T0 工作方式。TMOD 低 4 位中的 GATE＝0，C/$\overline{T}$＝0，M1M0＝01（方式 1），高 4 位全为 0。将 01H 写入工作方式控制寄存器 TMOD。

(2) 给 T0 装入初值。假设晶振频率为 12MHz，则机器周期为 $1\mu s$，要产生 20ms 的定时，设计数初值为 X，则有 $X＝65536－20000＝45536＝0B1E0H$，计数值 X 为 0B1E0H。即将 0B1H、0E0H 分别写入到 T0 的高 8 位 TH0 和低 8 位 TL0。

（3）开中断。将 IE 寄存器的 EA、ET0 中断允许位置 1，将 82H 写入中断允许控制寄存器 IE。

（4）启动 T0 开始工作。将 T0 的启动控制位 TR0 置 1。

（5）程序清单。

主程序：

```
           ORG      0000H
           AJMP     MAIN              ;跳转到主程序
           ORG      000BH             ;T0 的中断入口地址
           AJMP     INT_T0            ;跳转到中断服务子程序
           ORG      0030H
  MAIN:    MOV      TMOD,#01H         ;设置 T0 的工作方式
           MOV      TH0,#0B1H         ;装入初值
           MOV      TL0,#0E0H
           MOV      IE,#82H           ;开中断
           MOV      R7,#10            ;响、停各 5 次,即重复定时次数
  L1:      MOV      R2,#10            ;定时次数送 R2,即定时 200ms
           SETB     TR0               ;启动 T0 工作
  LP:      CJNE     R2,#00H,LP        ;定时等待
           CPL      P1.1              ;P1.1 取反
           DJNZ     R7,L1             ;响、停不够 5 次,继续定时
           CLR      P1.1              ;响、停已够 5 次,结束
           CLR      TR0               ;T0 停止工作
           MOV      IE,#00H           ;关中断
           SJMP     $
```

中断服务子程序：

```
INT_T0:    MOV      TH0,#0B1H         ;重新装入定时初值
           MOV      TL0,#0E0H
           DEC      R2                ;定时次数减 1
           RETI                       ;中断返回
           END
```

（二）子任务二

1. 硬件设计

实现报警门铃需要有门铃按键，将单片机 P1.0 作为输入端，接门铃按键，P1.1 作为输出端，与音频放大模块的输入端相连。硬件电路原理图如图 5-8 所示。

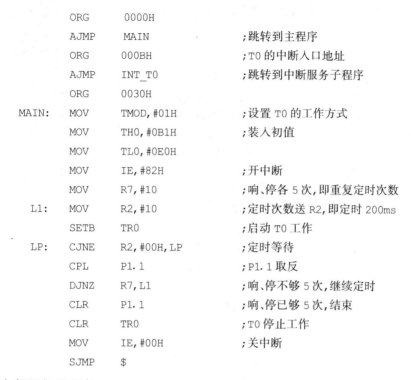

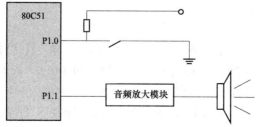

图 5-8　实现"嘀、嘀"报警门铃电路原理图

2. 软件设计

每按门铃按键一次，门铃"嘀、嘀"声响、停5次。定时参数的设置、定时方式等均与子任务一相同，只是增加了按键环节，需要判断按键是否被按下，若按键被按下，则执行以上操作，若按键没有按下，则结束。主程序流程图如图5-9所示。

程序清单：

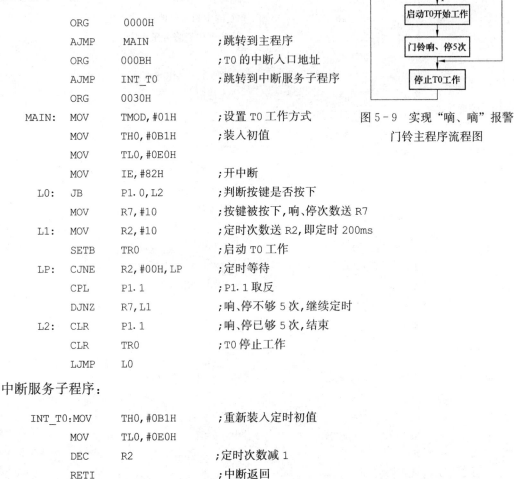

图5-9　实现"嘀、嘀"报警门铃主程序流程图

```
          ORG    0000H
          AJMP   MAIN          ;跳转到主程序
          ORG    000BH         ;T0的中断入口地址
          AJMP   INT_T0        ;跳转到中断服务子程序
          ORG    0030H
    MAIN: MOV    TMOD,#01H     ;设置T0工作方式
          MOV    TH0,#0B1H     ;装入初值
          MOV    TL0,#0E0H
          MOV    IE,#82H       ;开中断
    L0:   JB     P1.0,L2       ;判断按键是否按下
          MOV    R7,#10        ;按键被按下,响、停次数送R7
    L1:   MOV    R2,#10        ;定时次数送R2,即定时200ms
          SETB   TR0           ;启动T0工作
    LP:   CJNE   R2,#00H,LP    ;定时等待
          CPL    P1.1          ;P1.1取反
          DJNZ   R7,L1         ;响、停不够5次,继续定时
    L2:   CLR    P1.1          ;响、停已够5次,结束
          CLR    TR0           ;T0停止工作
          LJMP   L0
```

中断服务子程序：

```
    INT_T0:MOV   TH0,#0B1H     ;重新装入定时初值
           MOV   TL0,#0E0H
           DEC   R2            ;定时次数减1
           RETI                ;中断返回
           END
```

（三）子任务三

1. 硬件设计

硬件电路原理图同图5-8。

2. 软件设计

要求按下门铃按键后，音乐门铃产生一次"叮、咚"声，且"叮"、"咚"声各占0.5s。

"叮"、"咚"声对应的音频信号的频率分别为667Hz和500Hz，周期为1.5ms和2ms。因此，我们可以让单片机的定时/计数器产生周期为1.5ms和2ms的方波信号，再送给音频放大器即可。

假设单片机的晶振频率为12MHz，如果利用定时/计数器T0的方式2实现$250\mu s$的定时，那么周期为1.5ms的"叮"声方波就需要3个$250\mu s$的定时交替出现，而周期为2ms

的"咚"声方波需要经过 4 个 $250\mu s$ 的定时交替出现来完成。

　　由于"叮"、"咚"声各占 0.5s，如果定时/计数器每次完成 $250\mu s$ 的定时，那么就需要定时 2000 次。实现"叮"、"咚"简单音乐门铃的主程序流程图如图 5 - 10 所示。其中断服务子程序的流程图如图 5 - 11 所示。

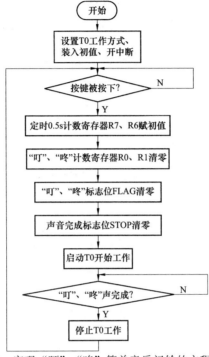

图 5 - 10　实现"叮"、"咚"简单音乐门铃的主程序流程图

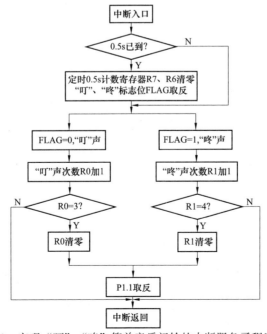

图 5 - 11　实现"叮"、"咚"简单音乐门铃的中断服务子程序流程图

（1）设置 T0 工作方式。TMOD 的低 4 位中的 GATE＝0，C/$\overline{\text{T0}}$，M1M0＝10（方式 2），高 4 位全为 0。将 02H 写入工作方式控制寄存器 TMOD。

（2）给 T0 装入初值。假设晶振频率为 12MHz，则机器周期为 1μs，要产生 250μs 的定时，设计数初值为 X，则有 $250\times10^{-6}=(2^8-X)\times1\times10^{-6}$，计数值 X 为 X＝256－250＝6＝06H，即将 06H 分别写入到 T0 的高 8 位 TH0 和低 8 位 TL0。

（3）开中断。将 IE 寄存器的 EA、ET0 中断允许位置 1，将 82H 写入中断允许控制寄存器 IE。

（4）启动 T0 开始工作。将 T0 的启动控制位 TR0 置 1。

（5）程序清单。

```
        FLAG    BIT   00H
        STOP    BIT   01H
        ORG     0000H
        AJMP    MAIN              ;跳转到主程序
        ORG     000BH             ;T0 的中断入口地址
        AJMP    INT_T0            ;跳转到中断服务子程序
        ORG     0030H
MAIN:   MOV     TMOD,#02H         ;设置 T0 工作于方式 2
        MOV     TH0,#06H          ;装入初值
        MOV     TL0,#06H
        MOV     IE,#82H           ;开中断
L0:     CLR     P1.1              ;关闭声音
        JB      P1.0,L2           ;判断按键是否按下
        MOV     R6,#20            ;0.5s 计时赋初值
        MOV     R7,#100
        MOV     R0,#00H           ;"叮"声次数清零
        MOV     R1,#00H           ;"咚"声次数清零
        CLR     FLAG              ;"叮"、"咚"标志位清零
        CLR     STOP              ;"叮"、"咚"停止位清零
        SETB    TR0               ;启动 T0 工作
        JNB     STOP,$            ;一次"叮"、"咚"未完成,等待
L2：    CLR     TR0               ;T0 停止工作
        LJMP    L0
```

中断服务子程序：

```
INT_T0: DJNZ    R6,DING           ;0.5s 计数值 R6 减 1 非零转移到 DING
        MOV     R6,#20            ;0.5s 计数值 R6 赋初值
        DJNZ    R7,DING           ;0.5s 未到,转到 DING
        MOV     R7,#100           ;0.5s 计数值 R7 赋初值
        JB      FLAG,STP          ;若 FLAG= 1,则转移到 STP
        CPL     FLAG              ;否则 FLAG 取反
        LJMP    DING
STP:    SETB    STOP              ;STOP 置 1
```

```
              LJMP      RETURN
     DING:    JB        FLAG,DONG          ;若 FLAG= 1,则转移到 DONG
              INC       R0
              MOV       A,  R0
              CJNE      R0,#03H,RETURN
              MOV       R0,  #00H
              CPL       P1.1
              LJMP      RETURN
     DONG:    INC       R1
              MOV       A,  R1
              CJNE      R0,#04H,RETURN
              MOV       R1,  #00H
              CPL       P1.1
     RETURN:  RETI
              END
```

（四）子任务四

1. 硬件设计

硬件电路原理图同图 5－8。

2. 软件设计

要求按下门铃按键后，音乐门铃演奏一曲音乐。

音乐是由音符组成的，不同的音符是由相应频率的振动产生的。一般来说，单片机不像其他乐器那样能奏出多种音色的声音，也就是说不包含相应幅度的谐振频率，单片机演奏的音乐基本上都是单音频率，因此单片机演奏音乐时只需明白"音调"和"节拍"两个概念即可。

音调用来表示一个音符的频率。知道了一个音符的频率后，要产生相应频率的声音信号，只要计算出该音频的半周期即可，每过半周期的时间，将单片机上对应声音的输出 I/O 引脚取反，就可以在此引脚上输出此频率信号，从而产生相应的音符信号。我们可以给定时/计数器赋初值，通过定时/计数器的定时中断来产生不同频率的方波，驱动扬声器发出不同的声音。那么，要如何确定一个频率所对应的定时/计数器的定时值呢？

现以标准高音 A 为例，标准高音 A 的频率 $f＝440Hz$，对应的周期为 $T＝1/f＝1/440＝2272\mu s$，因此需要在单片机的 I/O 端口输出周期为 $T＝2272\mu s$ 的方波脉冲信号，也就是单片机定时器的定时时间为 $T/2＝1136\mu s$。假设音符的演奏频率为 $f＝440Hz$，单片机的晶振频率为 $f_0＝12MHz$，定时/计数器 T0 采用方式 1 定时，则与音符半周期对应的定时器 T0 的计数初值 X 为

$$X=2^{16}-\frac{f_0}{2\times 12f}$$

若单片机的晶振频率为 $f_0＝12MHz$，则 C 调各音符的频率与定时初值的关系见表 5－2。

表 5－2　　　　　　　　　C 调各音符的频率与定时初值的关系

音符(低音)	频率（Hz）	定时初值	音符(中音)	频率（Hz）	定时初值	音符(高音)	频率（Hz）	定时初值
1 do	262	F88CH	1 do	523	FC44H	1 do	1046	FE22H
#1#do	277	F8F3H	#1#do	554	FC79H	#1#do	1199	FE3DH

音符(低音)	频率（Hz）	定时初值	音符(中音)	频率（Hz）	定时初值	音符(高音)	频率（Hz）	定时初值
2re	294	F95BH	2re	587	FCACH	2re	1175	FE56H
#2#re	311	F9B8H	#2#re	622	FCDCH	#2#re	1245	FE6EH
3mi	330	FA15H	3mi	659	FD09H	3mi	1318	FE85H
4fa	349	FA67H	4fa	698	FD34H	4fa	1397	FE9AH
#4#fa	370	FAB9H	#4#fa	740	FD5CH	#4#fa	1480	FEAEH
5sol	392	FB04H	5sol	784	FD82H	5sol	1568	FEC1H
#5#sol	415	FB4BH	#5#sol	831	FDA6H	#5#sol	1661	FED3H
6la	440	FB90H	6la	880	FDC8H	6la	1760	FEE4H
#6#la	466	FBCFH	#6#la	932	FDE8H	#6#la	1865	FEF4H
7si	494	FC0CH	7si	988	FE06H	7si	1976	FF03H

节拍表示一个音符持续的时间，通过节拍计算出每个音符所需要的时间，我们可以采用循环延时的方法来实现控制每个音符持续的时间。把乐谱中的音符和相应的节拍变换为定时常数和延时常数，作为数据表格存放在存储器中，由程序查表得到定时常数和延时常数，控制某一频率的声音持续的时间，从而构成一首完整的音乐。各节拍与时间的设定见表 5 - 3。

表 5 - 3　　　　　　　　　　　　各节拍与时间的设定

曲调值	1/4 拍时间（ms）	1/8 拍时间（ms）
调 4/4	125	63
调 3/4	187	94
调 2/4	250	125

现在我们就以实现简单的演奏 do（中音）、re、mi、fa、sol、la、si、do（高音）为例进行设计。设曲调值为调 2/4，则每个音符的延时时间为 250ms，重复演奏 5 轮。中音的 do、re、mi、fa、sol、la、si、do（高音）对应的定时/计数器初值分别为 0FC44H、0FCACH、0FD09H、0FD34H、0FD82H、0FDC8H、0FE06H、0FE22H，将这些初值建立一个表格，单片机通过查表指令来获取相应的数据。简单音乐门铃的程序流程图如图 5 - 12 所示。

程序清单：

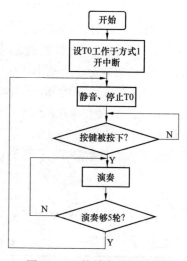

图 5 - 12　简单音乐门铃的
程序流程图

```
        ORG    0000H
        AJMP   MAIN        ;跳转到主程序
        ORG    000BH       ;T0 的中断入口地址
        AJMP   INT_T0      ;跳转到中断服务子程序
        ORG    0030H
MAIN:   MOV    SP, #50H
        MOV    TMOD,#01H   ;设置 T0 工作于方式 1
```

```
          SETB    ET0              ;开中断
          SETB    EA
          MOV     P0,#0FFH         ;设置 P0 为输入口
START:    CLR     P1.1             ;关闭声音
          CLR     TR0
          MOV     R3,#05H          ;演奏轮数保存在 R3 中
L0:       JB      P1.0,L0          ;判断按键是否按下
          LCALL   DELY2MS          ;延时去抖动
          JB      P1.0,L0
L1:       MOV     R2,#00H          ;音符定时初值表的偏移地址保存在 R2 中
          MOV     R4,#08H          ;演奏音符个数保存在 R4 中
L2:       LCALL SONG               ;调用演奏子程序
          LCALL   DELY250MS
          INC     R2
          DJNZ    R4,L2            ;一轮演奏是否结束
          DJNZ    R3,L1            ;演奏次数是否够 5 次
          SJMP    START
SONG:     MOV     A,  R2           ;演奏子程序
          MOV     DPTR,#TABLE      ;音符定时初值表的首地址送 DPTR
          MOVC    A,@A+DPTR
          MOV     R1,A             ;音符定时值低位
          INC     R2
          MOV     A,R2
          MOVC    A,@A+DPTR
          MOV     R0,A             ;音符定时值高位
          MOV     TL0,R1           ;定时/计数器初值
          MOV     TH0,R0
          SETB    TR0              ;启动定时/计数器 T0
          RET                      ;返回
DELY250MS:MOV     R5,#3            ;延时 250ms 子程序
DEL1:     MOV     R6,#200
DEL2:     MOV     R7,#200
          DJNZ    R7,$
          DJNZ    R6,DEL2
          DJNZ    R5,DEL1
          RET
DELY2MS:  MOV     R6,#4            ;延时 2ms 子程序
          MOV     R7,#248
          DJNZ    R7,$
          DJNZ    R6,DEL1
          RET
INT_TO:   PUSH    ACC              ;T0 中断服务子程序
          PUSH    PSW
```

```
        MOV     TL0,R1
        MOV     TH0,R0
        CPL     P1.1
        POP     PSW
        POP     ACC
        RETI
TABLE:  DW      0FC44H,0FCACH,0FD09H,0FD34H   ;中音1,2,3,4
        DW      0FD82H,0FDC8H,0FE06H,0FE22H   ;中音5,6,7,高音1
        END
```

任务二　音乐演奏器的制作

一、任务导入

通过应用单片机定时器的工作原理，可以实现固定乐曲的播放。在此基础上增加键盘，即可实现音乐演奏器（简易电子琴）的设计制作。

二、任务分析

在音乐门铃设计的基础上，在硬件电路中增加键盘部分，修改相应的软件程序，利用定时/计数器完成简易电子琴的设计。键盘按照接口原理可分为编码键盘和非编码键盘，而非编码键盘通常又有独立式和矩阵式两种。本任务中采用独立式键盘来完成音乐演奏器的设计。8个按键分别对应演奏 do（中音）、re、mi、fa、sol、la、si、do（高音）。

三、任务实施

1. 硬件设计

在音乐门铃的基础上，将一个按键用一个独立式键盘代替，就可设计出简易演奏器。用 P0 口作为键盘按键的输入端，使 P0.0～P0.7 分别对应按键 S1～S8，硬件电路图如图 5-13 所示。

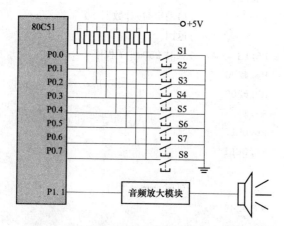

图 5-13　独立式键盘简易电子琴硬件电路图

2. 软件设计

采用查询式键盘实现按键操作，8 个按键分别代表 do（中音）、re、mi、fa、sol、la、

si、do（高音），即 S1 被按下时，演奏 do（中音）；S2 被按下时，演奏 re；依次类推，S8 被按下时，演奏 do（高音）。程序流程图如图 5-14 所示。

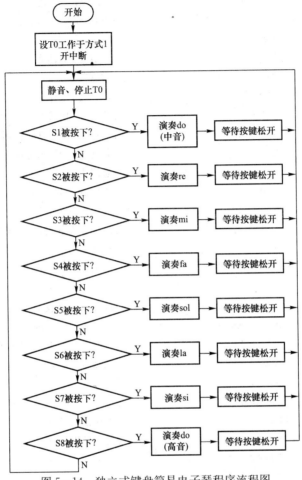

图 5-14　独立式键盘简易电子琴程序流程图

程序清单：

TUNE	DATA	22H	;TUNE 单元用来存放音调值
S1	BIT	P0.0	;P0.0 对应按键 S1
S2	BIT	P0.1	;P0.1 对应按键 S2
S3	BIT	P0.2	;P0.2 对应按键 S3
S4	BIT	P0.3	;P0.3 对应按键 S4
S5	BIT	P0.4	;P0.4 对应按键 S5
S6	BIT	P0.5	;P0.5 对应按键 S6
S7	BIT	P0.6	;P0.6 对应按键 S7
S8	BIT	P0.7	;P0.7 对应按键 S8
	ORG	0000H	
	LJMP	MAIN	
	ORG	000BH	;T0 中断服务程序入口地址
	LJMP	INT_T0	

```
              ORG    0030H
    MAIN:     MOV    SP,#50H
              MOV    TMOD,#01H           ;T0 工作于方式 1
              SETB   ET0                 ;开中断
              SETB   EA
              MOV    P0,#0FFH            ;设置 P0 为输入口
    START:    CLR    P1.1                ;静音
              CLR    TR0                 ;停止 T0 工作
    LOOP1:    MOV    A,P0                ;读入 P0 口状态
              CJNE   A,#0FFH,LOOP2       ;若有键按下,则转移到 LOOP2
              SJMP   LOOP1               ;若无键按下,则等待
    LOOP2:    LCALL DELY2MS              ;延时去抖动
              MOV    B,P0                ;再次读入 P0 口状态
              CJNE   A,B,LOOP1           ;若两次读入数据不同,表示无键按下
              JNB    ACC.0,KEY1          ;ACC.0 为 0 表示 S1 被按下,转移到 KEY1
              JNB    ACC.1,KEY2          ;ACC.1 为 0 表示 S2 被按下,转移到 KEY2
              JNB    ACC.2,KEY3          ;ACC.2 为 0 表示 S3 被按下,转移到 KEY3
              JNB    ACC.3,KEY4          ;ACC.3 为 0 表示 S4 被按下,转移到 KEY4
              JNB    ACC.4,KEY5          ;ACC.4 为 0 表示 S5 被按下,转移到 KEY5
              JNB    ACC.5,KEY6          ;ACC.5 为 0 表示 S6 被按下,转移到 KEY6
              JNB    ACC.6,KEY7          ;ACC.6 为 0 表示 S7 被按下,转移到 KEY7
              JNB    ACC.7,KEY8          ;ACC.7 为 0 表示 S8 被按下,转移到 KEY8
              SJMP   START
    KEY1:     MOV    TUNE,#0             ;do(中音)音的地址偏移量
              LCALL SONG                 ;调用演奏子程序
              JNB    S1,$                ;等待按键松开
              LJMP   START               ;返回
    KEY2:     MOV    TUNE,#2             ;re 音的地址偏移量
              LCALL SONG
              JNB    S2,$
              LJMP   START
    KEY3:     MOV    TUNE,#4             ;mi 音的地址偏移量
              LCALL SONG
              JNB    S3,$
              LJMP   START
    KEY4:     MOV    TUNE,#6             ;fa 音的地址偏移量
              LCALL SONG
              JNB    S4,$
              LJMP   START
    KEY5:     MOV    TUNE,#8             ;sol 音的地址偏移量
              LCALL SONG
              JNB    S5,$
              LJMP   START
```

```
KEY6:   MOV     TUNE,#10                    ;la 音的地址偏移量
        LCALL SONG
        JNB     S6,$
        LJMP    START
KEY7:   MOV     TUNE,#12                    ;si 音的地址偏移量
        LCALL SONG
        JNB     S7,$
        LJMP    START
KEY8:   MOV     TUNE,#14                    ;do(高音)音的地址偏移量
        LCALL SONG
        JNB     S8,$
        LJMP    START
SONG:   MOV     A,TUNE                      ;演奏子程序
        MOV     DPTR,#TABLE                 ;音符定时初值表的首地址送 DPTR
        MOVC    A,@ A+DPTR
        MOV     R1,A                        ;音符定时值低位
        INC     DPTR
        MOV     A,TUNE
        MOVC    A,@ A+DPTR
        MOV     R0,A                        ;音符定时值高位
        MOV     TL0,R1                      ;定时/计数器初值
        MOV     TH0,R0
        SETB    TR0                         ;启动定时/计数器 T0
        RET                                 ;返回
DELY2MS: MOV    R6,#4                       ;延时 2ms 子程序
    D1: MOV     R7,#248
        DJNZ    R7,$
        DJNZ    R6,D1
        RET
INT_T0: PUSH    ACC                         ;T0 中断服务子程序
        PUSH    PSW
        MOV     TL0,R1
        MOV     TH0,R0
        CPL     P1.1
        POP     PSW
        POP     ACC
        RETI                                ;中断返回
TABLE:  DW      0FC44H,0FCACH,0FD09H,0FD34H  ;中音 1,2,3,4
        DW      0FD82H,0FDC8H,0FE06H,0FE22H  ;中音 5,6,7,高音 1
        END
```

【单元小结】

80C51 单片机内部有两个 16 位的可编程定时/计数器 T0 和 T1，它们都可以分为两个 8

位的寄存器使用，即 T0 分为高 8 位的 TH0 和低 8 位的 TL0，T1 分为高 8 位的 TH1 和低 8 位的 TL1。每个定时/计数器都可以通过 TMOD 中的 C/$\overline{T}$ 位设定为定时模式或计数模式，当工作于定时模式时，是对内部机器周期进行加 1 计数，而工作于计数模式时，是对外部脉冲信号进行加 1 计数。不论作定时器用，还是作计数器用，它们都有 4 种工作方式，由 TMOD 中的 M1、M0 进行设定，即方式 0 为 13 位计数器；方式 1 为 16 位计数器；方式 2 为具有自动重装初值功能的 8 位计数器；方式 3 为 T0 分为两个独立的 8 位计数器，T1 停止工作。

定时/计数器除了具有基本的定时和计数功能外，还可以用于外部中断源的扩展。定时/计数器的启、停由 TMOD 中的 GATE 位和 TCON 中的 TR1、TR0 位控制（软件控制），或由 $\overline{INT0}$、$\overline{INT1}$ 引脚输入的外部信号控制（硬件控制）。

在本单元的任务一中，通过由易到难的几个子任务着重训练了利用单片机定时/计数器实现音乐门铃的设计方法；任务二在任务一的基础上，增加了独立式键盘的按键操作，训练了简单音乐演奏器的制作方法。通过各项任务的学习与实施，使学生能够基本掌握定时/计数器在实际生活中的应用方法。

【自我测试】

一、填空题

1. 定时/计数器 T0、T1 的启动控制位是____和____，溢出标志位是____和____。

2. 设定时/计数器 T0 为方式 1 定时，定时/计数器 T1 为方式 1 计数，则工作方式控制寄存器 TMOD 的值应为_____。

3. 若 TMOD 的值为 0A5H，则定时/计数器 T0 的状态是_____，定时/计数器 T1 的状态是_____。

4. 若 80C51 单片机的晶振频率为 12MHz，则最大定时时间为_____，若晶振频率为 6MHz，则最大定时时间又为_____。

5. 判断定时/计数器 T0 计满数就转到 LP 处的指令是_____。

6. 用定时/计数器 T0 的计数方式 2 扩展外部中断时，应给 T0 赋的初值为_____。

7. 启动定时/计数器 T0 开始工作的指令是_____。

二、选择题

1. 80C51 单片机的定时/计数器 T0 用作定时方式时是_____。

A. 由内部时钟频率定时，一个时钟周期加 1

B. 由内部时钟频率定时，一个机器周期加 1

C. 由外部时钟频率定时，一个时钟周期加 1

D. 由外部时钟频率定时，一个机器周期加 1

2. 80C51 单片机的定时/计数器 T1 用作计数方式时的计数脉冲是_____。

A. 外部计数脉冲，由 P3.4 输入

B. 外部计数脉冲，由 P3.5 输入

C. 外部计数脉冲，由内部时钟频率提供

D. 外部计数脉冲，不用输入

3. CPU 响应定时/计数器 T0 溢出中断时，其溢出标志位 TF0 的清零方式是_____。

A. 由软件清零　　B. 硬件自动清零　　C. 处于随机状态　　D. A、B 都可

4. 若 80C51 单片机的定时/计数器 T1 工作于定时方式 1，则方式控制字可以设为_____。

A. 01H　　　　B. 02H　　　　C. 10H　　　　D. 20H

5. 若 80C51 单片机的定时/计数器 T0 工作于计数方式 2，则方式控制字可以设为_____。

A. 02H　　　　B. 20H　　　　C. 06H　　　　D. 60H

6. 下列关于 TH0、TL0 的叙述正确的是_____。

A. TH0 和 TL0 均为 16 位的寄存器

B. TH0 寄存器存放计数值的高 8 位，TL0 寄存器存放计数值的低 8 位

C. TH0 寄存器存放计数值的低 8 位，TL0 寄存器存放计数值的高 8 位

D. 工作时 TH0 和 TL0 必须存放相同的值

7. 定时/计数器 T1 溢出后被置 1 的标志位是_____。

A. TF0　　　　B. TR0　　　　C. TF1　　　　D. TR1

三、简答题

1. 定时/计数器工作于定时和计数模式时有何异同？

2. 简述 TMOD、TCON 寄存器中有关定时/计数器的控制位的名称、含义和作用。

3. 定时/计数器的三种工作方式 0、1、2 各有何特点？

4. 定时/计数器 T0 工作于方式 3 时，T0、T1 如何运作？

5. 要求定时/计数器的运行控制完全由 TR1、TR0 确定和完全由 $\overline{INT0}$、$\overline{INT1}$ 控制时，在初始化程序中应如何处理？

四、训练题

1. 假设单片机的晶振频率为 12MHz，要求从 P1.0 引脚输出 1000Hz 的方波。试设计程序实现。

2. 用定时/计数器 T1 的方式 2，在 P3.0 引脚上产生方波信号，使一个周期内的高电平维持 $50\mu s$，低电平维持 $100\mu s$。

3. 假设单片机的晶振频率为 12MHz，用定时/计数器 T1 对外部事件进行计数，要求每计够 100 个数，就将 T1 改为定时方式，控制 P1.0 输出一个脉宽为 10ms 的正脉冲，然后又转为计数方式，如此反复循环。试设计程序。

4. 用定时/计数器 T0 产生定时时钟，由 P1 口控制 8 个发光二极管。试编写程序，使 8 个发光二极管依次闪烁，即每个发光二极管点亮 1s 后熄灭并点亮下一个发光二极管。

5. 试用定时/计数器 T0 扩展外部中断，实现以下设计要求，即设计一个电路，由 P0 口连接 8 个发光二极管完成闪灯控制，要求当有外部中断到来时，P0 口控制的 8 个发光二极管按流水灯依次点亮后再返回 P0 口闪灯控制状态。

单元六 串行通信的应用

【单元概述】

随着多微机系统的广泛应用和计算机网络技术的普及，计算机的通信功能越来越受到人们的重视。计算机与外界进行信息的交换即称作通信。通信的基本方式通常有两种：并行方式和串行方式。在多微机系统及现代检测控制系统中，信息的交换多采用串行通信方式。80C51 单片机内部有一个全双工的串行通信接口，可以同时发送和接收数据，发送和接收均可以工作在查询方式和中断方式。本单元以学习 80C51 单片机串行通信为基础，通过串行口完成对数据的发送和接收，从而实现双机及多机通信。

【学习目标】

（1）了解单片机串行通信的基本概念。

（2）掌握串行口的四种工作方式及应用。

（3）学会串行通信的硬件设计方法。

（4）学会编写串行通信的应用程序。

【相关知识】

"通信"是指信息的交换。计算机通信是指将计算机技术与通信技术相结合，完成计算机与外部设备或计算机与计算机之间的信息的交换。

计算机通信的基本方式有两种：串行通信和并行通信。并行通信是指计算机与外界进行通信时，将数据字节的各位用多条数据线同时进行传送，如图 6-1 所示。

可见，并行通信数据传输速度快，传送控制简单，但一个并行数据有多少位，就需要多少根数据传输线，由于在数据位数较多、长距离传输时成本较高，因此并行通信一般适合于近距离传输。

串行通信是指将数据字节的所有位一位一位地在传输线上进行传送，如图 6-2 所示。

图 6-1 并行通信方式

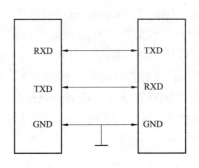

图 6-2 串行通信方式

可见，串行通信是按数据的位数逐位传送的，因此数据传输速度慢，传送控制复杂，但它需要的传输线较少，在数据位数较多，长距离传输时成本较低，因此串行通信一般适合于远距离传输。

一、串行通信概述

1. 串行通信数据传输的方向

串行通信按照数据传输的方向及时间关系可以分为单工方式、半双工方式、全双工方式。

（1）单工方式。数据只能向一个方向传输，如图 6-3 所示。

（2）半双工方式。允许数据分时向两个方向传输，如图 6-4 所示。

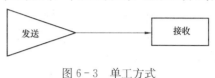

图 6-3　单工方式

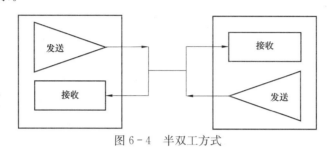

图 6-4　半双工方式

（3）全双工方式。数据可以同时向两个方向传输，如图 6-5 所示。

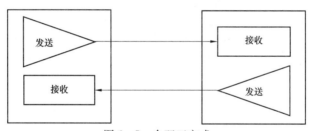

图 6-5　全双工方式

2. 异步通信和同步通信

按照发送与接收设备时钟的配置方式，串行通信可以分为异步通信和同步通信。

（1）异步通信。异步通信是指发送设备和接收设备使用各自的时钟控制数据的传输过程。为了使收发双方协调，要求发送设备和接收设备尽可能保持一致的时钟频率。

异步通信以字符（帧）为单位进行传输，传输的每个字符都以起始位 0 表示字符的开始，以停止位 1 表示字符的结束，数据位是在起始位之后、停止位之前。为了提高数据的准确性，可以在停止位之前加校验位，这样构成一帧，其帧格式如图 6-6 所示。

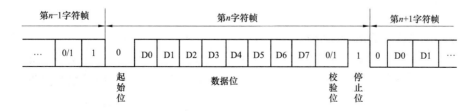

图 6-6　异步通信帧格式

1）起始位：位于字符帧开头，只占一位，为逻辑 0，用于向接收设备表示发送端开始发送一帧数据。

2）数据位：紧跟起始位之后，用户根据情况可将其设置为 5 位、6 位、7 位或 8 位，低位在前，高位在后。

3）奇偶校验位：位于数据位之后，仅占一位，也可以没有校验位。

4）停止位：位于字符帧的最后，为逻辑 1，通常可取 1 位、1.5 位或 2 位，用于向接收端表示一帧数据发送完毕。

异步通信是指一帧一帧进行数据的传输，帧与帧之间的间隙不固定，间隙处用空闲位（高电平）填补，每帧数据传输总是以逻辑 0 的起始位开始，逻辑 1 的停止位结束，数据传输可以随时或者不间断地进行，不受时间的限制。因此，异步通信的特点是：简单、灵活，易于实现，但每帧数据都要有起始位、校验位和停止位等附加位，各帧数据之间可能还有间隔，传输效率不高。

（2）同步通信。同步通信每一位数据的传输时间都是相等的，因此要求建立起发送方时钟对接收方时钟的直接控制，即发送与接收保持严格的同步。

同步通信以数据块为单位进行传输，将一大批数据分成几个数据块，数据块之间用同步字符予以分隔，即传送时在前面加一个或两个同步字符，在后面加校验字符。传输的各位二进制码间没有间隔，一帧之内也没有识别标志位，帧与帧之间也没有空闲时间，显然这种方式大大提高了数据的传输速度，但它的硬件控制较为复杂。由于 80C51 单片机的串行口属于通用异步收发器（UART），所以这里对同步通信不做详细介绍。

3. 波特率

波特率是指串行通信中每秒钟传输的二进制的位数，单位为 bit/s。常用的波特率有300、600、1200、2400、4800、9600bit/s 等。

4. 通信协议

通信协议是通信双方事先约定，共同遵守的一个协议。在通信中，只有双方同时满足协议要求，才能进行通信。一般来说，通信协议分为电气协议和软件协议。

电气协议主要规定了通信的电气特性，对接口、信号等做出了详细的说明。串行通信协议主要有 RS-232C、RS-485、RS-422 等。

电气协议仅仅是对通信的电气特性进行规定，也就是它仅仅只能保证硬件上的正确性，能完成数据的传输，但数据传输的正确与否无法保证。因此除了电气协议之外，还有软件协议。

软件协议的主要内容包括了数据格式、错误检测与处理，还可以包括各种通信中的命令、控制字等。在一个工作环境恶劣或通信距离较长的应用中，设计一个软件协议非常重要，可以保证数据传输的正确性。

二、80C51 单片机的串行通信接口

80C51 单片机有一个可编程的全双工的串行通信接口，可以同时发送和接收数据，其数据帧格式为 8 位、10 位或 11 位，并且可以设置不同的波特率，通过串行数据接收引脚 RXD（P3.0）和串行数据发送引脚 TXD（P3.1）与外界进行信息交换，发送、接收数据时可以通过查询方式和中断方式进行处理，使用十分灵活。它有 4 种工作方式，分别是方式 0、方式 1、方式 2 和方式 3。80C51 单片机串行口寄存器结构图如图 6-7 所示。

串行口寄存器的内部有两个相互独立的发送、接收缓冲器 SBUF，它们占用同一个地址99H。发送缓冲器不能读出，只能写入，由指令 MOV SBUF，A 把数据送入 SBUF，即完成写操作；接收缓冲器不能写入，只能读出，由指令 MOV A，SBUF 把数据送入累加器，即完成读操作。

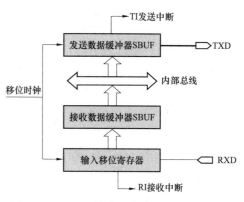

图 6-7　80C51 单片机串行口寄存器结构图

从用户使用的角度进行分析，80C51 单片机的串行口包含 3 个特殊功能寄存器：发送数据寄存器和接收数据寄存器合起来用一个特殊功能寄存器 SBUF（串行口数据寄存器）、串行口控制寄存器 SCON 和电源控制寄存器 PCON。

1. 串行口数据寄存器 SBUF

80C51 单片机串行口内部有两个物理上独立的接收、发送缓冲器 SBUF，分别用于存放接收到的数据和存放待发送的数据，共用一个地址99H，通过对 SBUF 的读、写指令来区别是对接收缓冲器还是对发送缓冲器进行的操作。CPU 在写 SBUF 时，就是修改发送缓冲器的内容；读 SBUF 时就是读取接收缓冲器的内容。

2. 串行口控制寄存器 SCON

串行口控制寄存器 SCON 用于选择串行口的工作方式和某些控制功能。其格式见表 6-1。

表 6-1　　　　串行口控制寄存器 SCON 的格式及各位名称与对应的地址

位	D7	D6	D5	D4	D3	D2	D1	D0
位名称	SM0	SM1	SM2	REN	TB8	RB8	TI	RI
位地址	9FH	9EH	9DH	9CH	9BH	9AH	99H	98H

对 SCON 中各位的功能描述如下：

（1）SM0、SM1：串行口工作方式选择位。可以选择 4 种工作方式，见表 6-2。

表 6-2　　　　　　　　　串行口的工作方式

SM0	SM1	方式	功能说明	波特率
0	0	0	同步移位寄存器方式（用于 I/O 扩展）	$f_{osc}/12$
0	1	1	8 位异步收、发，一帧为 10 位	可变
1	0	2	9 位异步收、发，一帧为 11 位	$f_{osc}/64$ 或 $f_{osc}/32$
1	1	3	9 位异步收、发，一帧为 11 位	可变

（2）SM2：多机通信控制位。用于方式 2 和方式 3。当串行口以方式 2 或方式 3 接收时，如果 SM2=1，只有当接收到的第 9 位数据（RB8）为"1"时，才将接收到的前 8 位数据送入 SBUF，并将 RI 置 1，向 CPU 发出中断请求；当接收到的第 9 位数据（RB8）为"0"时，则将接收到的前 8 位数据丢弃。如果 SM2=0，则不论接收到的第 9 位数据（RB8）为"0"还是为"1"，都将接收到的前 8 位数送进 SBUF，并将 RI 置 1，向 CPU 发出中断请求。在方式 1

时，如果 SM2=1，则只有当接收到停止位时才会激活 RI。在方式 0 时，SM2 必须为 0。

（3）REN：允许/禁止串行接收控制位。由软件置 1 或清 0，REN=1 为允许串行接收状态，可以启动串行接收器 RXD，开始接收信息；若 REN=0，则禁止接收。

（4）TB8：在方式 2 或方式 3 中，TB8 是要发送数据的第 9 位。按需要由软件置 1 或清 0。可以用作数据的奇偶校验位，在多机通信中表示地址帧/数据帧的标志位。其中，TB8=1 为地址帧，TB8=0 为数据帧。

（5）RB8：在方式 2 或方式 3 中，是接收到数据的第 9 位，可以用作数据的奇偶校验位或地址帧/数据帧的标志位。在方式 0 时，不用 RB8；在方式 1 时，如果 SM2=0，则 RB8 是接收到的停止位。

（6）TI：发送中断请求标志位。发送过程中，TI 必须保持低电平。在方式 0 时，当串行口发送第 8 位数据结束时，由硬件置 1。在其他方式时，串行口发送停止位开始时置 1。TI=1，表示一帧数据发送完毕，向 CPU 发出中断请求。在中断服务程序中，必须用软件将其清 0，取消此中断申请。

（7）RI：接收中断请求标志位。接收过程中，RI 必须保持低电平。在方式 0 时，当串行接收第 8 位数据结束时，由硬件置 1。在其他方式时，串行接收到停止位时，由内部硬件使 TI 置 1。RI=1，表示一帧数据接收完毕，向 CPU 发出中断请求。在中断服务程序中，必须用软件将其清 0，取消此中断申请。

由于串行发送中断标志和接收中断标志 TI 和 RI 是同一中断源，因此在向 CPU 提出中断请求时，必须由软件对 TI 和 RI 进行判别，以进入不同的中断服务。单片机复位时，SCON 各位均清零。

3. 电源控制寄存器 PCON

在电源控制寄存器 PCON 中，只有其最高位与串行通信有关。其格式见表 6-3。

表 6-3　　　　　　　　　电源控制寄存器 PCON 的格式

位	D7	D6	D5	D4	D3	D2	D1	D0
位名称	SMOD	—	—	—	—	—	—	—

SMOD 是波特率选择位。在工作方式 1、方式 2、方式 3 时，波特率与 SMOD 有关。当 SMOD=1 时，波特率提高一倍，因此也称 SMOD 为波特率倍增位。单片机复位时，SMOD 为 0。

三、80C51 单片机串行口的工作方式

80C51 单片机有 4 种工作方式，由 SCON 寄存器中的 SM0、SM1 位来进行设置。

1. 方式 0

串行口工作于方式 0 时为同步移位寄存器的输入/输出方式，其波特率固定为 $f_{osc}/12$,通常用于扩展并行 I/O 口。数据由 RXD 引脚输入或输出，移位脉冲由 TXD 引脚输出，发送和接收的数据均为 8 位，低位在前，高位在后。

（1）发送过程。在 TI=0 时，当 CPU 执行一条向 SBUF 写数据的指令时，如 MOV SBUF, A，就启动发送过程。经过一个机器周期，写入发送数据寄存器中的数据从 RXD 依次发送出去，同步时钟从 TXD 送出。8 位数据（一帧）发送完毕后，由硬件使发送中断标志 TI 置位，向 CPU 发出中断申请。

（2）接收过程。在 RI＝0 时，将 REN（SCON.4）置 1 就启动一次接收过程。串行数据通过 RXD 接收，同步移位脉冲通过 TXD 输出。在移位脉冲的控制下，RXD 上的串行数据依次移入移位寄存器。当 8 位数据（一帧）全部移入移位寄存器后，接收控制器发出"装载 SBUF"信号，将 8 位数据并行送入接收数据缓冲器中，同时，由硬件使接收中断标志 RI 置位，向 CPU 发出中断申请。

2. 方式 1

串行口工作于方式 1 时，是 10 位的帧格式，即一位起始位（0），8 位数据位（低位在前，高位在后）和一位停止位（1）。TXD 为数据发送引脚，RXD 为数据接收引脚，波特率可变，由定时/计数器 T1 的溢出率和电源控制寄存器中的 SMOD 位决定，即

$$波特率＝2^{SMOD}×（T1 的溢出率）/32$$

（1）发送过程。在 TI＝0 时，当 CPU 执行一条向 SBUF 写数据的指令时，如 MOV SBUF，A，就启动发送过程。数据由 TXD 引脚送出，发送时钟由定时/计数器 T1 送来的溢出信号经过 16 分频或 32 分频后得到。在发送时钟的作用下，从 TXD 引脚先送出一个低电平的起始位，然后送出 8 位数据位，最后送出一个高电平的停止位。一帧数据（10 位）发送完毕后，由硬件使发送中断标志 TI 置位，向 CPU 发出中断申请。

（2）接收过程。在 RI＝0 时，将 REN 置 1 就启动一次接收过程。接收器以所选择的波特率的 16 倍速率采样 RXD 引脚电平。当采样到 RXD 引脚从"1"到"0"的负跳变时，则说明起始位有效，将其移入输入移位寄存器，并开始接收这一帧数据的其余位，直到数据位、停止位全部移入为止。方式 1 接收到的第 9 位信息是停止位，它将进入 RB8，而数据的 8 位信息会进入 SBUF，这时由硬件使接收中断标志 RI 置位，向 CPU 发出中断申请。

3. 方式 2 和方式 3

串行口工作于方式 2 或方式 3 时，是 11 位的帧格式，即一位起始位（0），9 位数据位（低位在前，高位在后）和一位停止位（1）。发送的第 9 位数据存放于 TB8 中，接收的第 9 位数据存放于 RB8 中，TXD 为数据发送引脚，RXD 为数据接收引脚，方式 2 的波特率有 $f_{osc}/64$ 和 $f_{osc}/32$ 两种，方式 3 的波特率由定时/计数器 T1 的溢出率和电源控制寄存器中的 SMOD 位决定，即为波特率＝2^{SMOD}×（T1 的溢出率）/32。在方式 1 和方式 3 时，需要对定时/计数器 T1 进行初始化。

（1）发送过程。在 TI＝0 时，CPU 向 SBUF 写入数据时，就启动了串行口的发送过程，在启动发送之前，必须把要发送的第 9 位数据装入 SCON 寄存器中的 TB8 中。发送数据时前 8 位数据是从发送数据寄存器中取得的，第 9 位数据是从 TB8 中取得的，一帧数据发送完毕后，由硬件置 TI 为 1，向 CPU 发出中断申请。

（2）接收过程。方式 2 和方式 3 的接收过程与方式 1 类似，即在 RI＝0 的条件下，软件使接收允许位 REN 为"1"后启动接收过程。不同的是，接收到的第 9 位不是停止位，而是发送过来的 TB8 位，接收到该位数据之后存放于 SCON 的 RB8 中。

四、串行口的初始化

在使用串行口前，要对其进行初始化，初始化的主要内容有波特率的计算和串行口工作方式的设置。

1. 波特率的计算

在串行通信中，收发双方对发送数据和接收数据的速率要有约定。

（1）对于方式 0，波特率固定为 $f_{osc}/12$，随着外部晶振频率的不同，波特率也不同，常用的 f_{osc} 有 12MHz 和 6MHz。在此方式下，数据将自动地按固定的波特率进行发送和接收，完全不用设置。

（2）对于方式 2，设置波特率只需对 PCON 中的 SMOD 位进行设置，根据公式

$$方式 2 的波特率=2^{SMOD}\times f_{osc}/64$$

若 SMOD=0，则波特率为 $f_{osc}/64$；若 SMOD=1，则波特率为 $f_{osc}/32$。

（3）对于方式 1 和方式 3，波特率是由定时/计数器 T1 的溢出率决定的。相应公式为

$$方式 1、方式 3 的波特率=2^{SMOD}\times（T1 的溢出率）/32$$

因此设置波特率时不仅需要对 PCON 中的 SMOD 位进行设置，还要对定时/计数器 T1 进行设置，一般将定时/计数器 T1 设置为定时方式 2，则 T1 溢出率的计算公式为

$$T1 的溢出率=f_{osc}/[12\times（256-初值）]$$

根据上述两个计算公式可得方式 1 和方式 3 波特率的计算公式为

$$方式 1、方式 3 的波特率=\frac{2^{SMOD}}{32}\times\frac{f_{osc}}{12\times（256-初值）}$$

即可计算出波特率。

2. 串行口工作方式的设置

（1）根据选择的工作方式确定 SM0、SM1 位。

（2）对于方式 2 和方式 3 还要确定 SM2 位。

（3）如果是接收数据，需要将接收允许位 REN 置 1。

（4）如果是方式 2 和方式 3 发送数据，应将发送数据的第 9 位写入 TB8 中。

五、常用的串行通信接口标准

常用的串行通信接口标准有符合 IEEE 国家电气化标准的 RS-232C、RS-422A、RS-485C 等。

1. RS-232C 接口标准

RS-232C 是 EIA（美国电子工业协会）制定的标准，是异步串行通信中应用最广泛的总线标准。

（1）RS-232C 的引脚功能。RS-232C 的接口规定使用 25 针连接器，但在一般的应用中并不一定用到全部的信号线，通常用 9 针连接器代替 25 针连接器。9 针连接器的引脚如图 6-8 所示。

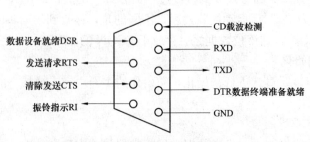

图 6-8　RS-232C 接口 9 针连接器的引脚

主要引脚的含义如下：

1）DSR：数据设备（DCE）准备就绪引脚，输入。用于接收联络。当 DSR 有效时，表明本地的数据设备（DCE）处于就绪状态。

2）DTR：数据终端（DTE）准备就绪引脚，输出。用于 DTE 向 DCE 发送联络。当 DTR 有效时，表示 DTE 可以接收来自 DCE 的数据。

3）RTS：发送请求引脚，输出。当 DTE 需要向 DCE 发送数据时，会向接收方（DCE）输出 RTS 信号。

4）CTS：发送允许或清除发送引脚，输入。作为"清除发送"信号使用时，由 DCE 输出，当 CTS 有效时，DTE 将终止发送；而作为"发送允许"信号使用时，正好相反，当接收方接收到 RTS 信号后进入接收状态，接收方准备就绪后向请求发送方回送 CTS 信号，发送方检测到 CTS 信号有效后，启动发送过程。

5）TXD：串行数据发送引脚，输出。

6）RXD：串行数据接收引脚，输入。

（2）电平转换。RS-232C 标准规定均采用 EIA 电平，在电气特性上采用负逻辑电平：
-3V～-15V 为逻辑"1"；+3V～+15V 为逻辑"0"。单片机串行口采用正逻辑的 TTL 电平，大于+2.4V 为逻辑"1"；小于+0.4V 为逻辑"0"。显然，RS-232C 信号电平与 TTL 电平不匹配，为了实现二者的连接，必须进行电平转换，通常采用的电平转换芯片有传输线发送器 MC1488（把 TTL 电平转换成 EIA 电平）、传输线接收器 MC1489（把 EIA 电平转换成 TTL 电平）和 MAX232 芯片。

MAX232 芯片能完成发送转换和接收转换的双重功能，由单一+5V 电源供电。MAX232 芯片引脚及连接如图 6-9 所示。

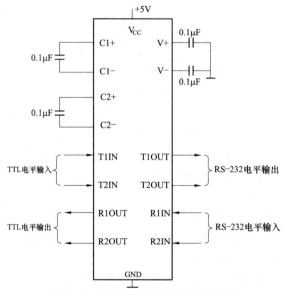

图 6-9 MAX232 芯片引脚及连接图

MAX232 芯片的各引脚说明如下：

1）C1+、C1-、C2+、C2-：外接电容端。

2）R1IN、R2IN：两路 RS－232 电平信号接收输入端。

3）R1OUT、R2OUT：两路转换后的 TTL 电平接收信号输出端，送单片机的 RXD 端。

4）T1IN、T2IN：两路 TTL 电平发送输入端，接单片机的 TXD 端。

5）T1OUT、T2OUT：两路转换后的发送 RS－232 电平信号输出端，接传输线。

6）V＋、V－：分别经电容接电源和地。

在实现双机通信时，信号采用 RS－232 电平传输，电平转换芯片采用 MAX232，连接线一般采用双绞线，传输距离一般不超过 15m，传输速率小于 20kbit/s。在要求信号传输速度快、传输距离远时，可以采用 RS－422A、RS－485 等通信标准。

2. RS－422A 和 RS－485 接口标准

当通信双方距离较远时，或实现多机通信时，可采用 RS－422A、RS－485 串行标准进行数据传输。RS－422A 和 RS－485 标准都是采用双线差分信号进行传输，能更有效地抑制远距离传输中的信号干扰。

与 RS－232C 标准相比，RS－422A 和 RS－485 标准有更快的传输速率和更远的传输距离，有更强的总线驱动和抗干扰能力。当传输距离为 100m 时，速率可以达到 1Mbit/s 以上；当传输距离为 1000m 时，速率可以达到 100kbit/s 以上，而且加中继器后传输距离可以更远。常用的电平转换芯片有 SN75174（SN75175）、MAX1480（MAX1481）。有关 RS－422A、RS－485 接口标准及接口芯片的具体用法请参阅相关文献。

【单元任务】

任务一　利用串行口扩展并行 I/O 口

一、任务导入

串行口的工作方式 0 通常用于并行 I/O 口的扩展。可以用 80C51 单片机的串行口外接并入串出的芯片，或者外接串入并出的芯片实现并行输入口、并行输出口的扩展。现要求利用单片机的串行口，通过外接芯片实现并行 I/O 口的扩展。

二、任务分析

80C51 单片机的串行口在方式 0 时，当外接一个串入并出的移位寄存器（如 CD4094 芯片）时，就可以实现并行输出口的扩展；当外接一个并入串出的移位寄存器（如 CD4014 芯片）时，就可以实现并行输入口的扩展。根据扩展并行 I/O 口使用芯片的不同，将此任务分为以下两个子任务：

（1）子任务一：单片机外接并入串出 CD4014 芯片扩展并行输入口，连续接收 8 组由开关提供的输入数据，将读入的数据转存到从内部 RAM 40H 开始的单元中。

（2）子任务二：单片机外接串入并出 CD4094 芯片扩展并行输出口，控制一组发光二极管，使发光二极管从左向右延时轮流点亮，并且不断地循环。

三、任务实施

（一）子任务一

1. 硬件设计

CD4014 芯片是 8 位的并入串出移位寄存器，当控制端 P/S＝1 时，8 位并行的数据D0～D7 置入到内部的寄存器中;当 P/S=0 时,在时钟信号的控制下,内部寄存器的内容按低位在前、高位在后的顺序从 QB 端串行输出。此时单片机的串行口工作于方式 0,TXD 端输出同步脉冲,8 位串行数据从 RXD 端输入。P/S 端由 P1.0 控制,硬件电路图如图 6-10 所示。

2. 软件设计

外接并入串出芯片 CD4014 扩展并行输入口,接收外部输入的 8 组数据,存入从内部 RAM 40H 开始的存储单元中。查询方式的程序流程图如图 6-11 所示。

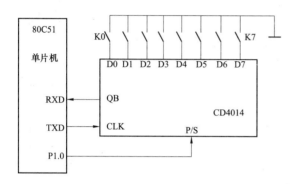

图 6-10 利用 CD4014 扩展并行输入口电路图

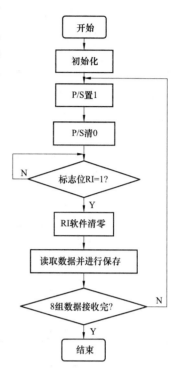

图 6-11 扩展并行输入口查询方式的程序流程图

程序清单:

```
        ORG  0000H
        AJMP MAIN                ;跳转到主程序
        ORG  0030H
MAIN:   MOV  R6,#08H             ;读入数据组数送 R6
        MOV  R1,#40H             ;存放数据的首地址送 R1
        CLR  ES                  ;禁止串行中断
        MOV  SCON,#10H           ;设串行口工作于方式 0,清 RI,启动接收
LP:     SETB P1.0                ;P/S 置 1,并行置入开关数据
        CLR  P1.0                ;P/S 清 0,开始串行传输
LOOP:   JNB  RI,LOOP             ;RI 为 0,未接收完毕,等待
        CLR  RI                  ;接收完毕清 RI,准备接收下一组
        MOV  A,SBUF              ;读取接收的数据
        MOV  @R1,A               ;送内部 RAM 区
        INC  R1                  ;指向下一个单元
        DJNZ R6,LP               ;计数器减 1 非 0,继续接收
        SJMP $
```

(二)子任务二

1. 硬件设计

CD4094 芯片是 8 位的串入并出移位寄存器,带有一个输出允许控制端 STB。当 STB=0

时，打开串行输入控制门，在时钟信号 CLK 的控制下，数据从串行输入端 DATA 依次输入（一个时钟周期输入一位）；当 STB=1 时，打开并行输出控制门，CD4094 中的 8 位数据并行输出。使用时单片机的串行口工作于方式 0，TXD 端接 CD4094 的 CLK 端，RXD 端接 DATA 端，STB 端用 P1.0 控制，8 位并行输出端接 8 个发光二极管，如图 6-12 所示。

2. 软件设计

外接串入并出芯片 CD4094 扩展并行输出口，控制发光二极管发光。查询方式的程序流程图如图 6-13 所示。

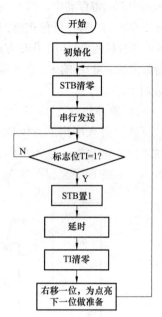

图 6-13　扩展并行输出口查询方式的程序流程图

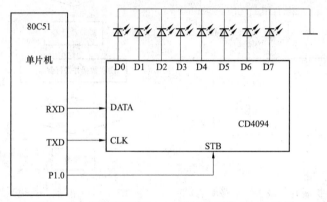

图 6-12　利用利用 CD4094 扩展并行输出口电路图

程序清单：

```
          ORG  0000H
          AJMP  MAIN                ;跳转到主程序
          ORG  0030H
MAIN:     MOV  SCON, #00H           ;设串行口工作于方式 0
          CLR  ES                   ;禁止串行中断
          MOV  A, #80H              ;先点亮最左边的发光二极管
LP:       CLR  P1.0                 ;关闭并行输出
          MOV  SBUF,A               ;数据送 SBUF,启动串行输出
LOOP:     JNB  TI, LOOP             ;TI 为 0,未发送完毕,等待
          SETB  P1.0                ;TI 为 1,发送完毕,启动并行输出
          ACALL  DELAY              ;调用延时子程序
          CLR  TI                   ;软件清 TI
          RR  A                     ;右移一位,准备显示下一位
          SJMP  LP                  ;转移,继续发送
          SJMP  $
```

📝 思考：试分析若采用中断方法，应如何修改程序。

任务二　单片机点对点双机通信

一、任务导入

进行双机通信时，一般是通过双方的串行口进行的，双机通信也称为点对点的异步通信。这种通信方式通常既可以用于单片机与 PC 机之间的数据传输，也可以用于单片机之间的数据传输。现要求通过串行方式 1 实现甲、乙两台单片机的串行通信。

二、任务分析

双机通信通过串行口进行，串行口的连接方式有多种，根据实际需要进行选择。若通信双方距离特别近时（小于 5m），可以采用单片机自身的 TTL 电平直接传输信息；若通信双方距离稍远时（大于 5m，但小于 15m），可以采用 RS - 232C 电平信号传输；若通信双方距离较远时（大于 15m），可以采用 RS - 422A 和 RS - 485C 串行标准进行数据传输。在此，我们主要介绍的是小于 5m 的和介于 5m 与 15m 之间的双机通信，有关更远距离的双机通信可以根据需要查阅相关资料。

（1）子任务一：甲、乙两机距离较近时（小于 5m），将甲机片内 RAM 中 30H～3FH 单元的内容传送到乙机片内 RAM 的 40H～4FH 单元中。

（2）子任务二：甲、乙两机距离较远时（大于 5m，但小于 15m），将甲机片内 RAM 中 30H～3FH 单元的内容传送到乙机片内 RAM 的 40H～4FH 单元中。

三、任务实施

（一）子任务一

1. 硬件设计

要实现甲、乙两台单片机点对点的双机通信（通信距离较近时，如两个单片机在同一电路板或同一机箱内），可以利用单片机自身的 TTL 电平直接传输信息，只需将甲机的 TXD 端与乙机的 RXD 端相连，将甲机的 RXD 端与乙机的 TXD 端相连，地线与地线相连。近程时双机通信的连接电路如图 6 - 14 所示。

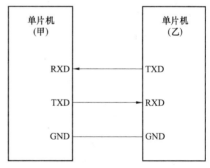

图 6 - 14　近程时双机通信的连接电路图

2. 软件设计

甲、乙两机串行口都选择工作方式 1，即 8 位异步通信方式，最高位用作奇偶校验，波特率为 1200bit/s，甲机发送，乙机接收，因此甲机的串行口控制字 SCON 为 40H，乙机的串行口控制字 SCON 为 50H。

串行口工作在方式 1，波特率由定时/计数器 T1 的溢出率和电源控制寄存器 PCON 中的 SMOD 位决定，因此需要对定时/计数器 T1 进行初始化。设 SMOD＝0，甲、乙两机的振荡频率为 12MHz。定时/计数器 T1 选择方式 2，则初值为

$$初值＝256-2^{SMOD} \times f_{osc} / (12 \times 波特率 \times 32)$$
$$＝256-12000000 / (12 \times 1200 \times 32) \approx 230 \approx 0E6H$$

为了使 T1 工作在定时方式 2 下，定时/计数器 T1 的方式控制字 TMOD 应为 20H。

甲机发送、乙机接收的程序流程图如图 6 - 15 所示。

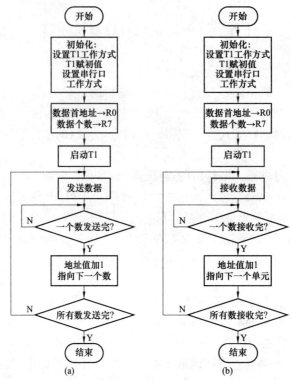

图 6-15　甲机发送、乙机接收的程序流程图

(a) 甲机发送程序流程图；(b) 乙机接收程序流程图

程序清单：

甲机发送程序清单：

```
        ORG   0000H
        AJMP  MAIN1                ;跳转到主程序
        ORG   0030H
MAIN1:  MOV   TMOD,#20H            ;设 T1 工作于方式 2
        MOV   TL1,#0E6H
        MOV   TH1,#0E6H            ;T1 赋初值
        MOV   PCON,#00H            ;SMOD=0
        MOV   SCON,#40H            ;设串行口工作于方式 1
        MOV   R0,#30H              ;传送数据首地址送 R0
        MOV   R7,#10H              ;传送数据的个数送 R7
        SETB  TR1                  ;启动 T1 开始工作
LOOP:   MOV   A,@R0
        MOV   SBUF,A               ;待传送数据送累加器 SBUF
WAIT:   JNB   TI,WAIT             ;TI 为 0,未发送完毕,等待
        CLR   TI                   ;发送完毕,软件清 TI
        INC   R0                   ;地址值加 1,指向下一个数据
        DJNZ  R7,LOOP              ;未发送完,转移继续发送
        RET
```

乙机接收程序清单：

```
        ORG   0000H
        AJMP  MAIN2              ;跳转到主程序
        ORG   0030H
MAIN2:  MOV   TMOD,#20H          ;设 T1 工作于方式 2
        MOV   TL1, #0E6H
        MOV   TH1, #0E6H         ;T1 赋初值
        MOV   PCON,#00H          ;SMOD= 0
        MOV   R0, #40H           ;传送数据首地址送 R0
        MOV   R7, #10H           ;传送数据的个数送 R7
        SETB  TR1                ;启动 T1 开始工作
LOOP:   MOV   SCON,#50H          ;设串行口工作于方式 1,REN= 1
WAIT:   JNB   RI,WAIT            ;RI 为 0,未接收完毕,等待
        MOV   A,SBUF
        MOV   @ R0,A             ;保存接收到的数据
        INC   R0                 ;地址值加 1,指向下一个数据
        DJNZ  R7,LOOP            ;未发送完,转移继续发送
        RET
```

（二）子任务二

1. 硬件设计

若通信距离较远时，通常采用 RS－232C 标准电平进行点对点的通信连接，电平转换芯片采用 MAX232。单片机之间进行点对点通信的连接方法如图 6－16 所示。

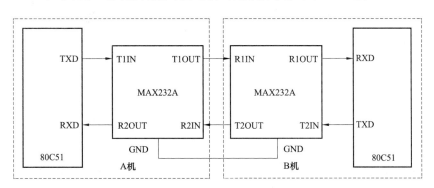

图 6－16　两机连接电路图

2. 软件设计

甲机发送，乙机接收，在收发时要先确定具体的通信协议。当甲机发送时，先送出一个"A1"信号，乙机收到后回答一个"B2"信号，表示同意接收。当甲机接收到"B2"信号后开始发送数据。为了提高数据的可靠性，甲机每发送一次求一个"校验和"，乙机每接收到一个数据也求一次"校验和"。若二者相等，说明接收正确，乙机回答"00H"；若二者不相等，说明接收错误，乙机回答"0FFH"，请求重发。甲机接收到"00H"的回答后，结束发送；若收到的答复非零，则将数据重发一次。

假设双方约定的波特率为 1200bit/s，振荡频率为 12MHz，T1 工作在方式 2，SMOD＝

0，则可求得定时/计数器 T1 的初值为

$$初值 = 256 - 2^{SMOD} \times f_{osc} / (12 \times 波特率 \times 32)$$
$$= 256 - 12000000 / (12 \times 1200 \times 32) \approx 230 \approx 0E6H$$

甲机发送、乙机接收的程序流程图如图 6-17 所示。

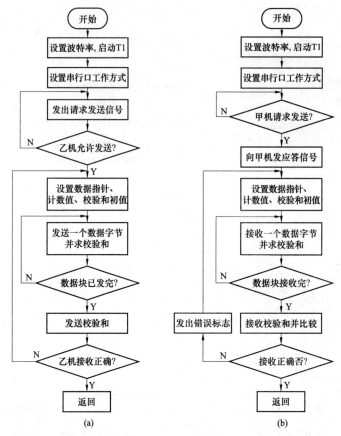

图 6-17　甲机发送、乙机接收的程序流程图
(a) 甲机发送程序流程图；(b) 乙机接收程序流程图

程序清单：

甲机发送程序清单：

```
        ORG   0000H
        AJMP  MAIN1                   ;跳转到主程序
        ORG   0030H
MAIN1:  MOV   TMOD，#20H              ;设 T1 工作于方式 2
        MOV   TL1，#0E6H
        MOV   TH1，#0E6H              ;T1 赋初值
        MOV   PCON，#00H              ;SMOD= 0
        MOV   SCON，#40H              ;设串行口工作于方式 1
        SETB  TR1                     ;启动 T1 开始工作
AT1:    MOV   SBUF，#0A1H             ;发送联络信号
```

```
AS1:    JBC  TI, AR1
        SJMP  AS1                    ;等待发送
AR1:    JBC  RI, AR2                 ;等待乙机回答
        SJMP  AS1
AR2:    MOV  A , SBUF                ;接收联络信号
        XRL  A ,#0B2H
        JNZ  AT1                     ;乙机未准备好,继续重新联络
AT2:    MOV  R0 , #30H               ;传送数据首地址送 R0
        MOV  R7 , #10H               ;传送数据的个数送 R7
        MOV  R6 , #00H               ;清校验和寄存器为 0
AT3:    MOV  A , @ R0
        MOV  SBUF , A                ;发送一个数据字节
        MOV  A , R6
        ADD  A , @ R0                ;求校验和
        MOV  R6 , A                  ;保存校验和
        INC  R0                      ;地址值加 1,指向下一个数据
AS2:    JBC  TI, AT4
        SJMP  AS2
AT4:    DJNZ  R7,AT3                 ;判断数据块是否发送完毕
        MOV  SBUF ,R6                ;发送校验和
AS3:    JBC  TI, AR3
        SJMP  AS3
AR3:    JBC  RI, AR4                 ;等待乙机回答
        SJMP  AR3
AR4:    MOV  A , SBUF
        JNZ  AT2                     ;回答出错,重发
        RET
```

乙机接收程序：

```
        ORG  0000H
        AJMP  MAIN2                  ;跳转到主程序
        ORG  0030H
MAIN2:  MOV  TMOD , #20H             ;设 T1 工作于方式 2
        MOV  TL1 , #0E6H
        MOV  TH1 , #0E6H             ;T1 赋初值
        MOV  PCON , #00H             ;SMOD= 0
        MOV  SCON , #50H             ;设串行口工作于方式 1,REN= 1
        SETB  TR1                    ;启动 T1 开始工作
BR1:    JBC  RI, BR2                 ;等待甲机联络信号
        SJMP  BR1
BR2:    MOV  A , SBUF
        XRL  A ,#0A1H
        JNZ  BR1                     ;判断甲机是否有请求
```

```
BT1:    MOV  SBUF , #0B2H              ;发送应答信号
BS1:    JBC  TI, BR3
        SJMP BS1
BR3:    MOV  R0 , #40H                 ;接收数据首地址送 R0
        MOV  R7 , #10H                 ;接收数据的个数送 R7
        MOV  R6 , #00H                 ;清校验和寄存器清 0
BR4:    JBC  RI, BR5
        SJMP BR4
BR5:    MOV  A , SBUF
        MOV  @ R0 , A
        INC  R0                        ;地址值加 1,指向下一个数据
        ADD  A , R6                    ;求校验和
        MOV  R6 , A                    ;保存校验和
        DJNZ R7, BR4                   ;判断数据块是否接收完毕
BS2:    JBC  RI, BR6                   ;接收甲机校验和
        SJMP BS2
BR6:    MOV  A , SBUF
        XRL  A ,R6                     ;比较校验和
        JZ   STOP
        MOV  SBUF , #0FFH              ;校验和错误
BS3:    JBC  TI, BR3
        SJMP BS3
STOP:   MOV  SBUF , #00H
        RET
```

任务三　单片机多机通信

一、任务导入

单片机多机通信是指由两台以上单片机组成的网络结构，可以通过串行通信方式共同实现对某一过程的最终控制。目前单片机多机通信的形式较多，但通常可以分为星型结构、环型结构、串行总线型结构和主从式多机型结构。单片机多机系统中比较常用的是主从式多机型结构。

二、任务分析

主从式多机型结构是指在多个单片机组成的系统中，有一个是主机，其余的都是从机，主机和从机之间能够互相发送和接收信息，但从机与从机之间不能进行通信。要保证主机与所选择的从机实现可靠的通信，就必须保证通信接口具有识别功能。80C51 单片机的串行口方式 2 和方式 3 适合于这种通信结构，且串行口控制寄存器 SCON 中的 SM2 位就是为了满足这一要求而设置的多机通信控制位。在实际的多机通信应用系统中，当采用不同的通信标准时，还需要进行电平的转换，有时可能还需要进行信号的隔离。通常情况下，我们采用RS-485 串行标准总线进行信息的传输。

多机通信时，若 SM2＝1，表示设置多机通信功能。串行口发送信息时，先根据通信协

议由软件设置 TB8，然后将要发送的数据写入 SBUF，即可启动发送过程。串行口自动把 TB8 取出，并装入第 9 位数据位的位置，再发送出去，使 TI 置 1。串行口接收信息时，将第 9 位数据自动放于 RB8 中。如果接收到的第 9 位数据为 1，则将数据装入 SBUF，并置 RI＝1，向 CPU 发出中断请求，如果接收到的第 9 位数据为 0，不产生中断，信息将丢失。若 SM2＝0，无论接收到的 RB8 位是 0 还是 1，都将 RI 置 1，向 CPU 发出中断请求，接收到的数据都有效，并装入 SBUF。

一个主机与多个从机之间进行通信，从理论上讲可以有 255 个从机系统。多机通信的过程如下：

（1）所有从机的 SM2 位开始都置 1，都能够接收主机送来的地址。

（2）主机发送一帧 9 位的地址信息，其中包含 8 位地址，第 9 位 TB8 为 1，以表示发送的是地址。

（3）由于所有从机的 SM2 位都为 1，因此从机都能接收主机发送来的地址，从机接收到主机发送来的地址后与本机的地址进行比较，如果接收的地址与本机的地址相同，则使 SM2 为 0（准备接收主机送来的数据），并把本从机的地址发回主机作为应答；对于地址不符的从机，仍保持 SM2 位为 1，对主机随后发来的数据不予理睬。

（4）主机发送数据，发送数据时 TB8 位置为 0，表示发送的为数据帧。

（5）对于从机，由于主机发送的第 9 位 TB8 为 0，那么只有 SM2 位为 0 的从机可以接收主机送来的数据，这样就实现了主机从多台从机中选择一台从机进行通信的功能。

三、任务实施

1. 硬件设计

多机通信的硬件电路图如图 6-18 所示。

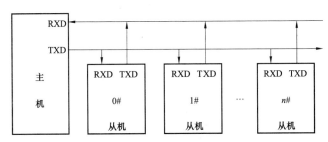

图 6-18　多机通信的硬件电路图

2. 软件设计

设所有单片机的振荡频率均为 12MHz，波特率设置为 1200bit/s，串行口工作于方式 3，PCON 中的 SMOD 位为 0，则定时/计数器的方式控制字为 20H，初值为 E6H。主机的 SM2 位设为 0，从机的 SM2 开始都设为 1。

通信协议规定如下：

（1）系统中允许有 16 台从机，其地址分别为 00H～0FH。

（2）地址 FFH 是对所有从机都起作用的一条控制命令，命令各从机恢复 SM2＝1 的状态。

（3）主机和从机的联络过程：首先主机发送地址帧，被寻址从机返回本机地址给主机，在判断地址相符后，主机给被寻址从机发出控制命令，被寻址从机根据其命令向主机回送自己的状态，若主机判断状态正常，则主机开始发送或接收数据，发送或接收的第一个字节是数据块的长度。

（4）假定主机发送的控制命令代码如下：00H 表示要求从机发送数据块；01H 表示要求从机接收数据块；FFH 表示各从机恢复 SM2＝1 状态命令；其他表示非法命令。主机发送的控制命令代码为 00H 和 01H 时 TB8 为 0，发送 FFH 命令时 TB8 为 1。

（5）从机状态字格式见表 6－4。

表6－4　　　　　　　　　　　　从 机 状 态 字 格 式

D7	D6	D5	D4	D3	D2	D1	D0
ERR						TRDY	RRDY

其中，若 ERR＝1，则从机接收到非法命令；若 TRDY＝1，则从机发送准备就绪；若 RRDY＝1，则从机接收准备就绪。

多机通信软件设计采用主机查询、从机中断的通信方式。主机程序部分以子程序的方式给出。从机的程序以串行口中断的方式给出，中断入口地址为 0023H。若从机未做好接收或发送准备，则从中断程序返回，在主程序中做好准备，主机重新和从机联络，使从机再次执行串行口中断服务程序。

主机程序说明：发送数据块放置在内部 RAM 区的 40H～4FH 单元中，接收数据块放置在内部 RAM 区的 50H～5FH 单元中。其他入口参数如下：

（1）R1（30H）：主机发送的数据块的首地址。

（2）R0（31H）：主机接收的数据块的首地址。

（3）R3（32H）：被寻址从机地址。

（4）R4（33H、34H）：主机命令（01H 或 00H）。

（5）R5（35H）：数据块长度。

主机程序清单：

```
        ORG    0000H
        AJMP   MAIN
        ORG    0030H
MAIN:   …
        MOV  R1，30H          ;发送数据首地址
        MOV  R3，32H          ;从机地址
        MOV  R4，33H          ;命令从机接收数据命令
        MOV  R5，35H          ;数据块长度
        LCALL  TX            ;调用通信子程序
        …
        MOV  R0，31H          ;接收数据首地址
        MOV  R3，32H          ;从机地址
        MOV  R4，34H          ;命令从机发送数据命令
        MOV  R5，35H          ;数据块长度
        LCALL  TX            ;调用通信子程序
        ORG  2000H
```

```
TX:     MOV  TMOD ,#20H          ;设置T1为定时方式2
        MOV  TH1 ,#0E6H          ;设置波特率为1200bit/s
        MOV  TL1 ,#0E6H
        MOV  SCON ,#0D8H         ;设置串行口为工作方式3
        MOV  PCON ,#00H          ;SMOD=0
        SETB TR1                 ;启动定时/计数器T1
FDZH:   MOV  A ,R3
        MOV  SBUF ,A             ;主机发送地址帧
        JNB  TI ,$              ;等待发送完毕
        CLR  TI                 ;清除中断标志
DDYD:   JBC  RI ,CJYD           ;等待从机应答
        SJMP DDYD
CJYD:   MOV  A ,SBUF            ;接收从机应答信号
        XRL  A ,R3              ;从机返回地址是否正确
        JZ   FSML               ;地址正确,发送命令
CLL:    MOV  A ,#0FFH           ;地址不正确,发送复位命令
        SETB TB8
        MOV  SBUF ,A
        JNB  TI ,$
        CLR  TI
        SJMP FDZH
FSML:   CLR  TB8                ;地址正确,准备发送命令
        MOV  A ,R4              ;命令代码送A
        MOV  SBUF ,A            ;发送命令代码
        JNB  TI ,$
        CLR  TI
JSZHT:  JBC  RI ,PD             ;接收从机状态字
        SJMP JSZHT
PD:     MOV  A ,SBUF            ;判断从机接收的命令是否非法
        JNB  ACC.7 ,PD1         ;若正确,则继续判断
        SJMP CLL                ;若不正确,则重新联络
PD1:    CJNE R4 ,#01H ,JSH      ;要求从机发送数据,转接收
        JNB  ACC.0 ,CLL         ;从机接收未就绪,重新联络
FS:     MOV  A ,R5              ;发送数据块长度
        MOV  SBUF ,A
        JNB  TI ,$
        CLR  TI
FS1:    MOV  A ,@R1             ;发送数据
        MOV  SBUF ,A
        JNB  TI ,$
        CLR  TI
        INC  R1                 ;数据指针加1
        DJNZ R5 ,FS1            ;数据未发送完,继续发送
```

```
        RET                      ;数据发送完毕,返回主程序
JSH:    JNB  ACC.1, CLL          ;从机发送未就绪,重新联络
JSH1:   JNB  RI , JSH1           ;接收数据块长度
        CLR  RI
        MOV  A, SBUF
        MOV  R5, A               ;接收数据块长度送 R5
        MOV  @ R0, A             ;存储数据块长度
        INC  R0                  ;指向数据缓冲区
JSH2:   JNB  RI , JSH2           ;接收数据
        CLR  RI
        MOV  A, SBUF
        MOV  @ R0, A             ;保存数据
        INC  R0                  ;数据缓冲区指针加 1
        DJNZ R5, JSH2            ;数据未接收完,继续接收
        RET                      ;数据接收完毕,返回主程序
```

从机程序说明：从机的串行通信采用中断方式，初始化程序安排在主程序中，中断服务程序使用第 2 组工作寄存器，使用标志位 PSW.1 作接收准备就绪标志，PSW.5 作发送准备就绪标志，由主程序置位。此外还规定：发送数据块放置在内部 RAM 区的 40H～4FH 单元中，接收数据块放置在内部 RAM 区的 50H～5FH 单元中。第一个字节均为数据块长度。其他入口参数如下：

（1）R0（30H）：从机发送的数据块的首地址。

（2）R1（31H）：从机接收的数据块的首地址。

（3）R3（32H）：本机地址。

（4）R5（35H）：数据块长度。

从机程序清单：

```
        ORG  0000H
        LJMP SI
        ORG  0023H
        LIMP CJCX
        ORG  0100H
SI:     MOV  TMOD, #20H          ;设置 T1 为定时方式 2
        MOV  TH1, #0E6H          ;设置波特率为 1200bit/s
        MOV  TL1, #0E6H
        MOV  SCON, #0F0H         ;设串行口为工作方式 3
        MOV  PCON, #00H          ;SMOD= 0
        SETB TR1                 ;启动定时/计数器 T1
        MOV  10H, 30H            ;发送数据首地址送第 2 组工作寄存器 R0
        MOV  11H, 31H            ;接收数据首地址送第 2 组工作寄存器 R1
        MOV  13H, 32H            ;本机地址送第 2 组工作寄存器 R3
        SETB ES                  ;开串行口中断
        SETB EA                  ;开 CPU 中断
```

```
          LJMP  MAIN
          ORG   0200H
MAIN:     …
CJCX:     CLR   RI
          PUSH  A                     ;保护现场
          PUSH  PSW
          SETB  RS1                   ;选择工作寄存器第 2 组
          CLR   RS0
          MOV   A , SBUF
          XRL   A , R3                ;是否寻址本机
          JZ    FHDZH                 ;是寻址本机,则返回本机地址
FH:       POP   PSW
          POP   A
          CLR   RS1                   ;选择工作寄存器第 0 组
          RETI                        ;中断返回
FHDZH:    CLR   SM2                   ;寻址本机,继续通信
          MOV   A , R3
          MOV   SBUF , A              ;返回本机地址
          JNB   TI , $                ;等待发送完毕
          CLR   TI
JSHML:    JNB   RI , JSHML
          CLR   RI
          JNB   RB8 , MLFX            ;不是复位命令,则转命令分析
          SETB  SM2                   ;是复位命令,SM2= 1
          LJMP  FH                    ;中断返回
MLFX:     MOV   A , SBUF              ;命令分析
          CJNE  A , #00H, FFML        ;判断是否为 00H(从机发送命令)
          LJMP  KZHML                 ;是从机发送命令,则转发送
FFML:     CJNE  A , #01H, FFML1       ;不是从机接收命令(是非法命令)
          LJMP  JSHSHJ                ;是从机接收命令,则转接收
FFML1:    MOV   A , #80H              ;是非法控制命令,ERR= 1
          MOV   SBUF , A              ;返回状态字
          JNB   TI , $
          CLR   TI
          SETB  SM2
          LJMP  FH                    ;中断返回
KZHML:    JZ    JSHSHJ                ;接收数据命令,转接收
          JB    PSW.1 , FSJX          ;发送准备就绪,跳转
          MOV   A , #00H              ;发送准备未就绪,TRDY= 1
          MOV   SBUF , A              ;回送主机
          JNB   TI , $
          CLR   TI
          SETB  SM2                   ;SM2= 1
```

```
        LJMP  FH                    ;返回
FSJX:   MOV   A,#02H                ;向主机发送准备就绪状态
        MOV   SBUF,A
        CLR   PSW.1
        JNB   TI,$
        CLR   TI
        MOV   A,@R0
        MOV   R5,A                  ;数据块长度送 R5
        INC   R5                    ;发送数据的总个数
FSSHJ:  MOV   A,@R0                 ;发送,第一个字节为数据块长度
        MOV   SBUF,A
        JNB   TI,$
        CLR   TI
        INC   R0                    ;数据指针加 1
        DJNZ  R5,FSSHJ
        SETB  SM2                   ;发送完毕,SM2=1
        LJMP  FH
JSHSHJ: JB    PWS.5,JSHJX           ;接收准备就绪,跳转
        MOV   A,#00H                ;接收准备未就绪,RRDY=1
        MOV   SBUF,A                ;回送主机
        JNB   TI,$
        CLR   TI
        SETB  SM2                   ;SM2=1
        LJMP  FH                    ;返回
JSHJX:  MOV   SBUF,#01H             ;向主机返回接收准备就绪信息
        CLR   PSW.5
        JNB   TI,$
        CLR   TI
JSH:    JNB   RI,$                  ;接收数据块长度
        CLR   RI
        MOV   A,SBUF
        MOV   @R1,A                 ;保持数据块长度
        INC   R1
        MOV   R5,A                  ;数据块长度送 R5
JSH1:   JNB   RI,JSH1
        CLR   RI
        MOV   A,SBUF
        MOV   @R1,A                 ;保存数据
        INC   R1                    ;数据指针加 1
        DJNZ  R5,JSH1               ;数据未接收完毕,继续接收
        SETB  SM2                   ;数据接收完毕,SM2=1
        LJMP  FH
        END
```

【单元小结】

串行通信有异步通信和同步通信两种方式。异步通信是以字符为单位进行传送的，每传送一个字符就用起始位来进行收发双方的同步；同步通信是按数据块来传送的，发送方和接收方要保持完全的同步，因此要求接收和发送设备必须使用同一个时钟。

串行通信按数据传输的方向可以分为单工方式、半双工方式和全双工方式。80C51 单片机有一个全双工的串行通信接口。

80C51 单片机的串行口有 4 种工作方式。方式 0 和方式 2 的波特率是固定的，方式 1 和方式 3 是由定时/计数器 T1 来设定的。

常用的串行接口有符合 IEEE 国家电气化标准的 RS-232C、RS-422A、RS-485C 等。RS-232C 标准在电气特性上采用负逻辑电平：$-3V \sim -15V$ 为逻辑"1"；$+3V \sim +15V$ 为逻辑"0"。RS-232C 信号电平与单片机的 TTL 电平不匹配，为了实现二者的连接，必须进行电平转换，通常采用的电平转换芯片是 MAX232 芯片。

在本单元的任务一中，着重训练了利用单片机串行口扩展并行 I/O 口，介绍了 CD4014 芯片和 CD4094 芯片的应用；在任务二中，训练了单片机之间的点对点通信，介绍了 MAX232 芯片的应用；在任务三中，训练了利用单片机串行口工作方式 3 实现单片机之间的主从式多机通信。通过三个任务的学习与实施，使学生能够基本掌握串行通信系统的应用与设计方法。

【自我测试】

一、填空题

1. 通信的两种基本形式是_____和_____。

2. 80C51 单片机中有_____个_____的串行口。

3. 异步串行通信中，完整的帧格式中包含有_____、_____、_____和_____。

4. 串行通信时，数据接收引脚是_____，数据发送引脚是_____。

5. 串行发送时，发送方需要执行指令_____将数据送入发送缓冲器 SBUF 中，而接收方需要执行指令_____完成数据的接收。

二、选择题

1. 串行通信依据收发信息传送的方向可以分为_____。

A. 同步和异步方式   B. 单工、半双工和全双工方式

C. 奇校验和偶校验方式   D. 数据和字符通信方式

2. 波特率是指_____。

A. 每秒传送数据的位数   B. 每秒传送数据的字符数

C. 每次通信传送的数据位数   D. 每次通信传送的字符个数

3. 异步串行通信时，一般其起始位是_____，停止位是_____。

A. 低电平   B. 高电平

C. 根据需要来定   D. A、B 均可

4. 串行口接收到一帧数据后，_____标志位置 1，发送一帧数据后，_____标志位置 1。

A. TI
B. RI
C. TF0
D. TF1

5. 用80C51单片机串行口扩展并行 I/O 口时，串行口工作方式应选择_____。

A. 方式 0
B. 方式 1
C. 方式 2
D. 方式 3

6. 单片机串行口采用方式 3 进行通信时，波特率取决于_____。

A. T0 的溢出率、晶振频率、SMOD

B. T1 的溢出率、晶振频率、SMOD

C. 晶振频率、SMOD

D. 晶振频率、T1 的溢出率

7. 在要求通信距离为几十米到上千米时，广泛采用_____串行总线标准。

A. RS－232
B. RS－485
C. 不需要任何总线标准
D. A、B 都可以

三、简答题

1. 并行通信和串行通信的主要区别是什么？它们各自的优缺点有哪些？

2. 简述串行口控制寄存器 SCON 中各控制位的含义和作用。

3. 某异步通信接口，其帧格式由 1 个起始位 (0)，7 个数据位，1 个偶校验位和 1 个停止位 (1) 组成。当该接口每分钟传送 1800 个字符时，试计算出传送的波特率。

4. 串行通信中，数据传输的方向一般可以分为几种方式？各有何特点？

5. 80C51 单片机的串行口有哪几种工作方式？如何进行设置？每种工作方式有何特点？

四、训练题

1. 利用 80C51 单片机的串行口扩展并行输入接口，使得 8 个输入开关 K0～K7 的输入状态反映在 P0 所接的 8 个 LED 灯上（如 K0 闭合时 L0 被点亮）。试画出硬件电路图，并编写程序。

2. 利用 80C51 单片机的串行口扩展 8 个共阴极 LED，从显示缓冲区取 8 个数据在 8 个 LED 上进行显示。试画出硬件电路图，并编写程序。

3. 将上述两题结合起来，利用 80C51 单片机的串行口实现键盘和显示器接口的扩展。试画出硬件电路图，并编写程序。

4. 查阅相关资料，实现单片机与 PC 机之间的数据传送。

单元七　80C51 外部扩展的应用

【单元概述】

通常情况下，采用片内有 ROM 的单片机最小系统最能发挥单片机体积小、成本低的优点，特别是随着单片机内部存储器容量的不断扩大和外围功能器件的逐渐片内集成化，单片机"单芯片"应用的情况将更加普遍。但是，在很多的情况下，由于控制对象的多样性和复杂性，考虑到性价比等因素，单片机的最小应用系统并不能满足系统的需要，此时就需要对系统进行外部扩展。80C51 系列单片机有很强的外部扩展能力。外部扩展可以分为并行扩展和串行扩展两大形式。

早期的单片机应用系统以采用并行扩展居多，近期的单片机应用系统以采用串行扩展居多。外部扩展的器件可以有 ROM、RAM、I/O 口和一些其他功能器件，扩展器件大多是一些常规芯片，具有典型的扩展应用电路，用户很容易根据规范化的电路来构成能满足要求的应用系统。

本单元在对单片机进行全面学习的基础上，实现单片机外部资源的扩展。

【学习目标】

（1）学会 80C51 单片机的总线扩展逻辑。

（2）掌握 80C51 单片机外部存储器的并行扩展方法。

（3）掌握 80C51 单片机并行 I/O 口的扩展方法。

（4）了解 80C51 单片机的串行扩展。

【相关知识】

一、并行扩展技术概述

80C51 系列单片机具有很强的外部扩展能力。外部扩展可以分为并行扩展和串行扩展两大形式。早期的单片机应用系统以采用并行扩展居多，近期的单片机应用系统以采用串行扩展居多。外部扩展的器件可以有 ROM、RAM、I/O 口和一些其他功能器件，扩展器件大多是一些常规芯片，具有典型的扩展应用电路，可以根据规范化电路来构成能满足要求的应用系统。

并行扩展连接方式：

1. 并行扩展总线组成

1）数据传送：由数据总线 DB（D0～D7）完成。D0～D7 由 P0 口提供。

2）单元寻址：由地址总线 AB（A0～A15）完成。低 8 位地址线 A0～A7 由 P0 口提供，高 8 位地址线 A8～A15 由 P2 口提供。

3）交互握手：由控制总线 CB 完成。控制线有 $\overline{PSEN}$、$\overline{WR}$、$\overline{RD}$、ALE、$\overline{EA}$。

并行扩展连接方式示意图如图 7-1 所示。

（1）地址总线 AB（Address Bus）。地址总线由 P0 口提供的低 8 位地址线 A0～A7 和 P2

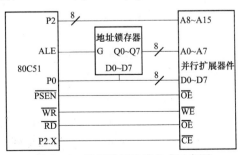

图 7-1　并行扩展连接方式示意图

口提供的高 8 位地址线 A8～A15 组成。其中低 8 位地址线通过地址锁存器锁存后输出。16 位地址的寻址范围为 $2^{16}=65536=64KB$。64KB 未用完时，高 8 位地址线的根数可以根据并行扩展期间的容量而定。

（2）数据总线 DB（Data Bus）。数据总线由 P0 口提供，其宽度为 8 位。P0 口是一个三态双向 I/O 口，是 80C51 单片机中使用最为频繁的总线通道，所有并行扩展的外围器件的数据总线都连接到 P0 口，以实现与 80C51 之间的信息传送，但是在某一个瞬间只能有一个器件的一种信息在 P0 口上传送，否则就会"撞车"。P0 口是利用分时传送并通过控制线交互握手的方法解决这一问题的。这就要求所有和 P0 口连接的外围器件的数据总线具有三态结构，在与 80C51 传送数据时，开启数据 I/O 口，其他时间则呈现为"高阻"状态。

（3）控制总线 CB（Control Bus）。80C51 的控制总线有以下几条：

1）ALE：输出，用于锁存 P0 口输出的低 8 位地址信号，与地址锁存器门控端 G 连接。

2）$\overline{PSEN}$：输出，用于片外 ROM 读选通控制，与片外 ROM 输出允许端 OE 连接。

3）$\overline{EA}$：输入，用于选择读片内/外 ROM。当 EA＝1 时，读片内 ROM；当 $\overline{EA}＝0$ 时，读片外 ROM。一般情况下，有片内 ROM 并且使用片内 ROM 时，$\overline{EA}$ 接 V_{CC}；无片内 ROM 或仅使用片外 ROM 时，$\overline{EA}$ 接地。

4）$\overline{RD}$：输出，用于读片外 RAM 选通，执行"MOVX"读指令时，$\overline{RD}$ 会自动有效，与片外 RAM 读允许端 OE 连接。

5）$\overline{WR}$：输出，用于写外 RAM 选通，执行"MOVX"写指令时，$\overline{WR}$ 会自动有效，与片外 RAM 写允许端 WE 连接。

6）P2.X：并行扩展片外 RAM 和 I/O 口时，通常需要进行片选控制，一般由 P2 口提供的高位地址线担任。

单片机内部有 4 个 8 位的并行 I/O 口，分别为 P0 口、P1 口、P2 口、P3 口，在系统扩展的时候，地址总线要用到 P0 口和 P2 口，大部分的控制总线要用到 P3 口，此时，就要求 P0 口既要作为地址总线也要作为数据总线，所以增加一个地址锁存器，其中低 8 位地址线通过地址锁存器锁存后输出，ALE 信号（下降沿）用于控制地址锁存器锁存低 8 位地址，经地址锁存器锁存后从 Q0～Q7 输出，与 P2 口输出的高 8 位地址组成 16 位地址总线 A0～A15。ALE 信号变成高电平时 P0 口用作数据总线。

📝 **思考：** 为什么在并行扩展中需要使用地址锁存器？

2. 并行扩展容量

80C51 可以分别扩展 64KB 的 ROM 空间（包括片内 ROM）和 64KB 片外 RAM 空间。

80C51 在片外扩展 ROM 和 RAM 的地址范围均为 0000H～FFFFH，地址空间重叠。但因为各自使用不同的指令和控制信号，因此不会"撞车"。读 ROM 时使用"MOVC"指令，由 $\overline{PSEN}$ 选通 ROM 的 $\overline{OE}$ 端；读写外部 RAM 时使用"MOVX"指令，用 $\overline{WR}$ 选通 RAM 的 $\overline{WE}$ 端；但扩展 RAM 和 I/O 是统一编址的，使用相同的指令和控制信号，因此在设计硬件系统和编制软件程序时需要统筹安排。

二、并行扩展寻址方式

（1）存储器片内存储单元地址：由与存储器地址线直接连接的地址线确定。

（2）存储器芯片地址：由高位地址线产生的片选信号确定。

当存储器芯片多于一片时，为了避免误操作，必须利用片选信号来分别确定各芯片的地址分配。产生片选信号的方法有线选法和译码法两种。

1. 线选法

线选法是将高位地址线直接连到存储器芯片的片选端。如图7-2所示,图中芯片是2KB×8位。

低位地址线 A0~A10 实现片内寻址,高位地址线 A11~A13 实现片选,均为低电平有效。为了不出现寻址错误,A11~A13 中只允许有一根为低电平,另外两根必须为高电平,否则便会出错。无关位 A14、A15 可以任取,一般取"1"。线选法三片存储器芯片的地址分配表见表7-1。

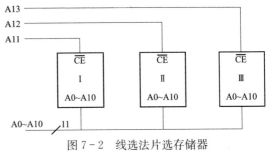

图7-2 线选法片选存储器

表7-1 线选法三片存储器芯片的地址分配表

芯片	二进制																					16进制
	无关位		片外地址线			片内地址线																
	A15	A14	A13	A12	A11	A10	A9	A8	A7	A6	A5	A4	A3	A2	A1	A0						
芯片 I	1	1	1	1	0	0	0	0	0	0	0	0	0	0	0	0						F000H
	⋮	⋮	⋮	⋮	⋮	⋮	⋮	⋮	⋮	⋮	⋮	⋮	⋮	⋮	⋮	⋮						
	1	1	1	1	0	1	1	1	1	1	1	1	1	1	1	1						F7FFH
芯片 II	1	1	1	0	1	0	0	0	0	0	0	0	0	0	0	0						E800H
	⋮	⋮	⋮	⋮	⋮	⋮	⋮	⋮	⋮	⋮	⋮	⋮	⋮	⋮	⋮	⋮						
	1	1	1	0	1	1	1	1	1	1	1	1	1	1	1	1						EFFFH
芯片 III	1	1	0	1	1	0	0	0	0	0	0	0	0	0	0	0						D800H
	⋮	⋮	⋮	⋮	⋮	⋮	⋮	⋮	⋮	⋮	⋮	⋮	⋮	⋮	⋮	⋮						
	1	1	0	1	1	1	1	1	1	1	1	1	1	1	1	1						DFFFH

线选法的优点是连接简单。缺点有芯片地址空间不连续,以及存在地址重叠现象。

线选法适用于扩展存储容量较小的场合。

📝 **思考:** 使用线选法出现地址空间不连续的原因是什么?

原因是作为片选信号高位地址线可以组成的信号状态没有得到充分利用。例如,在图7-2中,A13、A12、A11 这三根地址线的信号状态有8种——000~111,但是只使用了其中的3个状态011、101和110。而这3个状态是不连续的,从而导致了存储器的地址空间也是不连续的。

地址重叠是指一个存储器芯片占有多个额定地址空间,一个存储单元具有多个地址,或者说不同的地址会选通同一个存储单元。产生"地址重叠"的原因是高位地址线中有无关位的存在,且无关位可以组成多种状态,因此与存储器芯片的地址组合之后就可以组成多个地址空间。在图7-2中,A14 和 A15 是两个无关位,这两个无关位取"0"和"1"无所谓,它们可以组合成4种状态:00、01、10、11。这样一来,芯片 I 的地址范围就可以为3000H~3FFFH、7000H~7FFFH、B000H~BFFFH、F000H~FFFFH 这4个地址范围。同样的道理,芯片 II 和芯片 III 也同样具有4个不同的地址范围,这就是所谓的"地址重叠",地址重叠不影响存储芯片的使用,使用时可以使用其中的任意一个地址空间,一般情况下,无关位取"1"。

　　2. 译码法

　　译码法是通过译码器将高位地址线转换为片选信号，两个地址线经过译码后能译成 4 种片选信号，3 个地址线经过译码后能译成 8 种片选信号，4 个地址线经过译码后能译成 16 种片选信号。对应的 TTL 译码芯片有 74139（双 2 线—4 线译码器）、74138（3 线—8 线译码器）和 74154（4 线—16 线译码器）。下面以 74138 为例，图 7 - 3 所示是用译码法实现片选信号的连接图。

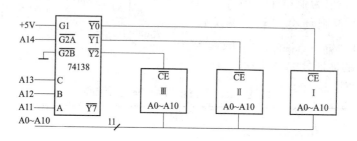

图 7 - 3　译码法实现片选信号的连接图

　　图中，74138 的地址线输入端 A、B、C 分别接 A11、A12、A13，A 是低位，C 是高位；输出端仅用 3 根线，输出端 $\overline{Y0}$、$\overline{Y1}$、$\overline{Y2}$ 分别接存储器芯片 Ⅰ、Ⅱ、Ⅲ 的 $\overline{CE}$ 端；74138 控制端 G1 接 +5V，$\overline{G2A}$ 接 A14，$\overline{G2B}$ 端直接接地。地址线 A15 是无关位，通常取"1"；A14 是 74138 译码器的片选端，工作时取"0"；A13、A12、A11 的编码分别为 000～111，对应的 $\overline{Y0}$、$\overline{Y1}$、$\overline{Y2}$ 输出有效。3 个存储器芯片的地址空间范围分配表见表 7 - 2。

表 7 - 2　　　　　　　　　译码法三片存储器芯片地址范围分配表

芯片	二进制			16 进制
	无关位	片外地址线	片内地址线	
	A15	A14 A13 A12 A11	A10 A9 A8 A7 A6 A5 A4 A3 A2 A1 A0	
芯片 Ⅰ	1	0　0　0　0	0　0　0　0　0　0　0　0　0　0　0	8000H
	⋮	⋮　⋮　⋮　⋮	⋮　⋮　⋮　⋮　⋮　⋮　⋮　⋮　⋮　⋮　⋮	⋮
	1	0　0　0　0	1　1　1　1　1　1　1　1　1　1　1	87FFH
芯片 Ⅱ	1	0　0　0　1	0　0　0　0　0　0　0　0　0　0　0	8800H
	⋮	⋮　⋮　⋮　⋮	⋮　⋮　⋮　⋮　⋮　⋮　⋮　⋮　⋮　⋮　⋮	⋮
	1	0　0　0　1	1　1　1　1　1　1　1　1　1　1　1	8FFFH
芯片 Ⅲ	1	0　0　1　0	0　0　0　0　0　0　0　0　0　0　0	9000H
	⋮	⋮　⋮　⋮　⋮	⋮　⋮　⋮　⋮　⋮　⋮　⋮　⋮　⋮　⋮　⋮	⋮
	1	0　0　1　0	1　1　1　1　1　1　1　1　1　1　1	97FFH

　　译码法与线选法相比较，硬件电路稍复杂，需要使用译码器，但可以充分利用存储空间，全译码时还可以避免地址重叠现象，局部译码因其还有部分高位地址线未参与译码，因此仍然存在地址重叠现象。

　　译码法的另一个优点是译码器输出端留有剩余端线未使用时，便于继续扩展存储器或

I/O 口接口电路。

译码法和线选法不仅适用于扩展存储器（包括片外 RAM 和片外 ROM），还适用于扩展 I/O 口（包括各种外围设备和接口芯片）。

需要说明的是：上述片选方法不仅适用于扩展存储器，更重要的是它也适用于扩展 I/O 口。

三、存储器介绍

存储器是单片机系统中用来存放程序、原始数据及运算结果的设备，是计算机的重要组成部分。按照存储器的存取功能，存储器分为只读存储器（Read Only Memory，ROM）和随机存取存储器（Random Access Memory，RAM）两大类。

（1）RAM 的特点：读写速度快，可以随机写入或读出，读写方便；电源断电后，存储信息便会丢失。

（2）RAM 的作用：存放各种数据。

（3）ROM 的特点：信息写入后，能长期保存，不会因断电而丢失。

（4）ROM 的作用：存放固定程序和数据。

1. ROM 的分类

ROM 分为 MaskROM（掩膜 ROM），OTPROM（One Time Programmable ROM），EPROM（Erasable Programmable ROM），E^2PROM（Electrically EPROM），Flash ROM。

ROM 内部的资料是在 ROM 的制造工序中、在工厂里用特殊的方法被烧录进去的，其中的内容只能读不能修改，一旦烧录进去，用户只能验证写入的资料是否正确，不能再作任何修改。如果发现资料有任何错误，则只有将其舍弃不用，重新订做一份。ROM 是在生产线上生产的，由于成本高，一般它只用在大批量应用的场合。

由于 ROM 在制造和升级时的不便，后来人们发明了 PROM（Programmable ROM，可编程 ROM）。最初从工厂中制作完成的 PROM 内部并没有资料，用户可以用专用的编程器将自己的资料写入，但是这种机会只有一次，一旦写入后便无法修改，若是出了错误，则已写入的芯片只能报废。PROM 的特性和 ROM 相同，但是其成本比 ROM 高，而且写入资料的速度比 ROM 的量产速度要慢，因此一般只适用于少量需求的场合或是 ROM 量产前的验证。

EPROM（可擦除可编程 ROM）芯片可以重复擦除和写入，解决了 PROM 芯片只能写入一次的弊端。EPROM 芯片有一个很明显的特征：在其正面的陶瓷封装上，开有一个玻璃窗口，透过该窗口，可以看到其内部的集成电路，使用紫外线透过该孔照射内部芯片就可以擦除其内的数据，完成芯片擦除的操作要用到 EPROM 擦除器。EPROM 内资料的写入要用专用的编程器，并且往芯片中写入内容时必须要加一定的编程电压（$V_{PP}=12\sim24V$，随不同的芯片型号而定）。EPROM 的型号是以 27 开头的，如 27C020（$8\times256KB$）是一片 2MB 容量的 EPROM 芯片。EPROM 芯片在写入资料后，还要以不透光的贴纸或胶布把窗口封住，以免受到周围的紫外线照射而使资料受损。

E^2PROM（电可擦除可编程 ROM）的擦除不需要借助于其他设备，它是用电子信号来修改其内容的，而且是以 Byte 为最小修改单位，不必将资料全部洗掉才能写入，它彻底摆脱了 EPROM Eraser 和编程器的束缚。E^2PROM 在写入数据时，仍然要加上一定的编程电压，此时，只需用厂商提供的专用刷新程序就可以轻而易举地改写内容，所以，它属于双电压芯片。借助于 E^2PROM 芯片的双电压特性，可以使 BIOS 具有良好的防毒功能，在升级时，把跳线开关打至"on"的位置，即给芯片加上相应的编程电压，就可以方便地升级；平时使用时，则把跳线开关打至"off"的位置，防止 CIH 类的病毒对 BIOS 芯片的非法修改。

闪存（Flash Memory）是一种长寿命的非易失性（在断电情况下仍能保持所存储的数据信息）的存储器，闪存数据删除不是以单个的字节为单位而是以固定的区块为单位，区块大小一般为 256KB~20MB。闪存是电可擦除可编程 E_2PROM 的变种，闪存与 E_2PROM 不同的是，E_2PROM 能在字节水平上进行删除和重写而不是整个芯片擦写，而闪存的大部分芯片需要按块擦除。由于其断电时仍能保存数据，因此闪存通常被用来保存设置信息，如在电脑的 BIOS（基本程序）、PDA（个人数字助理）和数码相机中保存资料等。闪存分为 NOR 型和 NAND 型，它们之间的区别较大。打个比方说，NOR 型闪存更像内存，有独立的地址线和数据线，但价格比较昂贵，容量比较小；而 NAND 型更像硬盘，地址线和数据线是共用的 I/O 线，类似硬盘的所有信息都通过一条硬盘线传送一般，而且 NAND 型与 NOR 型闪存相比，成本要低一些，而容量大得多。

2. RAM 的分类

RAM 分为静态随机存储器 SRAM（Static Random Access Memory），动态随机存储器 DRAM（Dynamic Random Access Memory）。

SRAM 是一种具有静止存取功能的内存，不需要刷新电路即能保存它内部存储的数据。DRAM 只能将数据保存很短的时间。为了保存数据，所以 DRAM 必须隔一段时间刷新（refresh）一次，如果存储单元没有被刷新，存储的信息就会丢失。

SRAM 的优点是速度快、使用简单、不需刷新、静态功耗极低，缺点是元件数多、集成度低、运行功耗大。常用的 SRAM 集成芯片有 6116（2KB×8 位），6264（8KB×8 位），62256（32KB×8 位）等。

DRAM 的优点是集成度远高于 SRAM、功耗低，价格也低，缺点是因需要刷新而使外围电路变得复杂，也使存取速度较 SRAM 慢，在计算机中，DRAM 常用作主存储器。

存储器由存储体、地址译码电路和控制电路等组成。

（1）存储体由大量存储单元组成。存储体和存储单元数与其地址线数相对应，10 根地址线就有 $2^{10}=1024$ 个存储单元。存储单元的数据位数与数据线数相对应，8 位单片机的数据线有 8 条分别为 D0~D7，每个存储单元可以存放一个 8 位二进制数。

（2）地址译码电路的作用是将地址线译码后选通存储体内相应而唯一的存储单元。

（3）控制电路又可以分为片选控制、读/写控制和输入/输出控制。片选控制控制芯片是否工作，读/写控制控制数据传送的方向，输入/输出控制是带三态门的输入缓冲器和输出缓冲器。

📝思考：了解了有关存储器的知识之后，大家知道自己手机中的各类存储器是什么类型了吗？

四、并行扩展外部存储器

（一）并行扩展外部 ROM

80C51 单片机的内部有 4KB 的 ROM，8031 内部没有 ROM，在单片机应用系统中，内部 ROM 容量不够使用或者没有内部 ROM 时就需要对 ROM 进行外部扩展。

1. 并行扩展 EPROM

EPROM（Erasable Programmable ROM）是紫外线擦除可编程 ROM。它由用户专门的 EPROM 编程器自行写入；用紫外线照射可以擦除原有信息，再次写入新的信息，可以反复多次使用。单片机系统运行时，EPROM 只能读，不能写。

（1）分类。常用的 EPROM 芯片有 2716、2732、2764、27128、27256、27512，其中 27 是 EPROM 芯片的代号，后几位数字表示的该芯片的存储容量。例如，27128 的 128 代表 128kbit，按照字节计算，每个字节是 8bit，27128 的存储容量为 16K×8bit，即 16KB。

CMOS EPROM 芯片有 27C32、27C64、27C128 等，中间的字母 C 代表是 CMOS EPROM 芯片，与普通芯片比较而言，该芯片功耗小，价格略贵，使用方法相同。

（2）引脚功能。图 7-4 所示为 EPROM 芯片 DIP 封装的引脚图。

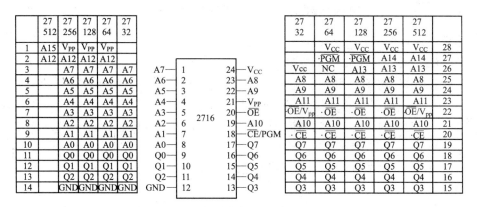

图 7-4　EPROM 芯片 DIP 封装的引脚图

2716 和 2732 都是 24 个引脚，2764、27128、27256 和 27512 都是 28 个引脚，其芯片引脚具有兼容性。

（3）使用方法。2716、2732、2764、27128、27256 和 27512 的性能和使用方法基本相同，现以 2764 为例加以说明。

在读出方式下，电源电压为 5V，最大功耗为 500mW，信号电平和 TTL 电平兼容，最大读出时间为 250ns。

当使用 12mW/cm^2 紫外线灯时，擦除时间约为 15~20min。在写好芯片的窗口上最好贴上一层不透光的胶纸，以防止在强光的照射下破坏片内信息。

芯片工作方式见表 7-3，表中 $V_{CC}=(5\pm0.25)$V $V_{PP}=(12.5\pm0.5)$ V。

表 7-3　　　　　　　　　　　　　2764 的工作方式

引脚 工作方式	$\overline{CE}$	$\overline{OE}$	$\overline{PGM}$	V_{PP}	V_{CC}	Q7~Q0
读出	V_{IL}	V_{IH}	V_{IH}	V_{CC}	V_{CC}	D_{OUT}
维持	V_{IH}	×	×	V_{CC}	V_{CC}	高阻
编程	V_{IL}	V_{IH}	编程脉冲	V_{PP}	V_{CC}	D_{IN}
程序校验	V_{IL}	V_{IL}	V_{IH}	V_{PP}	V_{CC}	D_{OUT}
禁止编程	V_{IH}	×	×	V_{PP}	V_{CC}	高阻

(4) 典型电路连接。图 7-5 所示为 80C51 与 2764 的典型连接电路，图 7-6 所示为 80C51 与 27128 的典型连接电路。

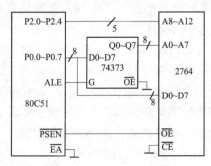
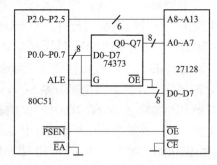

图 7-5   80C51 与 2764 的典型连接电路   图 7-6   80C51 与 27128 的典型连接电路

📝 **思考：** 试写出图 7-5 和图 7-6 的异同之处。

1) 地址线。低 8 位地址由 80C51 P0 口的 P0.0～P0.7 与 74373 的 D0～D7 端连接，ALE 有效时经 74373 锁存该低 8 位地址，并从 Q0～Q7 输出，与 EPROM 芯片的低 8 位地址 A0～A7 连接。高 8 位地址视 EPROM 芯片的容量而定，2764 需要 5 位，单片机的 P2.0～P2.4 与 2764 的 A8～A12 连接；27128 需要 6 位，单片机的 P2.0～P2.5 与 27128 的 A8～A13 连接。

2) 数据线。由 80C51 的地址/数据复用总线 P0.0～P0.7 直接与 EPROM 的 D0～D7 端连接。

3) 控制线。

a. ALE：80C51 的 ALE 端与 74373 的门控端 G 端连接，专门用于锁存低 8 位地址。

b. 片选端：由于只扩展了一片 EPROM，因此可以不用片选，EPROM 的片选端$\overline{CE}$直接接地，一直有效。

c. 输出允许：EPROM 的输出端$\overline{OE}$直接与 80C51 的$\overline{PSEN}$引脚相连，80C51 的$\overline{PSEN}$信号正好用于控制 EPROM 的$\overline{OE}$端。

d. $\overline{EA}$：有内部 ROM 并且使用内部 ROM 时，$\overline{EA}$接 V_{CC}，无内部 ROM 或者使用外部 ROM 时，$\overline{EA}$接地。需要指出的是：与 74373 兼容的芯片有 74LS373、74AS373、74HC373、74ALS373 等多种，每种芯片的电气特征并不相同，与 80C51 最为匹配的是 74HC373，它是一种高速 CMOS 芯片，其输入电压和电源电压规范同 CMOS 4000 系列，其输出驱动能力和速度与 74LS 系列相当。

在早期的单片机应用系统中，由于大容量芯片的价格较为昂贵或者没有大容量的存储芯片，往往采用扩展多片小容量的 EPROM 抵充一片大容量的 EPROM，这种扩展方法往往会导致应用系统的体积较大，线路较复杂。随着电子技术的快速发展，大容量存储芯片的价格大幅下降，且很多种单片机片内 ROM 的空间也足够大，已经没有必要进行扩展或者采用多片小容量的芯片抵充大容量芯片了。

(5) EPROM 的读取。读 EPROM 有两种形式：一种是 CPU 自动读，即 CPU 在执行程序时，会按照程序计数器 PC 所指的地址，读出存放在 EPROM 中的程序指令；另外一种是执行程序中的读 EPROM 指令，可以使用 MOVC 指令（分别以 DPTR 或 PC 为基地址）。例如，读 EPROM 2000H 时，可以执行下列指令：

```
MOV      DPTR,#2000H        ;置基址
CLR      A                  ;置变址
MOVC     A,  @A+ DPTR       ;读 EPROM 2000H
```

📝 思考：80C51 同时扩展一片 2764 和一片 27128，如何相连，两片存储器的地址范围又是多少？

2. 并行扩展 E^2 PROM

E^2 PROM 也称 EEPROM（Electrically Erasable Programmable Read‑Only Memory），是掉电后数据不丢失的存储芯片。E^2 PROM 可以在电脑上或专用设备上擦除已有信息，重新编程，比 EPROM 具有更大的灵活性。EPROM 擦除时必须在专用的强紫外线擦除器中照射几分钟，写入时又必须在特定的电压（如 12.5V）下才能写入，使用起来不方便。而 E^2PROM 擦除采用电擦除方法，写入时一般也不需要高电压，在 TTL 电压下就能实现写入操作。另外，E^2PROM 可以字节为单位进行擦写，不需整片擦写。其缺点是比 EPROM 价格昂贵，擦写的速度较慢（不能完全当作 RAM 使用）。

（1）常用芯片介绍。图 7‑7 所示为常用 E^2PROM 的引脚图。

图 7‑7　常用 E^2PROM 的引脚图

分析说明：

1）型号中不带 "A" 的是早期的 E^2PROM 芯片，其擦/写电压大于 5V；而型号中带 "A" 的是改进型的 E^2PROM 芯片，其擦/写电压为 5V。

2）E^2PROM 的读、擦、写操作时间不一样，读出速度快，与 EPROM 相当；擦出和写入速度较慢。

3）$\overline{WE}$ 为写允许信号，当进行擦/写操作时 $\overline{WE}$ 必须为低电平。

4）RAY/$\overline{BUSY}$ 是空/忙信号，由芯片输出。当芯片进行擦/写操作时该信号端为低电平，擦/写操作完毕后该信号呈现为高阻状态。

5）2864A 也有 CMOS 工艺的产品 28C64A，该系列功耗低，使用方法相同。

（2）工作方式。2864A 的工作方式见表 7‑4。

表 7‑4　　2864A 工作方式

工作方式 \ 引脚	$\overline{CE}$	$\overline{OE}$	$\overline{WE}$	I/O7～I/O0
读出	V_{IL}	V_{IL}	V_{IH}	输出
写入	V_{IL}	V_{IH}	V_{IL}	输入

续表

引脚 工作方式	$\overline{CE}$	$\overline{OE}$	$\overline{WE}$	I/O7～I/O0
维持	V_{IH}	×	×	高阻
查询	V_{IH}	V_{IL}	V_{IH}	

分析说明：

1）写入方式分为字节写入和页面写入两种。页面写入方式是为了提高写入速度而设置的。

2）进行读操作时，片选端$\overline{CE}$为低电平有效，读操作信号端$\overline{OE}$为低电平有效，写操作信号端$\overline{WE}$为高电平。

3）进行写操作时，片选端$\overline{CE}$为低电平有效，读操作信号端$\overline{OE}$为高电平，写操作信号端$\overline{WE}$为低电平有效。

4）当片选端$\overline{CE}$为高电平时，没有选通该芯片，不进行任何操作，输出端呈现为高阻状态。

（3）典型电路连接。图7-8和图7-9所示为2864A与80C51的典型电路连接。在图7-8中，2864A用于外部ROM，而在图7-9中，2864A兼作外部ROM和外部RAM。

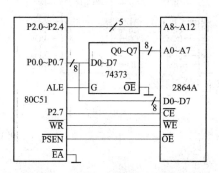

图7-8　2864A用于外部ROM时
与80C51的典型电路连接

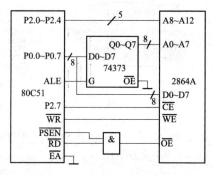

图7-9　2864A兼作外部ROM
和外部RAM时典型电路连接

📝 思考：分析图7-8和图7-9，试写出它们的不同之处。

分析说明：

1）地址线、数据线依然按照80C51一般扩展ROM的方式连接。

2）片选线一般由80C51的高位地址线控制，并决定E^2PROM的口地址。

3）将E^2PROM用作片外ROM时，80C51的$\overline{PSEN}$与E^2PROM的$\overline{OE}$端相连。由80C51的$\overline{PSEN}$控制E^2PROM的读出（输出允许$\overline{OE}$）。

4）将E^2PROM当作片外RAM时，因需要对E^2PROM进行在线擦写，因此80C51的$\overline{WR}$与E^2PROM的$\overline{WE}$端相连，此时应使用MOVX指令，且应注意E^2PROM的地址范围与片外RAM不能重复重叠，否则将会出错。

5）E^2PROM用作片外ROM时，执行MOVC指令，读选通由$\overline{PSEN}$控制；E^2PROM用作片外RAM时，执行MOVX指令，读选通由$\overline{RD}$控制。读E^2PROM时，速度与EPROM

相当，完全能满足 CPU 的要求。写 E^2PROM 时，速度很慢，因此，不能将 E^2PROM 当作一般 RAM 使用。每写入一个（页）字节，要延时 10ms 以上，使用时应注意。

需要指出的是：近些年由于 flash ROM 技术的大力发展，并行扩展 ROM 已经很少见了，上述有关并行扩展外部 ROM 的知识，一是为读者提供一种思路；二是使读者了解早期的单片机应用系统如何并行扩展外部 ROM，为维护修理这些系统打下基础。

（二）并行扩展外部 RAM

80C51 单片机内部有 128B 的 RAM，只能存储少量数据，对于一般的小型系统和无需存放大量数据的系统而言已经能够满足要求。对于大型应用系统和需要存放大量数据的系统，则需要在片外进行 RAM 的扩展。

1. 常用 RAM 芯片介绍

扩展外部 RAM 芯片一般采用静态 RAM（Static Random Access Memory，SRAM），也可以根据具体的需要采用 E^2PROM 芯片或者其他 RAM 芯片。

常用的 RAM 芯片有 Intel 公司的 6116 和 6264。图 7-10 所示为 6116 和 6264 芯片 DIP（Dual Inline - Pin Package，双列直插式封装）封装引脚图。

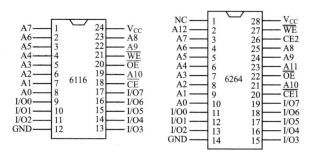

图 7-10　6116 和 6264 芯片 DIP 封装引脚图

表 7-5 为 6116 的工作方式，表 7-6 为 6264 的工作方式。

表 7-5　　　　　　　　　　　6116 的工作方式

工作方式 ＼ 引脚	$\overline{CE}$	$\overline{OE}$	$\overline{WE}$	I/O7～I/O0
未选中	V_{IH}	$\times$	$\times$	高阻
输出禁止	V_{IL}	V_{IH}	V_{IH}	高阻
读	V_{IL}	V_{IL}	V_{IH}	D_{OUT}
写	V_{IL}	V_{IH}	V_{IL}	D_{IN}

表 7-6　　　　　　　　　　　6264 的工作方式

工作方式 ＼ 引脚	$\overline{CE1}$	CE2	$\overline{OE}$	$\overline{WE}$	I/O7～I/O0
未选中	V_{IH}	$\times$	$\times$	$\times$	高阻
未选中	$\times$	V_{IL}	$\times$	$\times$	高阻

引脚 工作方式	$\overline{CE1}$	CE2	$\overline{OE}$	$\overline{WE}$	I/O7～I/O0
输出禁止	V_{IL}	V_{IH}	V_{IH}	V_{IH}	高阻
读	V_{IL}	V_{IH}	V_{IL}	V_{IH}	D_{OUT}
写	V_{IL}	V_{IH}	V_{IH}	V_{IL}	D_{IN}

从表中可以看出：①$\overline{CE}$无效时（6264 有两个片选端，$\overline{CE1}$和 CE2 有一端无效即可），芯片不工作，输出呈现为高阻状态；②$\overline{CE}$有效时（6264 的$\overline{CE1}$和 CE2 同时有效），芯片工作，读选通信号$\overline{OE}$有效时输出，写选通信号$\overline{WE}$有效时输入，但$\overline{OE}$和$\overline{WE}$不能同时有效。

2. 典型电路连接

图 7-11 所示是 6116 与 80C51 典型连接电路，图 7-12 所示是 6264 与 80C51 典型连接电路。

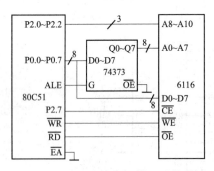 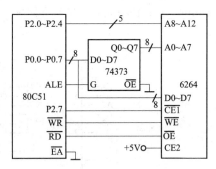

图 7-11　6116 与 80C51 典型连接电路　　　　图 7-12　6264 与 80C51 典型连接电路

分析说明：

（1）地址线、数据线仍然按照 80C51 一般扩展 ROM 时的方式连接。高位地址线视具体扩展芯片的容量而定，6116 需要 3 根高位地址线和低 8 位地址线，6264 需要 5 根高位地址线和低 8 位地址线。

（2）片选线一般由 80C51 的高位地址线进行控制，并决定 RAM 的口地址。6264 有两个片选端，只用了其中的一个，一般用$\overline{CE1}$，而 CE2 直接 V_{cc}，如图 7-12 所示。按照图 7-10 和图 7-11 接线，6116 的地址范围是 7800H～7FFFH；6264 的地址范围是 6000H～7FFFH（无关位取"1"）。

（3）读写控制线由 80C51 的$\overline{RD}$、$\overline{WR}$分别与 RAM 芯片的$\overline{OE}$、$\overline{WE}$相连。

【例 7-1】 按图 7-12 连线，试编制程序，将外部 RAM 以 7020H 为首地址的 16 个数据读出并写入外部 RAM 以 7040H 为首地址的存储单元。

解　解法一程序如下：

```
RWRAM:  MOV    R2,      #16        ;置读写数据长度的初值
        MOV    R0,      #30H       ;设置写入数据区内部 RAM 的首地址
        MOV    DPTR,    #7020H     ;设置读出数据区外部 RAM 的首地址
LOOP:   MOVX   A,       @DPTR      ;将外部 RAM 数据区的首地址中的值读到 A 中
        MOV    @R0,     A          ;将 A 中的数据送到内部 RAM 数据区的首地址中
```

```
        INC    R0                  ;修改内部 RAM 的地址
        INC    DPTR                ;修改外部 RAM 的地址
        DJNZ   R2,     LOOP        ;判断读写是否结束？未结束继续进行循环
        MOV    R2,     #16         ;置读写数据长度的初值
        MOV    R0,     #30H        ;设置读出数据区内部 RAM 的首地址
        MOV    DPTR,   #7040H      ;设置写入数据区外部 RAM 的首地址
LOOP1:  MOV    A,      @R0         ;将内部 RAM 数据区首地址的中的数据送到 A
        MOVX   @DPTR,  A           ;将 A 中的数据送到外部 RAM 数据区的首地址中
        INC    R0                  ;修改内部 RAM 的地址
        INC    DPTR                ;修改外部 RAM 的地址
        DJNZ   R2,     LOOP1       ;判断读写是否结束？未结束继续进行循环
        RET
```

解法二程序如下：

```
RWRAM:  MOV    R2,     #10H        ;置读写数据的长度
        MOV    R3,     #20H        ;置读出数据区低 8 位首地址
        MOV    R4,     #40H        ;置写入数据区低 8 位首地址
        MOV    DPTR,   #7020H      ;置读出数据区首地址
LOOP:   MOVX   A,      @DPTR       ;读数据
        MOV    DPL,    R4          ;置写入数据区低 8 位地址
        MOVX   @DPTR,  A           ;写数据
        INC    R3                  ;修改读数据区地址
        INC    R4                  ;修改写数据区地址
        MOV    DPL,    R3          ;置读写数据区低 8 位地址
        DJNZ   R2,     LOOP1       ;判断读写是否结束？未结束继续进行循环
        RET
```

（三）80C51 同时扩展外部 ROM 和外部 RAM 时典型连接电路

图 7 - 13 所示为 80C51 同时扩展外部 ROM 和外部 RAM 的典型应用电路。

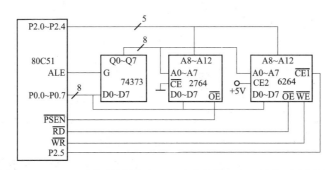

图 7 - 13　80C51 同时扩展外部 ROM 和外部 RAM 的典型应用电路

分析说明：

（1）地址线、数据线仍然按照 80C51 一般扩展外 ROM 时的方式连接。

（2）片选线，因外部 ROM 只有一片，因此无须片选。2764 的 $\overline{CE}$ 直接接地，始终有效。外部 RAM 虽然也只有一片，但系统可能还要扩展 I/O 口，而 I/O 口与外部 RAM 是统一编

址的，因此一般需要片选，6264 的 $\overline{CE1}$ 接 80C51 的 P2.5 引脚，CE2 直接接 V_{CC}，这样 6264 的地址范围为 C000H～DFFFH，P2.6、P2.7 可以留给扩展 I/O 口片选使用。

（3）读写控制线，读外部 ROM 时执行 MOVC 指令，由 $\overline{PSEN}$ 控制 2764 $\overline{OE}$，读写外部 RAM 时执行 MOVX 指令，由 $\overline{RD}$ 控制 6264 的 $\overline{OE}$，$\overline{WR}$ 控制 6264 的 $\overline{WE}$。

需要说明的是：图 7-13 和图 7-9 不同，在读操作时无区别，而在写操作时完全不一样。图 7-13 中，SRAM 写入速度很快，完全能满足 CPU 随机读写的速度要求；而图 7-9 中的 E^2PROM 写入速度很慢，不能满足 CPU 随机读写的速度要求，每写入一个字节，要延时 10ms 左右。因此，使用时应予以注意。

五、扩展外部 I/O 口

（一）用 74373 扩展输入口

扩展输入口常用的芯片为 74373。

1. 74373 芯片介绍

图 7-14 所示为 74373 的 DIP 封装引脚图和功能表。74373 是八 D 三态同相锁存器，内部有 8 个相同的 D 触发器。D0～D7 是 8 个 D 触发器的输入端；Q0～Q7 是 8 个 D 触发器的 Q 输出端；G 为门控端；加上电源端 Vcc 和接地端 GND，共有 20 个引脚。

（1）当 G=1，$\overline{OE}$=0 时，D0～D7 的信号进入 D 触发器，从相应的输出端 Q0～Q7 输出。

（2）当 G=0 时，给出 Q 保持不变。

（3）当 $\overline{OE}$=1 时，给出 Q 呈高阻状态。

2. 典型应用电路

图 7-15 所示为 74373 与 80C51 单片机连接的典型应用电路。

输入			输出
$\overline{OE}$	G	D	Q
L	H	H	H
L	H	L	L
L	L	×	不变
H	×	×	高阻

图 7-14　74373 DIP 封装引脚图和功能表

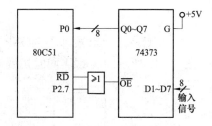

图 7-15　74373 与 80C51 单片机连接的典型应用电路

G 端接高电平，门控信号始终有效；从 D0～D7 输入的信号能直达 D0～D7 输出缓冲器待命，由 80C51 的 $\overline{RD}$ 端和 P2.7 引脚（一般用 P2.0～P2.7 为宜）经过或门与 74373 的 $\overline{OE}$ 端相连，P2.7 决定了 74373 的地址为 7FFFH（除了 P2.7 外，P0 口和其余 P2 口的地址线均为无关位，在扩展 I/O 口时，无关位取"1"，P2.7 在连接电路中取"0"，故 74373 芯片的地址为 0111 1111 1111 1111B，换成 16 进制为 7FFFH），先将地址送到 DPTR 中，执行 MOVX A，@DPTR 指令，$\overline{RD}$ 信号将自动有效，$\overline{RD}$=0，与 P2.7 相或之后，全 0 出 0，则 74373 芯片的 $\overline{OE}$ 端得到低电平信号，触发输出的信号缓冲器 Q0～Q7 输出，送到数据总线 P0 口之后，被读到累加器 A 中。

使用 74373 扩展 80C51 输入口的优点是线路简单、价格低廉、编程方便。

【例 7-2】 如图 7-15 所示，试编制程序，从 74373 外部每隔 1s 输入 1 个数据，共 10 个数据，将数据放在首地址为 50H 的连续地址中。

解 编程如下：

```
IND:     MOV     DPTR,#7FFFH      ;设置 74373 口地址
         MOV     R7,#10           ;设置循环值
         MOV     R0,#50H          ;设置内部 RAM 数据存储区首地址
LOOP:    MOVX    A,@DPTR          ;输入数据
         MOV     @R0,A            ;存数据
         INC     R0               ;指向下一存储单元
         LCALL   DLY1s            ;调用 1s 延时子程序
         DJNZ    R7,LOOP          ;判断 16 个数据读完否？未完则继续
         RET
DLY1s:   MOV     R6,#100          ;以下为延时子程序
D10ms:   MOV     R5,#40
DL:      MOV     R4,#123
         NOP
         DJNZ    R4,$
         DJNZ    R5,DL
         DJNZ    R6,D10ms
         RET
```

（二）用 74377 扩展输出口

扩展输出口常用的芯片为 74377。

1. 74377 芯片介绍

图 7-16 所示为 74377 的 DIP 封装引脚图和功能表。

74377 为带有输出允许控制的八 D 触发器。D0～D7 为 8 个 D 触发器的输入端；Q0～Q7 是 8 个 D 触发器的 Q 输出端；CLK 是时钟脉冲输入端，上升沿触发，八个 D 触发器共用；OE 为输出允许端，低电平有效。当 74377 的 $\overline{OE}$ 端为低电平，且 CLK 端有正脉冲时，在正脉冲的上升沿，D 端信号被锁存，从相应的 Q 端输出。除此之外，输出端和输入端没有必然的关联，输出端保持不变。

2. 典型应用电路

图 7-17 所示为 74377 与 80C51 单片机连接的典型应用电路。

图 7-16　74377 的 DIP 封装引脚图和功能表

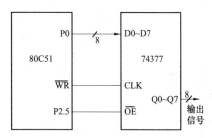

图 7-17　74377 与 80C51 单片机连接的典型应用电路

80C51 单片机的 $\overline{\text{WR}}$ 和 74377 的 CLK 端连接，P2.5 和 $\overline{\text{OE}}$ 端连接，P2.5 决定了 74377 的地址为 DFFFH（除了 P2.5 外，P0 口和其余 P2 口的地址线均为无关位，在扩展 I/O 口时，无关位取 "1"，P2.5 在连接电路中取 "0"，故 74373 芯片的地址为 1101 1111 1111 1111B，换成 16 进制为 DFFFH），当然，也可以使用 P2.0～P2.7 中的任一端线作为 74377 的片选地址线，输出时先对 DPTR 赋值，并将需要输出的数据存入累加器 A 中，执行 MOVX @DPTR，A 指令后，即可将 A 中的数据送到 74373 中，并从 Q0～Q7 端并行输出。

【例 7-3】　如图 7-17 所示，试编制程序，从 74377 连续输出 10 个数据，数据存放在内部 RAM 首地址为 50H 的连续地址单元中。

　　解　程序清单：

```
          MOV    DPTR,#0DFFFH     ;设置 74377 的地址
          MOV    R0,  #50H        ;存放数据的起始地址
          MOV    R2,  #10         ;设置数据长度
LOOP:     MOV    A,   @R0         ;读数据
          MOVX   @DPTR,  A        ;输出数据
          INC    R0               ;指向下一个存储单元
          DJNZ   R2,  LOOP        ;循环判断
          RET
```

用 74377 扩展 80C51 输出口的优点与 74373 相同。

需要说明的是，使用 74 系列芯片可以实现总线驱动能力的扩展，当 P0 口总线负载达到或超出 P0 口的最大负载能力时（8 个 TTL 门），必须接入总线驱动器，因为 P0 口在传送数据时是双向传输的，因此扩展的数据总线驱动器也必须具备双向三态功能。有时候，80C51 有可能扩展的还有控制总线中的 $\overline{\text{WR}}$、$\overline{\text{RD}}$、$\overline{\text{PSEN}}$、*ALE* 和 P2 口的高 8 位地址总线，数据不需要双向传送，因此属于单向总线。

（三）可编程并行输入/输出芯片 8255A

1. 芯片介绍

8255A 是 8255 的改进型，是一种可编程的 I/O 接口芯片，是专门针对单片机而开发设计的，其内部集成了锁存、缓冲和与 CPU 联络的控制逻辑，可以与 80C51 系列单片机以及外设直接相连，广泛用作外部并行 I/O 扩展的接口芯片。其各口功能可以由软件选择，使用灵活，通用性强。通过它，CPU 可以直接与外设相连接。

2. 芯片引脚

8255A 的 DIP 封装引脚图如图 7-18 所示。

在 8255A 的 DIP 封装引脚图中，共有 40 个引脚。其引脚说明如下：

1）数据总线（8 条）：D0～D7，用于传送 CPU 和 8255A 间的数据、命令和状态字。

2）控制总线（6 条）。介绍如下：

a. RESET：复位线，高电平有效。

b. $\overline{\text{CS}}$：片选线，低电平有效。

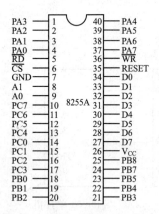

图 7-18　8255A 的 DIP
封装引脚图

c. $\overline{RD}$、$\overline{WR}$：$\overline{RD}$ 为读命令线，$\overline{WR}$ 为写命令线，皆为低电平有效。

d. A0、A1：地址输入线，用于选中 A、B、C 口和控制寄存器中的哪一个进行工作。

3) 并行 I/O 总线（24 条）：用于和外设相连，是 3 个 8 位并行 I/O 口，分别为 A 口（PA0～PA7）、B 口（PB0～PB7）、C 口（PC0～PC7）。

4) 电源 V_{CC} 和接地端 GND。

8255A 的引脚信号可以分为两组：一组是面向 CPU 的信号，一组是面向外设的信号。

（1）面向 CPU 的引脚信号及功能。

1) D0～D7：8 位双向三态数据线，用来与系统数据总线相连。

2) RESET：复位信号，高电平有效，输入，用来清除 8255A 的内部寄存器，并置 A 口、B 口、C 口均为输入方式。

3) $\overline{CS}$：片选，输入，用来决定芯片是否被选中。

4) $\overline{RD}$：读信号，输入，控制 8255A，将数据或状态信息送给 CPU。

5) $\overline{WR}$：写信号，输入，控制 CPU 将数据或控制信息送到 8255A。

6) A1、A0：内部口地址的选择，输入。这两个引脚上的信号组合决定对 8255A 内部的哪一个口或寄存器进行操作。8255A 内部共有 4 个端口：A 口、B 口、C 口和控制口，两个引脚的信号组合选中端口见表 7-7。

$\overline{CS}$、$\overline{RD}$、$\overline{WR}$、A1、A0 这几个信号的组合决定了 8255A 的所有具体操作，8255A 的操作功能见表 7-7。

表 7-7　　　　　　　　　　8255A 的操作功能表

$\overline{CS}$	$\overline{RD}$	$\overline{WR}$	A1	A0	操作	数据传送方式
0	0	1	0	0	读 A 口	A 口数据→数据总线
0	0	1	0	1	读 B 口	B 口数据→数据总线
0	0	1	1	0	读 C 口	C 口数据→数据总线
0	1	0	0	0	写 A 口	数据总线数据→ A 口
0	1	0	0	1	写 B 口	数据总线数据→ B 口
0	1	0	1	0	写 C 口	数据总线数据→ C 口
0	1	0	1	1	写控制口	数据总线数据→控制口

（2）面向外设的引脚信号及功能。

1) PA0～PA7：A 组数据信号，用来连接外设。

2) PB0～PB7：B 组数据信号，用来连接外设。

3) PC0～PC7：C 组数据信号，用来连接外设或者作为控制信号。

3. 8255A 的逻辑结构

8255A 的逻辑结构图如图 7-19 所示。

（1）三个数据端口 A、B、C。这三个端口均可以看作是 I/O 口，但它们的结构和功能也略有不同。

1) A 口：是一个独立的 8 位 I/O 口，它的内部有对数据输入/输出的锁存功能。

2) B 口：也是一个独立的 8 位 I/O 口，仅有对输出数据的锁存功能。

3) C 口：可以看作是一个独立的 8 位 I/O 口；也可以看作是两个独立的 4 位 I/O 口。C

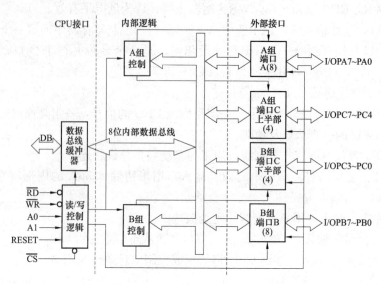

图 7 - 19　8255A 的逻辑结构图

口也是仅能对输出数据进行锁存。

（2）A 组和 B 组的控制电路。这是两组根据 CPU 命令控制 8255A 工作方式的电路，这些控制电路内部设有控制寄存器，可以根据 CPU 送来的编程命令来控制 8255A 的工作方式，也可以根据编程命令来对 C 口的指定位进行置位或复位的操作。

1）A 组控制电路用来控制 A 口及 C 口的高 4 位。

2）B 组控制电路用来控制 B 口及 C 口的低 4 位。

（3）数据总线缓冲器。8 位的双向的三态缓冲器。作为 8255A 与系统总线连接的界面，输入/输出的数据、CPU 的编程命令及外设通过 8255A 传送的工作状态等信息都是通过它来传输的。

（4）读/写控制逻辑电路。读/写控制逻辑电路负责管理 8255A 的数据传输过程。它用于接收片选信号$\overline{CS}$及系统读信号$\overline{RD}$、写信号$\overline{WR}$、复位信号 RESET，还有来自系统地址总线的口地址选择信号 A0 和 A1。

4. 8255A 的工作方式

8255A 有三种工作方式，用户可以通过编程进行设置。

1）方式 0：简单输入/输出——查询方式；A、B、C 三个端口均可以工作在方式 0。

2）方式 1：选通输入/输出——中断方式；A、B 两个端口均可以工作在方式 1。

3）方式 2：双向输入/输出——中断方式。只有 A 端口才可以工作在方式 2。

工作方式的选择可以通过向控制端口写入控制字来实现。

（1）方式 0。方式 0 是一种简单的输入/输出方式，没有规定固定的应答联络信号，可以使用 A、B、C 三个口的任一位充当查询信号，其余 I/O 口仍然可以作为独立的端口和外设相连。

方式 0 的应用场合有两种：一种是同步传送；另一种是查询传送。

（2）方式 1。方式 1 是一种选通输入/输出方式，A 口和 B 口仍然作为两个独立的 8 位 I/O 数据通道，可以单独连接外设，通过编程分别设置它们为输入或输出，而 C 口则要有 6

位（分成两个3位）分别作为A口和B口的应答联络线，其余两位仍然可以工作在方式0，可以通过编程设置为输入或输出。

1）方式1的输入组态和应答信号的功能。8255A的A口和B口方式1的输入组态如图7-20所示。C口的PC3～PC5用作A口的应答联络线，PC0～PC2则作用B口的应答联络线，余下的PC6～PC7则可作为方式0使用。方式1输入应答联络线分配情况见表7-8。应答联络线的功能如下：

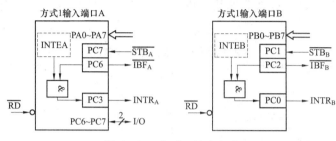

图7-20 方式1输入组态

a. $\overline{\text{STB}}$：选通输入。用来将外设输入的数据送入8255A的输入缓冲器。

b. IBF：输入缓冲器满。作为STB的回答信号。

c. INTR：中断请求信号。INTR置位的条件是STB为高电平、IBF为高电平且INTE为高电平。

d. INTE：中断允许。对A口来讲，由PC4置位来实现，对B口来讲，则由PC0置位来实现。需要事先将其置位。

表7-8 方式1输入应答联络线分配情况

信号端	A口	B口
$\overline{\text{STB}}$	PC4	PC2
IBF	PC5	PC1
INTR	PC3	PC0
INTE	PC4置1	PC2置1

2）方式1的输出组态和应答信号功能。方式1的输出组态如图7-21所示。C口的PC3、PC6、PC7用作A口的应答联络线，PC0～PC2则用作B口的应答联络线，余下的PC4～PC5则可以作为方式0使用。方式1输出应答联络线分配情况见表7-9。应答联络线的功能如下：

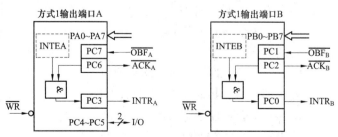

图7-21 方式1的输出组态

a. $\overline{OBF}$：输出缓冲器满。当CPU已将要输出的数据送入8255A时有效，用来通知外设可以从8255A取出数据。

b. $\overline{ACK}$：响应信号。作为对$\overline{OBF}$的响应信号，表示外设已将数据从8255A的输出缓冲器中取出。

c. INTR：中断请求信号。INTR置位的条件是ACK为高电平、OBF为高电平且INTE为高电平。

d. INTE：中断允许。对A口来讲，由PC6的置位来实现，对B口则是由PC2的置位来实现。

表7-9 方式1输出应答联络线分配情况

信号端	A口	B口
$\overline{OBF}$	PC6	PC2
$\overline{ACK}$	PC7	PC1
INTR	PC3	PC0
INTE	PC6置1	PC2置1

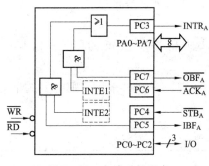

图7-22 方式2的组态

（3）方式2。方式2为双向选通输入/输出方式，只有A口才有此方式。这时，C口有5根线用作A口的应答联络信号，其余3根线可以用作方式0，也可用作B口方式1的应答联络线。方式2的组态如图7-22所示。

方式2就是方式1的输入与输出方式的组合，各应答信号的功能也相同。而C口余下的PC0～PC2正好可以充当B口方式1的应答联络线，若B口不用或工作于方式0，则这三条线也可以工作于方式0。

1）方式2的组态（见表7-10）。

表7-10 方式2的组态

$\overline{STB}$	PC4
IBF	PC5
$\overline{OBF}$	PC6
$\overline{ACK}$	PC7
INTR	PC3

2）方式2的应用场合。方式2是一种双向工作方式，如果一个并行外部设备既可以作为输入设备，又可以作为输出设备，并且输入输出动作不会同时进行，则可以使用方式2。

3）方式2和其他方式的组合。

a. 方式2和方式0输入的组合：控制字为11XXX01T。

b. 方式2和方式0输出的组合：控制字为11XXX00T。

c. 方式2和方式1输入的组合：控制字为11XXX11X。

d. 方式2和方式1输出的组合：控制字为11XXX10X。

其中，X表示与其取值无关，而T表示视情况可取1或0。

5. 8255A 的编程及应用

(1) 8255A 的编程。对 8255A 的编程涉及以下两个内容：

1）写控制字设置工作方式等信息。

2）使 C 口的指定位置位/复位的功能。

💬 **注意**：均写入控制端口。

(2) 控制字格式。控制字要写入 8255A 的控制口，写入控制字之后，8255A 才能按照指定的工作方式工作。8255A 的控制字格式与各位的功能如图 7-23 所示。

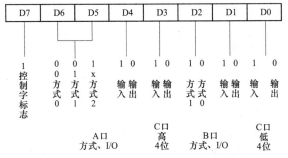

图 7-23 8255A 的控制字格式与各位的功能

【例 7-4】 某系统要求使用 8255A 的 A 口方式 0 输入，B 口方式 0 输出，C 口高 4 位方式 0 输出，C 口低 4 位方式 0 输入。

解 控制字为 10010001B，即 91H。

初始化程序如下：

```
MOV     A, 91H
MOV     DPTR, #xxxxH    ;此处为 8255A 的控制口地址
MOVX    @DPTR, A
```

(3) C 口的置位/复位功能。只有 C 口才有该功能，它是通过向控制口写入按指定位置位/复位的控制字来实现的。C 口的这个功能可以用于设置方式 1 的中断允许，可以设置外设的启/停等。按位置位/复位的控制字格式如图 7-24 所示。

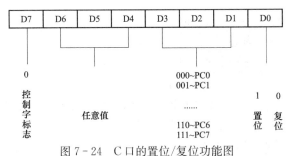

图 7-24 C 口的置位/复位功能图

六、主要接口技术

假定要设计一个单片机应用系统，那么可以想象，这个应用系统一定有反映系统运行状态和运行结果的显示设备，另外，也有可能需要对系统进行人为的干涉及数据输入，那么最常用的设备就是键盘及显示器。例如，对系统状态实现干涉的功能键和向系统输入数据的数

字键、拨码盘等；也有非接触式的，如遥控键盘、远程开关及语音输入接口等。在系统向人报告运行状态和运行结果的外部设备中，最常用的有各种报警指示灯、LED/LCD 数码管显示器、CRT 显示器和打印机等。图 7－25 所示为单片微机应用系统人机对话通道配置图。

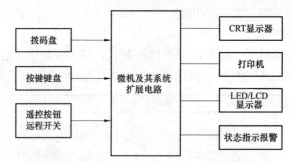

图 7－25　单片微机应用系统人机对话通道配置图

　　除了人机对话，单片机应用系统还需要有被测信号输入通道（也称前向通道）和向控制对象输出的通道（也称后向通道），被侧信号如电流、电压、温度、流量、压力、位移等，一般都是模拟量，它需要传感器进行检测、放大变换，然后由 A/D 转换器转换成数字量，才能被 CPU 接受。对于应用系统的控制对象，CPU 一般只输出数字量，多数情况下需要将数字量由 D/A 转换器转换成模拟量，然后去驱动控制对象。

　　显示器是单片机应用系统中常见的输出设备，包括 LED、LCD 等。LED 数码管能够显示数码和某些数字，LED 数码管显示清楚、成本低廉、配置灵活，与单片机接口简单易行。

　　（一）LED 数码管

　　LED 数码管由若干个发光二极管组成，当发光二极管导通时，相应的一个笔画或一个点就发光。控制相应的二极管的导通，就能显示出对于字符。LED 数码管通常构成字形"8"，还有一个发光二极管用来显示小数点。各段 LED 数码管需要由驱动电路进行驱动。在数码管中，通常将各段发光二极管的阴极或阳极连在一起作为公共端，这样就可以使驱动电路简化。将各段发光二极管的阳极连在一起的称为共阳极显示器，将阴极连在一起的称为共阴极显示器。有关 LED 数码管的显示原理在前面已经进行过介绍，这里不再赘述。

　　1. LED 数码管分类

　　（1）按其内部结构可分为共阴型和共阳型。

　　（2）按其外形尺寸分有多种形式，使用较多的是 0.5″和 0.8″。

　　（3）按显示颜色分也有多种形式，主要有红色和绿色。

　　（4）按亮度强弱可分为超亮、高亮和普亮。

　　LED 数码管的使用与发光二极管相同，根据其材料不同，正向压降一般为 1.5～2V，额定电流为 10mA，最大电流为 40mA。静态显示时取 10mA，动态扫描显示时需加大脉冲电流，但一般不超过 40mA。

　　2. 检验和显示方法

　　使用万用表的欧姆挡或者使用 5V 的电源，将数码管的 COM 端接地，将 5V 电源与第一个引脚相连接，若有其中的一段灯亮，则可以确定该数码管为共阴极数码管，反之，将表笔反接，若有其中的一段灯亮，则可以确定该数码管为共阳极数码管，且对应的引脚和灯正常，然后依次将其余引脚与 5V 相连接，可以确定数码管的类型和好坏，并能够确定对应的引脚。

显示数转换为显示字段码的步骤如下：

（1）从显示数中分离出显示的每一位数字，方法是将显示数除以十进制的权。

（2）将分离出的显示数字转换为显示字段码，方法是用查表程序实现。

【例 7 - 5】 已知显示数存放在片内 RAM 30H（高位）、31H 单元中，试将其转换为 5 位共阴字段码（顺序），存放在以 30H（高位）为首址的片内 RAM 单元中。

解　分离显示数字子程序如下：

```
SPRT:  MOV    R0,#30H        ;设置万位 BCD 码间址
       MOV    A,30H          ;设置被除数
       MOV    B,31H
       MOV    R6,#27H        ;设置除数 10000=2710H
       MOV    R5,#10H
       LCALL  SUM            ;除以 10000,万位商存 30H,余数存 A、B
       MOV    R6,#03H        ;设置除数 1000=03E8H
       MOV    R5,#0E8H
       INC    R0             ;指向千位商间址(31H)
       LCALL  SUM            ;除以 1000,千位商存 31H,余数存 A、B
       MOV    R6,#0          ;设置除数 100
       MOV    R5,#100
       INC    R0             ;指向百位商间址(32H)
       LCALL  SUM            ;除以 100,百位商存 32H,余数存 A(B=0)
       MOV    B,#10          ;设置除数 10
       DIV    AB             ;除以 10
       INC    R0             ;指向十位商间址(33H)
       MOV    @R0,A          ;十位商存 33H
       XCH    A,B            ;读个位数
       INC    R0             ;指向个位间址(34H)
       MOV    @R0,A          ;个位存 34H
       RET
```

转换显示字段码子程序如下：

```
CHAG:  MOV    DPTR,#TAB                ;设置共阴字段码表首址
       MOV    R0,#30H                  ;设置显示数据区首址
CGLP:  MOV    A,@R0                    ;取显示数字
       MOVC   A,@A+DPTR                ;读相应显示字段码
       MOV    @R0,A                    ;保存显示字段码
       INC    R0                       ;指向下一显示数字
       CJNE   R0,#35H,CGLP             ;判断 5 个显示数字转换完否？未完继续
       RET                             ;转换完毕,结束
TAB:   DB 3FH,06H,5BH,4FH,66H          ;共阴字段码表
       DB 6DH,7DH,07H,7FH,6FH;
```

📝 **思考：** SUM 为除法运算子程序，请读者思考其主要内容。

3. 静态显示方式及其典型应用电路

LED 数码管显示分类有静态显示方式和动态显示方式。

　　1）静态显示方式，每一位字段码分别从 I/O 控制口输出，保持不变，直至 CPU 刷新。特点是编程较简单，但占用 I/O 口线多，一般适用于显示位数较少的场合。

　　2）动态显示方式，在某一瞬时显示一位，依次循环扫描，轮流显示，由于人的视觉滞留效应，人们看到的是多位同时稳定显示。特点是占用 I/O 口线少，电路较简单，编程较复杂，CPU 要定时扫描刷新显示，一般适用于显示位数较多的场合。

　　（1）并行扩展静态显示电路。图 7-26 所示为并行扩展 3 位 LED 数码管静态显示电路，74377 并行扩展 8 位 I/O 口（参阅并行扩展 I/O 口部分内容），P0 口输出 8 位字段码，P2.5、P2.6、P2.7 分别片选百位、十位、个位的 74377，控制显示，LED 数码管为共阳极类型。

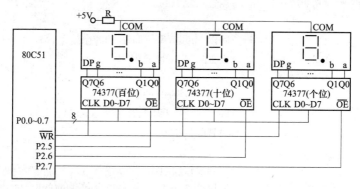

图 7-26　并行扩展 3 位 LED 数码管静态显示电路

　　【例 7-6】　按图 7-26 编制显示子程序，显示数（≤255）存在内部 RAM 的 30H 单元中。

　　解　程序清单：

```
DIR1:   MOV     A,  30H                    ;读显示数
        MOV     B,  #100                   ;设置除数 100
        DIV     AB                         ;产生百位显示数字
        MOV     DPTR,  #TAB                ;设置共阳字段表首地址
        MOVC    A,  @A+ DPTR              ;读百位显示符
        MOV     DPTR,  #0DFFFH            ;设置 74377(百位) 地址
        MOVX    @DPTR,  A                 ;输出百位显示符
        MOV     A,  B                      ;读余数
        MOV     B,  #10                    ;设置除数 10
        DIV     AB                         ;产生十位显示数字
        MOV     DPTR,  #TAB                ;设置共阳字段码表首址
        MOVC    A,  @A+ DPTR              ;读十位显示符
        MOV     DPTR,  #0BFFFH            ;设置 74377(十位) 地址
        MOVX    @DPTR,  A                 ;输出十位显示符
        MOV     A,  B                      ;读个位显示数字
        MOV     DPTR,  #TAB                ;设置共阳字段码表首地址
        MOVC    A,  @A+ DPTR              ;读个位显示符
        MOV     DPTR,  #7FFFH             ;设置 74377(个位) 地址
```

```
        MOVX    @DPTR, A                    ;输出个位显示符
        RET
TAB:    DB 0C0H,0F9H,0A4H,0B0H,99H          ;共阳字段码表
        DB 92H,82H,0F8H,80H,90H
```

另外，如果需要扩展的接口芯片较多，则可以使用译码法进行电路扩展，同样是 3 位的 LED 数码管静态显示电路，P2.5、P2.6、P2.7 经过 3 线—8 线译码器 74LS138 译码之后接到各个 74LS373 的片选端，控制显示。译码法并行扩展 3 位 LED 数码管静态显示电路如图 7 - 27 所示。

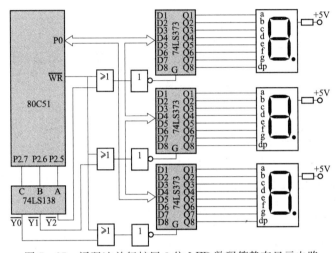

图 7 - 27 译码法并行扩展 3 位 LED 数码管静态显示电路

（2）串行扩展静态显示电路。图 7 - 28 所示为串行扩展 3 位 LED 数码管静态显示电路，RXD 串行输出显示字段码，TXD 发出移位脉冲，P1.0 控制串行输出，LED 数码管为共阳极型。

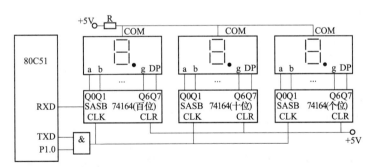

图 7 - 28 串行扩展 3 位 LED 数码管静态显示电路

【例 7 - 7】 按图 7 - 28 编制显示子程序，显示字段码已分别存放在内部 RAM 32H～30H 单元中。

解 程序清单：

```
DIR2:   MOV     SCON,#00H                   ;设置串行口工作于方式 0
        CLR     ES                          ;串行口禁止
        SETB    P1.0                        ;"与"门开,允许 TXD 发送移位脉冲
```

```
MOV      SBUF,30H            ;串行输出个位显示字段码
JNB      TI,$                ;等待串行发送完毕
CLR      TI                  ;清串行中断标志
MOV      SBUF,31H            ;串行输出十位显示字段码
JNB      TI,$                ;等待串行发送完毕
CLR      TI                  ;清串行中断标志
MOV      SBUF,32H            ;串行输出百位显示字段码
JNB      TI,$                ;等待串行发送完毕
CLR      TI                  ;清串行中断标志
CLR      P1.0                ;"与"门关,禁止 TXD 发送移位脉冲
RET
```

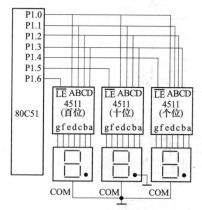

图 7 - 29　利用 4511 实现的 3 位数
码管静态显示电路

特点：公共端所接的电平确定，即共阳极接 Vcc，共阴极接地。每个数码管需要一个驱动芯片。

（3）BCD 码输出静态显示电路。图 7 - 29 所示为利用 4511 实现的 3 位数码管静态显示电路。4511 是 4 线—7 段锁存/译码/驱动电路，能将 BCD 码译成 7 段显示字符输出。图中，4511 的 A、B、C、D 为 0～9 的二进制输入端（A 是低位），a、b、c、d、e、f、g 为显示段码输出端，$\overline{LE}$ 为输入信号锁存控制（低电平有效），数码管为共阴极型数码管。

【例 7 - 8】　如图 7 - 29 所示，试编制显示子程序（小数点固定在第二位），已知显示数存放在内部 RAM 30H～32H 单元中。

解　程序清单：

```
DIR3:    MOV P1,#11100000B   ;选通个位
ORL      P1,30H              ;输出个位显示数
MOV      P1,#11010000B       ;选通十位
ORL      P1,31H              ;输出十位显示数
MOV      P1,#10110000B       ;选通百位
ORL      P1,32H              ;输出百位显示数
RET
```

利用 4511 实现静态显示时与一般显示电路不同：一是节省 I/O 口线，段码输出只需 4 根 I/O 口线；二是不需要专用的驱动电路，可以直接输出；三是不需要译码，直接输出二进制数，编程简单。缺点是只能显示数字，不能显示各种符号。

4. 动态显示方式及其典型应用电路

动态显示电路连接形式为：显示各位的所有相同字段线连在一起，每一位的 a 段连在一起，b 段连在一起，…，g 段连在一起，共有 8 段，由一个 8 位 I/O 口控制；每一位的公共端 COM（共阳或共阴）由另一个 I/O 口控制，如图 7 - 30 所示。

由于这种连接方式将每位相同字段的字段线连在一起，因此当输出字段码时，每一位将显示相同的内容。如何解决这个问题呢？

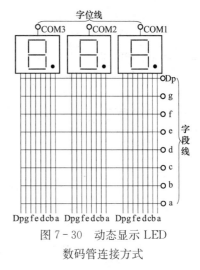

图 7 - 30　动态显示 LED
数码管连接方式

我们还是从数码管的结构谈起。数码管分为共阴极和共阳极型，所谓的共阴极和共阳极就是指各段发光二极管的公共端是正极或负极并将之连在一起，那么当共阳极数码管的公共端接高电平，各笔画的控制端接低电平，那么对应的发光二极管就点亮。现在将共阳极数码管的公共端接低电平时，那么各控制端接低电平或高电平，对应的发光二极管会不会点亮呢？很显然，都不会亮。

因此，要想通过动态显示电路显示不同的内容，那么数码管的公共端就不能是恒定的高电平或低电平，必须采取轮流显示的方式，即在某一时刻，只让某一位的字段线处于选通状态（共阴极数码管的公共端为低电平，共阳极数码管的公共端为高电平），其他各位的字段线处于断开状态，同时字段线上输出该位要显示的相应字符的字段码。在这个时刻，只有这一位显示，其余各位均不显示；同样，在下一时刻，让另外一个数码管单独显示，其余各位均不显示，这样依次循环，轮流显示，由于人的视觉有滞留效应，因此人们看到的是多位同时稳定显示。

（1）共阴型 8 位动态显示电路。图 7 - 31 所示为共阴极型 8 位动态显示电路。74138 将 P1.0～P1.2 输出的 3 位信号经过译码之后作为位码信号分别接到 8 个数码管的公共端，由于采用的是共阴极型数码管，因此低电平有效；74377 将 P0 口传送的位段码信号锁存后输出，高电平有效，8 个数码管均收到同样的段码，但只有位码信号有效的那个数码管才会点亮，其余都不点亮。P0 口依次输出要显示的字段码，74138 依次选通各位数码管，这样就实现了依次循环，轮流显示。需要指出的是，采用共阴极数码管时，在动态显示方式下，每位的显示时间只有静态显示方式下的 1/N（N 为显示位数），因此为了达到足够的亮度，需要较大的瞬时电流，因此一般需要加驱动电路来实现，如 7406、7407、MC1413 等，或者使用分立元件三极管作为驱动器。

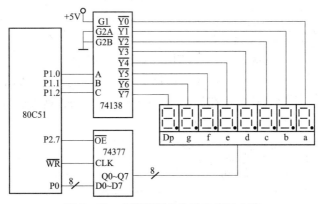

图 7 - 31　共阴极型 8 位动态显示电路

【例 7 - 9】　如图 7 - 31 所示，试编制循环扫描（10 次）显示子程序，已知显示字段码存放在以 30H（低位）为首地址的 8 字节的内部 RAM 单元中。

　　解　程序清单：

```
DIR4:   MOV     R2,#10              ;设置循环扫描次数
        MOV     DPTR,#7FFFH         ;设置 74377 口地址
DLP1:   ANL     P1,#11111000B       ;第 0 位先显示
        MOV     R0,#30H             ;设置显示字段码首址
DLP2:   MOV     A,@R0               ;读显示字段码
        MOVX    @DPTR,A             ;输出显示字段码
        LCALL   D10ms               ;调用延时 10ms 子程序
        INC     R0                  ;指向下一位字段码
        INC     P1                  ;选通下一位显示
        CJNE    R0,#38H,DLP2        ;判断 8 位扫描显示完否,未完则继续
        DJNZ    R2,DLP1             ;8 位扫描显示完毕,判断 10 次循环完否
        CLR     A                   ;10 次循环完毕,显示变暗
        MOVX    @DPTR,A
        RET                         ;子程序返回
D10ms:  MOV     R5,#40              ;以下为延时子程序
DL:     MOV     R4,#123
        NOP
        DJNZ    R4,$
        DJNZ    R5,DL
        RET
```

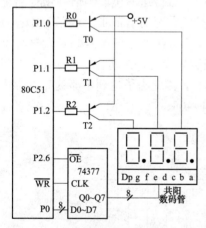

图 7-32 共阳极型 3 位 LED 数码
管动态扫描显示电路

(2) 共阳型 3 位动态显示电路。图 7-32 所示为由 PNP 型三极管与 74377 组成的共阳极型 3 位 LED 数码管动态扫描显示电路。3 位数码管采用共阳极数码管,其公共端接在 PNP 型三极管的集电极上,当 P1.0~P1.2 输出低电平时,T0~T2 导通,选通相应的显示位;P0 口输出的字段码也是低电平有效。需要指出的是:输出高电平与输出低电平时的驱动能力不一样,输出高电平时,拉电流较小;输出低电平时,灌电流较大,因此,通常采用低电平有效输出控制。

【例 7-10】 根据图 7-32 所示的电路,试编制 3 位动态扫描显示程序(循环 100 次),已知显示字段码存放在以 40H(低位)为首地址的 3 字节内部 RAM 空间中。

解 程序清单:

```
DIR5:   MOV     DPTR,#0BFFFH        ;设置 74377 地址
        MOV     R2,#100             ;设置循环显示次数
DIR50:  SETB    P1.2                ;百位停显示
        MOV     A,40H               ;取个位字段码
        MOVX    @DPTR,A             ;输出个位字段码
        CLR     P1.0                ;个位显示
        LCALL   D10ms               ;调用延时 10ms 子程序
```

```
DIR51:  SETB    P1.0              ;个位停显示
        MOV     A,41H             ;取十位字段码
        MOVX    @DPTR,A           ;输出十位字段码
        CLR     P1.1              ;十位显示
        LCALL   DY2ms             ;延时 2ms
DIR52:  SETB    P1.1              ;十位停显示
        MOV     A,42H             ;取百位字段码
        MOVX    @DPTR,A           ;输出百位字段码
        CLR     P1.2              ;百位显示
        LCALL   DY2ms             ;延时 2ms
        DJNZ    R2,DIR50          ;判断循环显示结束否,未完则继续
        ORL     P1,#00000111B     ;3 位灭显示
        RET
D10ms:  MOV     R5,#40            ;以下为延时子程序
DL:     MOV     R4,#123
        NOP
        DJNZ    R4,$
        DJNZ    R5,DL
        RET
```

特点:通过控制数码管的公共端来控制数码管的亮灭,数码管的公共引脚均相连;占用 I/O 端口线少,电路简单,硬件成本低;编程较为复杂,CPU 要定时扫描刷新显示。当要求的显示位数较多时,通常采用动态扫描显示方式。

键盘在单片机系统中是一个很重要的部件。为了输入数据、查询和控制系统的工作状态,经常需要用到键盘,键盘是人工干预计算机工作的主要手段。

微机所用的键盘可以分为编码键盘和非编码键盘两种。编码键盘采用硬件线路来实现键盘的编码,每按下一个键,键盘能自动生成按键代码,键数较多,而且还具有去抖动功能,这种键盘使用方便,但硬件较为复杂,PC 机使用的键盘就属于这种键盘。非编码键盘仅提供了按键开关工作状态,其他工作由软件完成,这种键盘键数较少,硬件简单,一般在单片机应用系统中被广泛使用。本处内容主要介绍这类非编码键盘及它与 80C51 单片机的接口。

(二)键盘接口概述

我们通过键盘,希望给单片机应用系统一个数据,那么系统如何识别是否按下按键呢?这就是通过高低电平的变化来反映键的状态,从而给系统一个"0"或"1",干预或设定系统的运行,问题进而变得简单,可以通过按键的开合使电平发生变化。

1. 按键的操作

有关按键的操作识别如图 7-33 所示。

图 7-33 (a) 中,当按键没有按下时,A=5V;按键按下时,A=0。

图 7-33 (b) 中,当按键没有按下时,A=0;按键按下时,A=5V。

2. 去抖动方法

在图 7-33 中,由于按键开关的结构

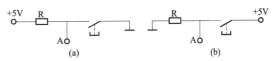

图 7-33 按键的识别操作

为机械弹性元件，因此在按键按下和断开的瞬间会产生接触不稳定的现象，如图 7-34 所示。这就是键盘的抖动问题，键盘的抖动时间一般为 5～10ms，抖动现象会引起 CPU 对一次按键操作进行多次处理，从而可能产生错误，因此必须设法消除抖动的不良后果。

（1）硬件去抖动。硬件去抖动通常用电路来实现，一般有 3 种方法，如图 7-35 所示。

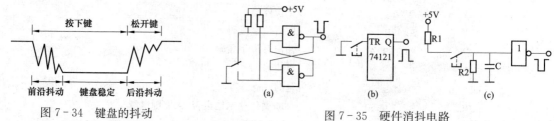

图 7-34　键盘的抖动　　　　　图 7-35　硬件消抖电路

（a）双稳态去抖动电路；（b）单稳态去抖动电路；（c）滤波去抖动电路

图 7-35（a）所示为利用双稳态电路的去抖动电路；图 7-35（b）所示为利用单稳态电路的去抖动电路；图 7-35（c）所示为利用 RC 滤波电路的去抖动电路。

RC 滤波电路具有吸收干扰脉冲的作用，只要适当选择 RC 电路的时间常数，便可以消除抖动的不良后果。当按键未按下时，电容 C 两端的电压为零；当按键按下时，电容 C 两端的电压不能突变到 5V，CPU 不会立即接收到信号，电源经电阻 R1 向电容 C 充电，即使在按键过程中出现抖动，只要 RC 电路的时间常数大于抖动电平的变化周期，门的输出将不会改变。在图中，R1C 组成的充电时间应大于 10ms，且 $V_{CC} \cdot R_2/(R_1+R_2)$ 的值应大于门的高电平阈值，该电路简单实用，若要求不严，还可以将图中的非门电路取消，直接与 CPU 相连。其中，RC 滤波电路去抖动电路简单实用，效果较好。

（2）软件去抖动。检测到按键按下后，执行延时 10ms 子程序后再确认该键是否已按下，消除抖动影响。

3. 按键连接方式

（1）独立式键盘及其接口电路。独立式键盘是指每个按键占用一根 I/O 端线。判断有无键按下只需根据相应端口的电平高低，独立式键盘一般用于按键数量较少的场合。其特点是：①键相互独立，电路配置灵活；②按键数量较多时，I/O 端口线耗费较多，电路结构繁杂；③软件结构简单。

1）按键直接与 I/O 口连接。图 7-36 所示为 3 个独立式按键直接与 80C51 单片机 I/O 口连接的电路。图 7-36（a）为键按下输入低电平；图 7-36（b）为键按下输入高电平。

【例 7-11】　按图 7-36（a）、（b），试分别编制按键扫描子程序。

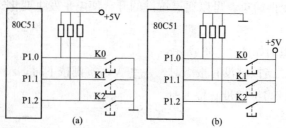

图 7-36　独立式按键接口电路

解 按图 7－36（a）编程如下：

```
KEYA:   ORL     P1,#07H             ;设置 P1.0～P1.2 为输入态
        MOV     A,P1                ;读键值,键闭合相应位为 0
        CPL     A                   ;取反,键闭合相应位为 1
        ANL     A,#00000111B        ;屏蔽高 5 位,保留有键值信息的低 3 位
        JZ      GRET                ;全 0,无键闭合,返回
        LCALL   D10ms               ;非全 0,有键闭合,延时 10ms,软件去抖动
        MOV     A,P1                ;重读键值,键闭合相应位为 0
        CPL     A                   ;取反,键闭合相应位为 1
        ANL     A,#00000111B        ;屏蔽高 5 位,保留有键值信息的低 3 位
        JZ      GRET                ;全 0,无键闭合,返回;非全 0,确认有键闭合
        JB      ACC.0,KA0           ;转 0#键功能程序
        JB      ACC.1,KA1           ;转 1#键功能程序
        JB      ACC.2,KA2           ;转 2#键功能程序
GRET:   RET
KA0:    LCALL   WORK0               ;执行 0#键功能子程序
        RET
KA1:    LCALL   WORK1               ;执行 1#键功能子程序
        RET
KA2:    LCALL   WORK2               ;执行 2#键功能子程序
        RET
D10ms:  MOV     R5,#40              ;以下为延时子程序
DL:     MOV     R4,#123
        NOP
        DJNZ    R4,$
        DJNZ    R5,DL
        REL
```

按图 7－36（b）编程如下：

```
KEYB:   ORL     P1,#07H             ;设置 P1.0～P1.2 为输入态
        MOV     A,P1                ;读键值,键闭合相应位为 1
        ANL     A,#00000111B        ;屏蔽高 5 位,保留有键值信息的低 3 位
        JZ      GRET                ;全 0,无键闭合,返回
        LCALL   D10ms               ;非全 0,有键闭合,延时 10ms,软件去抖动
        MOV     A,P1                ;重读键值,键闭合相应位为 1
        ANL     A,#00000111B        ;屏蔽高 5 位,保留有键值信息的低 3 位
        JZ      GRET                ;全 0,无键闭合,返回;非全 0,确认有键闭合
        JB      ACC.0,KB0           ;转 0#键功能程序
        JB      ACC.1,KB1           ;转 1#键功能程序
        JB      ACC.2,KB2           ;转 2#键功能程序
GRET:   RET
KB0:    LCALL   WORK0               ;执行 0#键功能子程序
        RET
```

```
KB1:    LCALL    WORK1              ;执行 1#键功能子程序
        RET
KB2:    LCALL    WORK2              ;执行 2#键功能子程序
        RET
D10ms:  MOV      R5,#40             ;以下为延时子程序
DL:     MOV      R4,#123
        NOP
        DJNZ     R4,$
        DJNZ     R5,DL
        RET
```

2) 按键与扩展 I/O 口连接。扩展 I/O 口可以有并行扩展和串行扩展两种方式，两种方式均可以与按键连接。

a. 按键与并行扩展 I/O 口连接。图 7-37 所示为按键与并行扩展 I/O 口 74373 连接电路。10kΩ×8 和 0.1μF×8 为 RC 滤波消抖电路。

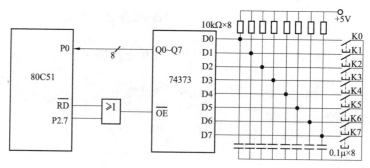

图 7-37　按键与并行扩展 I/O 口连接电路

【例 7-12】　如图 7-37 所示，试编制按键扫描子程序，将键信号存入内部 RAM 30H 单元中。

解　程序清单：

```
KEY99:  MOV      DPTR,#7FFFH        ;设置 74373 口地址
        MOVX     A,@DPTR            ;输入键信号（"0"有效）
        MOV      30H,A              ;存键信号数据
        RET
```

b. 按键与串行扩展 I/O 连接。按键与串行扩展 I/O 口连接请参阅串行扩展的相关内容。

（2）矩阵式键盘及其接口电路。I/O 端线分为行线和列线，按键跨接在行线和列线上，按键按下时，行线与列线发生短路。图 7-38 所示为 4×4 矩阵式键盘。其特点是：①占用 I/O 端线较少；②软件结构较复杂；③适用于按键较多的场合。

当无按键按下时，P1.0～P1.3 与相应的 P1.4～P1.7 之间开路；当有键闭合时，与闭合键相连接的两条 I/O 端口线之间短路。判断有无键按下的方法如下：

第一步，设置列线 P1.4～P1.7 为输入状态，行线 P1.0～P1.3 输出低电平，读入列数据，若某一列线为低电平，则该列线上有键闭合。

第二步，设置行线 P1.0～P1.3 为输入状态，列线 P1.4～P1.7 输出低电平，读入行数据，若某一行线为低电平，则该行线上有键闭合。

第三步，综合第一步、第二步的结果，可以确定按键编号，即可以确定是第几行、第几列上的键被按下。但是按键按下一次只能进行一次按键功能操作，因此必须等待按键释放后，再进行按键功能操作，否则按一次键，有可能会连续多次进行同样的按键操作，图 7-39 所示为矩阵式键盘程序流程图。

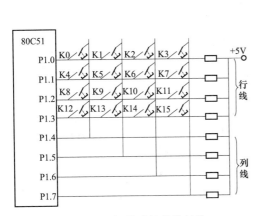

图 7-38　矩阵式键盘的结构

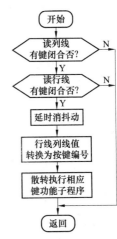

图 7-39　矩阵式键盘程序流程图

【例 7-13】　按图 7-38 及图 7-39 所示，试编制矩阵式键盘扫描程序。

解　程序清单：

```
KEY:    MOV     P1,#0F0H       ;行线置低电平,列线置输入态
KEY0:   MOV     A,P1           ;读列线数据
        CPL     A              ;数据取反,"1"有效
        ANL     A,#0F0H        ;屏蔽行线,保留列线数据
        MOV     R1,A           ;保存列线数据(R1 高 4 位)
        JZ      GRET           ;全 0,无键按下,返回
KEY1:   MOV     P1,#0FH        ;行线置输入态,列线置低电平
        MOV     A,P1           ;读行线数据
        CPL     A              ;数据取反,"1"有效
        ANL     A,#0FH         ;屏蔽列线,保留行线数据
        MOV     R2,A           ;保存行线数据(R2 低 4 位)
        JZ      GRET           ;全 0,无键按下,返回
        JBC     F0,WAIT        ;已有消抖标志,转移到 WAIT
        SETB    F0             ;无消抖标志,设置消抖标志
        LCALL   D10ms          ;调用 10ms 延时子程序,消抖
        SJMP    KEY0           ;重读行线列线数据
GRET:   RET
D10ms:  MOV     R5,#40         ;以下为延时子程序
DL:     MOV     R4,#123
```

```
           NOP
           DJNZ    R4,$
           DJNZ    R5,DL
           RET
    WAIT:  MOV     A,P1              ;等待按键释放
           CPL     A
           ANL     A,#0FH
           JNZ     WAIT             ;按键未释放,继续等待
    KEY2:  MOV     A,R1             ;取列线数据(高 4 位)
           MOV     R1,#03H          ;取列线编号初值
           MOV     R3,#03H          ;设置循环数
           CLR     C
    KEY3:  RLC     A                ;依次左移入 C 中
           JC      KEY4             ;C=1,该列有键按下,(列线编号存 R1)
           DEC     R1               ;C=0,无键按下,修正列编号
           DJNZ    R3,KEY3          ;判断循环结束否? 未结束则继续寻找有键按下的列线
    KEY4:  MOV     A,R2             ;取行线数据(低 4 位)
           MOV     R2,#00H          ;设置行线编号初值
           MOV     R3,#03H          ;设置循环数
           CLR     C
    KEY5:  RRC     A                ;依次右移入 C 中
           JC      KEY6             ;C=1,该行有键按下(行线编号存 R2)
           INC     R2               ;C=0,无键按下,修正行线编号
           DJNZ    R3,KEY5          ;判断循环结束否? 未结束则继续寻找有键按下的行线
    KEY6:  MOV     A,R2             ;取行线编号
           CLR     C
           RLC     A                ;行编号×2
           RLC     A                ;行编号×4
           ADD     A,R1             ;行编号×4+ 列编号= 按键编号
    KEY7:  CLR     C
           RLC     A                ;按键编号×2
           RLC     A                ;按键编号×4(LCALL+ RET 共 4 字节)
           MOV     DPTR,#TABJ
           JMP     @A+DPTR          ;散转,执行相应按键功能子程序
    TABJ:  LCALL   WORK0            ;调用执行 0#按键功能子程序
           RET
           LCALL   WORK1            ;调用执行 1#按键功能子程序
           RET
           ...     ...
           LCALL   WORK15           ;调用执行 15#按键功能子程序
           RET
```

图 7 - 40 所示为工作于中断方式的矩阵式键盘接口电路。在初始化时 P1.4～P1.7 输出低电平，P1.0～P1.3 设置为输入状态，P1.0～P1.3 分别接至与门各输入端。当有键按下时

$\overline{INT0}=0$，CPU中断后，在中断服务子程序中，再完成按键识别和按键功能处理。

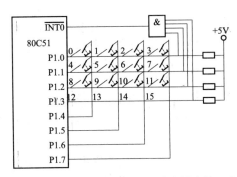

图7-40 工作于中断方式的矩阵式键盘接口电路

【例7-14】 如图7-40所示，试编制中断方式键盘扫描程序，将键盘序号存入内部RAM 30H单元中。

解 程序清单：

```
        ORG    0000H           ;复位地址
        LJMP   STAT            ;转初始化
        ORG    0003H           ;中断入口地址
        LJMP   PINT0           ;转中断服务程序
        ORG    0100H           ;初始化程序首地址
STAT:   MOV    SP,#60H         ;设置堆栈指针
        SETB   IT0             ;设置为边沿触发方式
        MOV    IP,#00000001B   ;设置为高优先级中断
        MOV    P1,#00001111B   ;设置P1.0~P1.3为输入态,设置P1.4~P1.7输出0
        SETB   EA              ;CPU开中断
        SETB   EX0             ;开中断
        LJMP   $               ;等待有键按下时中断
        OGR    2000H           ;中断服务程序首地址
PINT0:  PUSH   Acc             ;保护现场
        PUSH   PSW
        MOV    A,P1            ;读行线(P1.0~P1.3)数据
        CPL    A               ;数据取反,"1"有效
        ANL    A,#0FH          ;屏蔽列线,保留行线数据
        MOV    R2,A            ;存行线(P1.0~P1.3)数据(R2低4位)
        MOV    P1,#0F0H        ;行线设置为低电平,列线设置为输入态
        MOV    A,P1            ;读列线(P1.4~P1.7)数据
        CPL    A               ;数据取反,"1"有效
        ANL    A,#0F0H         ;屏蔽行线,保留列线数据(A中高4位)
        MOV    R1,#03H         ;取列线编号初值
        MOV    R3,#03H         ;设置循环数
        CLR    C
PINT01: RLC    A               ;依次左移入C中
```

```
              JC          PINT02              ;C=1,该列有键按下(列线编号存 R1)
              DEC         R1                  ;C=0,无键按下,修正列编号
              DJNZ        R3,PINT01           ;判断循环结束否? 未结束则继续寻找有键按下的列线
   PINT02:    MOV         A,R2                ;取行线数据(低 4 位)
              MOV         R2,#00H             ;设置行线编号初值
              MOV         R3,#03H             ;设置循环数
   PINT03:    RRC         A                   ;依次右移入 C 中
              JC          PINT04              ;C=1,该行有键按下(行线编号存 R2)
              INC         R2                  ;C=0,无键按下,修正行编号
              DJNZ        R3,PINT03           ;判断循环结束否? 未结束则继续寻找有键按下的行线
   PINT04:    MOV         A,R2                ;取行编号
              CLR         C
              RLC         A                   ;行编号×2
              RLC         A                   ;行编号×4
              ADD         A,R1                ;行编号×4+ 列编号= 按键编号
              MOV         30H,A               ;保存按键编号
              POP         PSW
              POP         ACC
              RETI
```

　　键盘连接除了直接与 I/O 口连接或应用 I/O 口扩展连接外,还可以用可编程接口芯片 8279 进行连接,该芯片最多可以接 64 个按键,并能对按键进行不间断的扫描,自动消除开抖动,自动识别出按下的键并给出键的编码,具有多键同时按下保护功能。

　　(三)A/D 转换器

1. A/D 转换器简介

A/D 转换过程如图 7-41 所示。

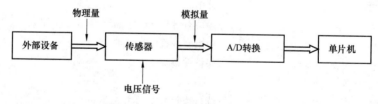

图 7-41　A/D 转换的过程示意图

　　图 7-41 描述了 A/D 转换的过程:A/D 转换的基本功能是把模拟量电压转换为 N 位数字量,设 D 为 N 位二进制数字量,U_A 为电压模拟量,U_{REF} 为参考电压,无论是 A/D 转换或 D/A 转换,其转换关系为

$$U_A = D \times U_{REF}/2^N$$

其中,$D = D_0 \times 2^0 + D_1 \times 2^1 + \cdots + D_N - 1 \times 2^{N-1}$。

　　(1)主要性能指标。

　　1)转换精度。转换精度通常用分辨率和量化误差来描述。

　　a. 分辨率:分辨率=$U_{REF}/2^N$,表示输出数字量变化一个相邻数码所需输入模拟电压的变化量。N 为 A/D 转换的位数,N 越大,分辨率越高,习惯上常以 A/D 转换位数 N 表示

分辨率。

b. 量化误差：是指零点和满度校准后，在整个转换范围内的最大误差，通常是以相对误差的形式出现，以 LSB 为单位，如 8 位 A/D 转换器的基准电压为 5V 时，$1LSB \approx 20mV$，量化误差为 $\pm 1LSB/2 \approx \pm 10mV$。

2）转换时间。转换时间是指 A/D 转换器转换完一次 A/D 转换所需的时间，时间越短，表示适应输入信号快速变化的能力越强。

（2）A/D 转换器的分类。

1）按照转换原理分为逐次逼近式、双积分式和 V/F 变换式 A/D 转换器。

逐次逼近式属于直接式 A/D 转换器，其原理可以理解为将输入模拟量逐次与 $U_{RET}/2$、$U_{RET}/4$、$U_{RET}/8$、…、$U_{RET}/2^{N-1}$ 比较，模拟量大于比较值就取 1（并减去比较值），否则取 0，一直到最后。逐次逼近式 A/D 转换器的转换精度高、速度较快，价格适中，是目前种类最多、应用最为广泛的 A/D 转换器，典型的 8 位逐次逼近式 A/D 芯片有 ADC0809。

双积分式是一种间接式 A/D 转换器，其原理是将输入模拟量和基准量通过积分器积分，转换为时间，再对时间计数，计数值即为数字量。它的优点是转化精度高、缺点是转换时间较长，一般需要 $40 \sim 50ms$，适用于转换速度不快的场合。典型的芯片有 MC1433 和 ICL7109。

V/F 变换式也是一种间接式 A/D 转换器，其原理是将模拟量转换为频率信号，再对频率信号计数，转换为数字量。其特点是转换精度高、抗干扰能力强、便于长距离传送、价格低廉，缺点是转换速度较慢。

2）按照信号传输形式分为并行 A/D 转换器和串行 A/D 转换器。

2. 并行芯片 ADC0809

ADC0809 是 8 通道 8 位 CMOS 逐次逼近式 A/D 转换器，是美国国家半导体公司生产的产品。

（1）主要性能指标：分辨率 8 位；转换时间 $100\mu s$；温度范围为 $-40 \sim +85℃$；可以使用单一的 +5V 电源；可以直接与 CPU 连接；输出带锁存器；逻辑电平与 TTL 电平兼容。

（2）并行 ADC0809 芯片的引脚功能。ADC0809 的引脚图及内部结构图如图 7-42 所示。

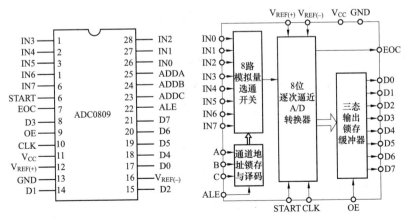

图 7-42　ADC0809 的引脚图及内部结构图

ADC0809 共有 28 个引脚，其主要引脚信号介绍如下：

1) ADDA、ADDB、ADDC：3 位地址码输入端。8 路模拟信号转换选择由 A、B、C 决定。

2) IN0～IN7：8 路模拟信号输入端。

3) START：起动模/数转换引脚。当 START=1 时，开始起动模/数转换。

4) EOC：模/数转换结束引脚。转换结束时，该引脚输出高电平。

5) OE：输出允许控制，该引脚用于控制选通三态门。当 OE=1 时三态门打开，模/数转换后得到的数字量才可以通过三态门到达数据总线，进而被读入 CPU。

6) CLK：外加时钟输入引脚。其频率为 50～800kHz，使用时常接 500～600kHz。

7) ALE：模拟通道锁存信号。当此引脚由低电平到高电平跳变时将加到 C、B、A 引脚的数据锁存并选通相应的模拟通道。

8) $V_{REF(+)}$、$V_{REF(-)}$：正负基准电压输入端。

9) V_{CC}：正电源输入端。

10) GND：接地端。

（3）单片机与 ADC0809 的典型连线与编程。A/D 转换可以用中断、查询和延时等待三种方式编制程序。

1) 中断方式。将 ADC0809 的 EOC 端经过非门之后和单片机的外部中断 0 连接，中断方式连接电路如图 7-43 所示。

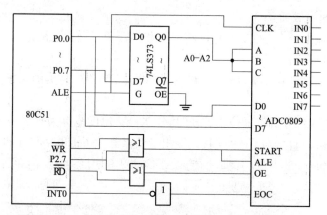

图 7-43　ADC0809 与 80C51 的连接电路（中断方式）

【例 7-15】　如图 7-43 所示，用中断方式对 8 路模拟信号依次 A/D 转换一次，并把结果存入以 30H 为首地址的内部 RAM 中，试编制程序。

解　程序清单：

```
            ORG     0000H       ;复位地址
            LJMP    STAT        ;转初始化程序
            ORG     0003H       ;中断服务子程序入口地址
            LJMP    PINT1       ;中断,转中断服务子程序
            ORG     0100H       ;初始化程序首地址
STAT:       MOV     R1,#30H     ;设置数据区首地址
            MOV     R7,#8       ;设置通道数
```

```
        SETB    IT1              ;设置边沿触发方式
        SETB    EX1              ;开中断
        SETB    EA               ;CPU 开中断
        MOV     DPTR,#7FF8H      ;设置 ADC0809 通道 0 地址
        MOVX    @DPTR,A          ;启动 0 通道 A/D
        LJMP    $                ;等待 A/D 中断
        ORG     0200H            ;中断服务子程序首地址
PINT1:  PUSH    ACC              ;保护现场
        PUSH    PSW
        MOVX    A,@DPTR          ;读 A/D 值
        MOV     @R1,A            ;存 A/D 值
        INC     DPTR             ;修正通道地址
        INC     R1               ;修正数据区地址
        MOVX    @DPTR,A          ;启动下一通道 A/D 转换
        DJNZ    R7,GORETI        ;判断 8 路采集完否? 未完继续
        CLR     EX1              ;8 路采集已完,关中断
GORETI: POP     PSW              ;恢复现场
        POP     ACC
        RETI                     ;中断返回
```

2) 查询方式。ADC0809 与 80C51 的查询方式连接电路如图 7-44 所示。

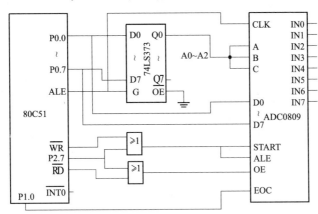

图 7-44   ADC0809 与 80C51 的连接电路（查询方式）

ADC0809 的 EOC 端和 P1.0 相连。不断查询 P1.0 的状态即可得知 A/D 转换是否结束。

【例 7-16】 如图 7-44 所示，用 P1.0 直接与 ADC0809 的 EOC 端相连，试用查询方式编制程序，对 8 路模拟信号依次 A/D 转换一次，并把结果存入以 40H 为首地址的内部 RAM 中。

解   程序清单：

```
MAIN:   MOV     R1,#40H          ;设置数据区首地址
        MOV     R7,#8            ;设置通道数
        SETB    P1.0             ;设置 P1.0 输入状态
        MOV     DPTR,#7FF8H      ;设置 ADC0809 通道 0 地址
```

```
LOOP:   MOVX    @DPTR,A         ;启动 A/D 转换
        JNB     P1.0,$          ;查询 A/D 转换结束否？未完继续查询等待
        MOVX    A,@DPTR         ;A/D 已结束，读 A/D 值
        MOV     @R1,A           ;保存 A/D 值
        INC     DPTR            ;修改通道地址
        INC     R1              ;修改数据区地址
        DJNZ    R7,LOOP         ;判断 8 路采集完否？未完继续
        RET                     ;8 路采集完毕,返回
```

3）延时等待。工作在延时等待方式时，ADC0809 的 EOC 端不必和 80C51 相连接，而是根据时钟频率计算出 A/D 转换时间，略微延长时间后直接读取 A/D 转换值，通常大于 $128\mu s$。ADC0809 与 80C51 的延时等待方式连接电路如图 7-45 所示。

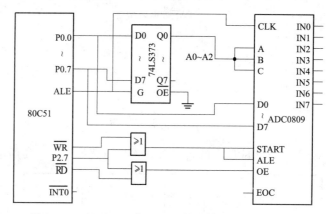

图 7-45   ADC0809 与 80C51 的连接电路（延时等待）

【例 7-17】   如图 7-45 所示，ADC0809 的 EOC 端开路，$f_{osc}=6MHz$，试用延时等待方式编制程序，对 8 路模拟信号依次 A/D 转换一次，并把结果存入以 50H 为首地址的内部 RAM 中。

解   程序清单：

```
MAIN:   MOV     R1,#50H         ;设置数据区首地址
        MOV     R7,#8           ;设置通道数
        MOV     DPTR,#7FF8H     ;设置 ADC0809 通道 0 地址
LOOP:   MOVX    @DPTR,A         ;启动 A/D
        MOV     R6,#17          ;延时 68μs:2 机器周期×17= 34 机器周期,2μs×34= 68μs
        DJNZ    R6,$
        MOVX    A,@DPTR         ;读 A/D 值
        MOV     @R1,A           ;保存 A/D 值
        INC     DPTR            ;修正通道地址
        INC     R1              ;修正数据区地址
        DJNZ    R7,LOOP         ;判断 8 路采集完否？未完继续
        RET                     ;8 路采集完毕,返回
```

📝 思考：试比较三种方式，说出各自的优缺点。

3. 串行 A/D 转换芯片 ADC 0832 及其接口电路

随着单片机技术的发展，串行接口电路得到了越来越多的应用，A/D 转换电路同单片机的接口电路除了并行扩展之外，还有串行连接方式。ADC—0832 是 8 位串行 A/D 转换器，其转换速度较高（250kHz 时转换时间为 32μs）；单电源供电，功耗低（15mW）。ADC 0832 的引脚及接口电路如图 7-46 所示。

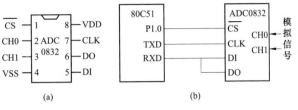

图 7-46 ADC 0832 的引脚及接口电路

(a) ADC 0832 引脚；(b) ADC 0832 与单片机接口电路

(1) 引脚功能。

1) V_{DD}、V_{SS}：电源接地端，V_{DD} 同时兼任 U_{REF}。

2) $\overline{CS}$：片选端，低电平有效。

3) DI：数据信号输入端。

4) DO：数据信号输出端。

5) CLK：时钟信号输入端，要求低于 600kHz。

6) CH0、CH1：模拟信号输入端（双通道）。

(2) 典型应用电路。P1.0 片选 $\overline{CS}$；TXD 发送时钟信号输入 ADC 0832 的 CLK 端；RXD 与 DI、DO 端连接在一起。

(3) 串行 A/D 转换工作时序。如图 7-47 所示，工作时序分为以下两个阶段：

1) 起始和通道配置，由 CPU 发送，从 ADC 0832 的 DI 端输入。

2) A/D 转换数据串行输出，由 ADC 0832 从 DO 端输出，CPU 接收。

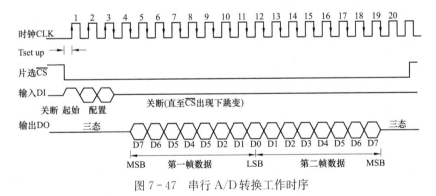

图 7-47 串行 A/D 转换工作时序

【例 7-18】 按图 7-46（b）所示的电路，试编制程序，将 CH0、CH1 通道输入的模拟信号进行 A/D 转换，分别存入片内 RAM 30H 和 31H 单元中。

解 程序清单：

```
AD0832:MOV    SCON,#00H        ;设置串口工作于方式0,禁止接收
       CLR    ES               ;串行口禁止中断
       MOV    R0,#30H          ;设置A/D数据存储区首地址
       CLR    P1.0             ;片选 ADC 0832
       MOV    A,#06H           ;设置 CH0 通道配置
ADC0:  MOV    SBUF,A           ;启动 A/D
```

```
ADC1:   JNB      TI,ADC1        ;串行发送启动及通道配置信号
        CLR      TI             ;清发送中断标志
        SETB     REN            ;允许(启动)串行接收
ADC2:   JNB      RI,ADC2        ;接收第一字节
        CLR      RI             ;清接收中断标志,同时启动接收第二字节
        MOV      A,SBUF         ;读第一字节数据
        MOV      B,A            ;暂存
ADC3:   JNB      RI,ADC3        ;接收第二字节
        CLR      RI             ;清接收中断标志
        MOV      A,SBUF         ;读第二字节数据
        ANL      A,#0FH         ;第二字节屏蔽高4位
        ANL      B,#0F0H        ;第一字节屏蔽低4位
        ORL      A,B            ;组合
        SWAP     A              ;高低4位互换,组成正确的A/D数据
        MOV      @R0,A          ;保存A/D数据
        INC      R0             ;指向下一存储单元
        MOV      A,#0EH         ;设置CH1通道配置
        CJNE     R0,#32H,ADC0   ;判断两通道A/D转换完毕否? 未完继续
        CLR      REN            ;两通道A/D完毕,禁止接收
        SETB     P1.0           ;清ADC 0832片选
        RET
```

说明:

接收第一字节的8位数据（先接收低位D4）如下:

D3	D2	D1	D0	D1	D2	D3	D4

清串行接收中断标志后,启动串行接收第二字节,其数据如下:

×	×	×	×	D7	D6	D5	D4

组合后的8位数据如下:

D3	D2	D1	D0	D7	D6	D5	D4

高低4位互换后的8位数据如下:

D7	D6	D5	D4	D3	D2	D1	D0

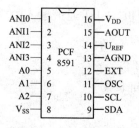

图7-48　A/D芯片
PCF8591引脚

4. I²C串行A/D典型应用电路

I²C串行A/D芯片PCF8591同时具有A/D、D/A转换功能。其引脚如图7-48所示。

（1）PCF8591引脚功能。

1）SDA、SCL：I²C总线数据线、时钟线。

2）A2、A1、A0：引脚地址输入端。

3）AIN0～AIN3：模拟信号输入端。

4）OSC：外部时钟输入端,内部时钟输出端。

5）EXT：内/外部时钟选择端,EXT＝0时选择内部时钟。

6）V_{DD}、V_{SS}：电源、接地端。

7）AGND：模拟信号地。

8）U_{REF}：基准电压输入端。

9）AOUT：D/A转换模拟量输出端。

（2）硬件电路设计。该芯片既可以用于A/D转换（模拟信号从AIN0～AIN3输入），又可用于D/A转换（D/A转换模拟量从AOUT输出），器件地址为1001，若A2A1A0接地，则D/A转换写寻址字节SLAW＝90H，A/D转换读寻址字节SLAR＝91H。PCF8591与80C51单片机虚拟I^2C总线接口电路如图7-49所示。

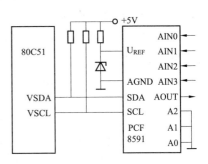

图7-49　PCF8591与80C51单片机虚拟I^2C总线接口电路

（3）片内可编程功能。

1）控制命令字。PCF8591内部有一个控制寄存器，用来存放控制命令，其格式如下：

COM	D7	D6	D5	D4	D3	D2	D1	D0

a. D1、D0：A/D通道编号。D1D0＝00时为通道0；D1D0＝01时为通道1；D1D0＝10时为通道2；D1D0＝11时为通道3。

b. D2：自动增量选择。当D2＝1时，A/D转换将按通道0～3依次自动转换。

c. D3、D7：必须为0。

d. D5、D4：模拟量输入方式选择位。D5D4＝00时为输入方式0（四路单端输入）。D5D4＝01时为输入方式1（三路差分输入）。D5D4＝10时为输入方式2（两路单端一路差分输入）。D5D4＝11时为输入方式3（两路差分输入）。

e. D6：模拟输出允许。D6＝1，模拟量输出有效。

2）输入方式0为四路单端输入。ANI0为通道0（单端输入）；ANI1为通道1（单端输入）；ANI2为通道2（单端输入）；ANI3为通道3（单端输入）。

3）输入方式1三路差分输入，如图7-50所示。

4）输入方式2为二路单端一路差分输入，如图7-51所示。

5）输入方式3为二路差分输入，如图7-52所示。

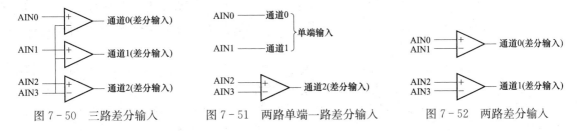

图7-50　三路差分输入　　　图7-51　两路单端一路差分输入　　　图7-52　两路差分输入

（4）ADC数据操作格式。

S	SLAW	A	COM	A	S	SLAR	A	DaTa0	A	DaTa1	A

发出控制命令　　　　A/D转换（读操作）

其中，红色部分由 80C51 发送，PCF8591 接收（虚色）；黑色部分由 PCF8591 发送，80C51 接收（实色）。

（5）软件编程。

【例 7-19】 按图 7-49 编程将 AIN0～AIN3 4 个通道的模拟信号 A/D 转换后，依次存入以 50H 为首址的内 RAM 中。设 VIIC 软件包已装入 ROM，VSDA、VSCL、SLA、NUMB、MTD、MRD 均按虚拟 I^2C 总线软件包 VIIC 协议定义。

解　程序清单：

```
         VSDA    EQU    P1.0            ;定义虚拟 I²C 总线数据数据线端口
         VSCL    EQU    P1.1            ;定义虚拟 I²C 总线数据时钟线端口
         SLA     EQU    50H             ;定义发送/接受寻址字节内 RAM 存储单元为 50H
         NUMB    EQU    51H             ;定义发送/接受数据字节数 N 内 RAM 存储单元为 51H
         MTD     EQU    30H             ;定义发送数据内部 RAM 存储区首地址为 30H
         MRD     EQU    40H             ;定义接收数据内部 RAM 存储区首地址为 40H
VADC:    MOV     SLA,#90H               ;设置发送寻址字节
         MOV     MTD,#00000100B         ;设置 A/D 转换控制命令,通道自动增量
         MOV     NUMB,#1                ;设置发送字节数
         LCALL   WRNB                   ;发送控制命令字
         MOV     R0,#50H                ;设置 A/D 数据区首址
VADC0:   MOV     SLA,#91H               ;设置接收寻址字节
         MOV     NUMB,#2                ;设置接收字节数
         LCALL   RDNB                   ;读 A/D 转换数据
         MOV     @R0,41H                ;存 A/D 转换数据(存在 50H~53H 单元)
         INC     R0                     ;修改 A/D 数据区地址
         CJNE    R0,#54H,VADC0          ;判断 4 通道 A/D 转换完成否? 未完继续
         RET
```

说明： 虚拟 I^2C 总线接受 N 个字节数据依次存放在首地址为 MRD 的内部 RAM 中，MRD=40H，例题中的子程序 ERNB 和 RDNB，已经在 VIIC 软件包中，使用虚拟 I^2C 总线时，调用 VIIC 软件包即可。

（四）D/A 转换器

D/A 转换是单片机应用系统后向通道的典型接口技术。根据被控装置的特点，一般要求应用系统输出模拟量，如电动执行机构、直流电动机等。但是，在单片机内部，对监测数据进行处理后输出的还是数字量，这就需要将数字量通过 D/A 转换器转换成相应的模拟量。

1. D/A 转换的基本概念

D/A 转换的基本原理是应用电阻解码网络，将 N 位数字量逐位转换为模拟量并求和，从而实现将 N 位数字量转换为相应的模拟量的功能。

设 D 为 N 位二进制数字量，U_A 为电压模拟量，U_{REF} 为参考电压，无论 A/D 或 D/A，其转换关系为

$$U_A = D \times U_{REF} / 2^N$$

其中　　　　　　　　　　$D = D_0 \times 2^0 + D_1 \times 2^1 + \cdots + D_{N-1} \times 2^{N-1}$

需要注意的是：由于数字量是不连续的，其转换后的模拟量自然也不会连续，同时由于

计算机每次输出数据和 D/A 转换需要一定的时间，因此实际上 D/A 转换器输出的模拟量随时间的变化曲线不是连续的，而是呈阶梯状，由于曲线的台阶就很密，因此模拟量曲线仍然可以看作是连续的。

2. D/A 转换器的主要性能指标

（1）分辨率。其定义是当输入数字量发生单位数码变化（即 1LSB）时，所对应的输出模拟量的变化量，即分辨率＝模拟输出满量程值/$2N$，其中 N 是数字量位数。分辨率也可用相对值表示：相对分辨率＝$1/2N$。D/A 转换的位数越多，分辨率越高。例如，8 位的 D/A 转换器，其相对分辨率为 $1/256 \approx 0.004$。因此，在实际使用中，常用数字输入信号的有效位数给出分辨率。例如，DAC0832 的分辨率为 8 位。

（2）线性度。通常用非线性误差的大小来表示 D/A 转换的线性度。

（3）转换精度。转换精度以最大静态转换误差的形式给出。这个转换误差应该包含非线性误差、比例系数误差及漂移误差等综合误差。

应该指出，精度与分辨率是两个不同的概念。精度是指转换后所得的实际值对于理想值的接近程度；而分辨率是指能够对转换结果产生影响的最小输入量。分辨率很高的 D/A 转换器并不一定具有很高的精度。

（4）建立时间。建立时间是指当 D/A 转换器的输入数据发生变化后，输出模拟量达到稳定数值（即进入规定的精度范围内）所需要的时间。该指标表明了 D/A 转换器转换速度的快慢。

（5）温度系数。温度系数是指在满刻度输出的条件下，温度每升高一度，输出变化的百分数。该项指标表明了温度变化对 D/A 转换精度的影响。

3. DAC 0832 及其接口电路

DAC 0832 是 8 位 D/A 转换芯片，它与 DAC 0830、DAC 0831 同属 DAC 0830 系列的 D/A 芯片，是美国国家半导体公司生产的产品，是目前国内应用最为广泛的 8 位 D/A 芯片（请大家注意 ADC 0832 与 DAC 0832 的区别）。

（1）结构与引脚功能。DAC 0832 片内结构图如图 7-53 所示。

DAC 0832 芯片内部主要包括有 8 位输入寄存器、8 位 DAC 寄存器和 8 位 D/A 寄存器。8 位输入寄存器用来接收 8 位需要转换的数据，然后再送入 8 位 DAC 寄存器开始对数据进行转换。要转换的数据可以进行两级缓冲。DAC 0832 外部引脚图如图 7-54 所示。

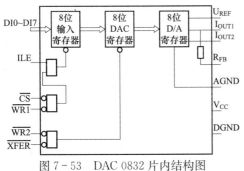

图 7-53 DAC 0832 片内结构图

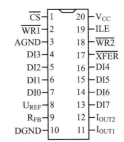

图 7-54 DAC 0832 外部引脚图

各引脚功能如下：

1) DI0～DI7：8 位数据输入端。

2) ILE：输入数据允许锁存信号，高电平有效。

3) $\overline{\text{CS}}$：片选端，低电平有效。

4) $\overline{\text{WR1}}$：输入寄存器写选通信号，低电平有效。

5) $\overline{\text{WR2}}$：DAC 寄存器写选通信号，低电平有效。

6) $\overline{\text{XFER}}$：数据传送信号，低电平有效。

7) I_{OUT1}、I_{OUT2}：电流输出端。

8) R_{FB}：反馈电流输入端。

9) U_{REF}：基准电压输入端。

10) V_{CC} 为正电源端；AGND 为模拟地；DGND 为数字地。

（2）主要性能指标。分辨率为 8 位；输出电流稳定时间为 $1\mu s$；非线性误差为 0.20%FSR；温度系数为 $2\times10^{-6}/^{\circ}C$；逻辑输入电平为 TTL 电平；功耗为 20mW；电源为 $+5\sim+15V$；工作方式有直通、单缓冲和双缓冲。

（3）DAC 0832 工作方式。在 DAC 0832 内部有两个寄存器，输入信号要经过这两个寄存器，才能进入 D/A 转换器进行 D/A 转换。而控制这两个寄存器的控制信号有 5 个：输入寄存器由 ILE、$\overline{\text{CS}}$、$\overline{\text{WR1}}$ 控制；DAC 控制器由 $\overline{\text{WR2}}$、$\overline{\text{XFER}}$ 控制。因此，用软件指令控制这 5 个控制端，可以实现三种工作方式。

1) 直通工作方式。直通工作方式是将两个寄存器的 5 个控制信号均预先设置为有效，两个寄存器都开通，也就是说，两个寄存器均一直有效，只要有数据送到数据输入端 DI0~DI7，就立即进入 D/A 转换器中进行转换，此方式主要用于不带微机的电路中。

2) 单缓冲工作方式。单缓冲工作方式的指导思想是 5 个控制端由 CPU 一次选通。这种工作方式主要用于只有一路 D/A 转换或虽有多路，但不要求同步输出的场合。单片机与芯片 DAC 0832 的连接电路如图 7-55 所示。

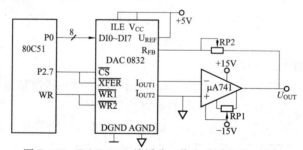

图 7-55　DAC 0832 单缓冲工作方式时的接口电路

图 7-55 中，DAC 0832 作为 80C51 的一个扩展 I/O 口，地址为 7FFFH。80C51 输出的数字量从 P0 口输入到 DAC 0832 的 DI0~DI7，U_{REF} 直接与工作电源电压相连接，若要提高基准电压精度，可以另接高精度稳定电源电压。$\mu A741$ 将电流信号转换为电压信号，RP1 调零，RP2 调满度。

3) 双缓冲工作方式。在多路 D/A 转换的情况下，若要求同步输出，则必须采用双缓冲工作方式。例如，智能示波器要求同步输出 X 轴信号和 Y 轴信号，若采用单缓冲方式，则 X 轴信号和 Y 轴信号只能先后输出，不能同步，会形成光点偏移。图 7-56 (a) 所示为 80C51 和 DAC 0832 连接时的双缓冲工作方式的接口电路，图 7-56 (b) 所示为 80C51 和 DAC 0832 连接时的双缓冲工作方式的逻辑框图。

在图 7-56 中，P2.5 选通 DAC 0832 (1) 的输入寄存器，P2.6 选通 DAC 0832 (2) 的输

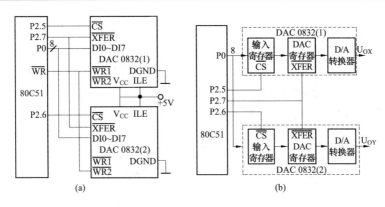

图 7-56　DAC 0832 双缓冲工作方式时接口电路
(a) 接口电路；(b) 逻辑框图

入寄存器，P2.7 同时选通两个 DAC 0832 的 DAC 寄存器。工作时 CPU 先向 DAC 0832 (1) 输出 X 轴信号，后向 DAC 0832 (2) 输出 Y 轴信号，但是该两个信号均只能锁存在各自的输入寄存器中，而不能进入 D/A 转换器。只有当 CPU 由 P2.7 同时选通两片 DAC 0832 的 DAC 寄存器时，X 轴信号和 Y 轴信号才能分别同步地通过各自的 DAC 寄存器进入各自的 D/A 转换器，同时进行 D/A 转换，此时从两片 DAC 0832 输出的信号是同步的。

综上所述，3 种工作方式的区别是：直通方式不选通，直接进行 D/A 转换；单缓冲方式一次选通；双缓冲方式二次选通。至于 5 个控制引脚如何应用，可以灵活掌握。80C51 的 $\overline{WR}$ 信号在 CPU 执行 MOVX 指令时能自动有效，可以接两片 DAC 0832 的 $\overline{WR1}$ 和 $\overline{WR2}$，但是 $\overline{WR}$ 属于 P3 口的第二功能，负载能力为 4 个 TTL 门电路，现在驱动两片 DAC 0832 共 4 个 $\overline{WR}$ 片选端，显然不适合。因此，宜用 80C51 的 $\overline{WR}$ 与两片 DAC 0832 的 $\overline{WR1}$ 相连，$\overline{WR2}$ 分别接地。

(4) 应用实例。

【例 7-20】　电路如图 7-56 所示，要求输出的锯齿波如图 7-57 (a) 所示，幅度为 $U_{REF}/2 = 2.5V$。

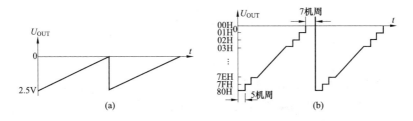

图 7-57　输出锯齿波波形
(a) 锯齿波波形（宏观）；(b) 锯齿波波形（微观）

解　程序清单：

```
START:MOV     DPTR,#7FFFH              ;设置 DAC0832 地址
LOOP1:MOV     R7,#80H                  ;设置锯齿波幅值          1机周
LOOP2:MOV     A,R7                     ;读输出值               1机周
      MOVX    @ DPTR,A                 ;输出                  2机周
```

```
        DJNZ    R7,LOOP2        ;判断周期结束否?          2 机周
        SJMP    LOOP1           ;循环输出                2 机周
```

✦ **说明**：U_{REF} 的值为 $+5V$，对应于 100H，$U_{REF}/2$ 的值对应于 80H，锯齿波的幅值为 80H，存于 R7 中，每次输出后递减。由于 CPU 控制相邻两次输出需要一定时间，上述程序为 5 个机器周期，因此，输出的锯齿波从微观上看并不连续，而是有台阶的锯齿波。如图 7 - 56 (b)所示，台阶平台为 5 个机器周期，台阶高度为满量程电压/$2^8 = 5V/2^8 = 0.0195V$，从宏观上看相当于一个连续的锯齿波，如图 7 - 56 (a) 所示。

上述电路称为单极性输出，单极性输出的 U_0 正负极由 U_{REF} 的极性确定。当 U_{REF} 的极性为正值时，U_0 为负；当 U_{REF} 的极性为负值时，U_0 为正。若要实现双极性输出，可以再加一个运放电路。

【例 7 - 21】 按图 7 - 56 (a) 编程，使 DAC 0832 (1) 和 (2) 输出端接运算放大器后，分别接图形显示器 X 轴和 Y 轴偏转放大器输入端，实现同步输出，更新图形显示器的光点位置。已知 X 轴信号和 Y 轴信号已分别存于内部 RAM 30H、31H 单元中。

解 程序清单：

```
DOUT:MOV    DPTR,#0DFFFH        ;设置 DAC0832(1)输入寄存器地址
     MOV    A,30H              ;取 X 轴信号
     MOVX   @ DPTR,A           ;X 轴信号→DAC0832(1)输入寄存器
     MOV    DPTR,#0BFFFH        ;设置 DAC0832(2)输入寄存器地址
     MOV    A,31H              ;取 Y 轴信号
     MOVX   @ DPTR,A           ;Y 轴信号→DAC0832(2)输入寄存器
     MOV    DPTR,#7FFFH         ;设置 DAC0832(1)、DAC0832(2)的寄存器地址
     MOVX   @ DPTR,A           ;同步 D/A,输出 X、Y 轴信号
     RET
```

【单元任务】

任务一　利用典型外部存储器芯片实现外部存储器的扩展

一、任务导入

80C51 系列单片机的芯片内部集成了计算机的基本功能部件，如 CPU、RAM、ROM、并行和串行 I/O 口及定时/计数器等，使用起来非常方便，这些资源对于小型的测控系统已经足够了。但对于较大的应用系统，往往还需要扩展一些外围芯片，以弥补片内硬件资源的不足。

二、任务分析

本任务通过利用单片机的并行扩展技术实现外部 ROM 的扩展、外部 RAM 的扩展及同时扩展外部 ROM 和 RAM，通过本任务的学习，可以使学生更好地掌握单片机的并行扩展技术，能够运用单片机的并行扩展技术扩展外部存储器。根据扩展存储器的不同，现将该任务分为以下几个子任务：

(1) 子任务一：利用单片机的并行扩展技术扩展外部 ROM。

(2) 子任务二：利用单片机的并行扩展技术扩展外部 RAM。

（3）子任务三：利用单片机的并行扩展技术同时扩展外部 RAM 和外部 ROM。

三、任务实施

（一）子任务一

根据单片机应用系统的要求，利用单片机的并行扩展技术扩展 4KB 的外部 ROM。

1. 硬件设计

选择 $E^2 PROM$ 类型的 2832 ROM 芯片，芯片的引脚如图 7 - 58 所示。

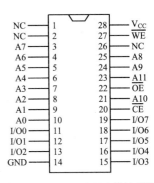

图 7 - 58　2832 ROM 芯片引脚

（1）引脚说明。

1）$\overline{WE}$：写允许信号端，低电平有效。当进行擦/写操作时 $\overline{WE}$ 必须为低电平。

2）$\overline{CE}$：片选端，低电平有效。

3）$\overline{OE}$：读操作信号端，低电平有效。

4）A0～A11：地址总线，其中 A0～A7 是低位地址线，A8～A11 是高位地址线。

5）I/00～I/07：数据总线。

（2）连线方法。

1）地址线。

低 8 位地址：由 80C51 的 P0 口的 P0.0～P0.7 与 74373 的 D0～D7 端连接，ALE 有效时经 74373 锁存该低 8 位地址，并从 Q0～Q7 输出，与 ROM 芯片的低 8 位地址 A0～A7 连接。

高 8 位地址：视 ROM 芯片的容量而定，2832 需要 4 位，P2.0～P2.3 与 2832 的 A8～A11 连接。

2）数据线。由 80C51 的地址/数据复用总线 P0.0～P0.7 直接与 ROM 的 D0～D7 端连接。

3）控制线。

a. ALE：80C51 的 ALE 端与 74373 的门控端 G 端连接，专门用于锁存低 8 位地址。

b. $\overline{CE}$：由于只扩展了一片 EPROM，因此可以不用片选，片选端 $\overline{CE}$ 直接接地，一直有效。

c. $\overline{OE}$：读操作信号端 $\overline{OE}$ 直接与 80C51 的 $\overline{PSEN}$ 相连，80C51 的 $\overline{PSEN}$ 信号正好用于控制 EPROM 的 $\overline{OE}$ 端。

d. $\overline{WE}$：接单片机的 $\overline{WR}$ 端。

外部扩展 ROM 的电路连接图如图 7 - 59 所示。

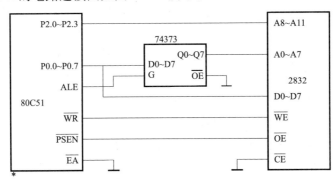

图 7 - 59　外部扩展 ROM 的电路连接图

🗨 **注意**：$\overline{CE}$也可以接在高位地址线上。

2. 软件设计

外部 ROM 的地址范围见表 7-8。

表 7-8　　　　　　　　　　　　　　　　外部 **ROM** 的地址范围

片选线	无关位		高位地址线		低位地址线
无	P2.7 P2.6 P2.5 P2.4		P2.3 P2.2 P2.1 P2.0		P0.7～P0.0
	A15 A14 A13 A12		A11 A10 A9 A8		A7 A6 A5 A4 A3 A2 A1 A0
	0　0　0　0		0　0　0　0		0000 0000
	0　0　0　0		1　1　1　1		1111 1111
地址范围	0 0 0 0 H～0 F F F H				

（二）子任务二

根据单片机应用系统的要求，利用单片机的并行扩展技术扩展 4KB 的外部 RAM。

1. 硬件设计

选择 SRAM 类型的 6232　RAM 芯片，芯片的引脚如图 7-60 所示。

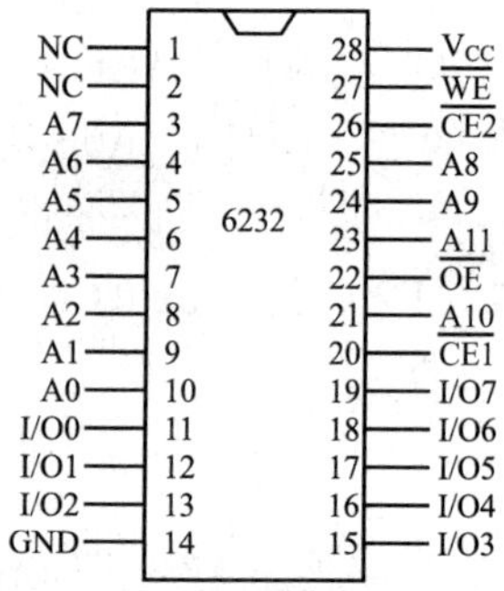

图 7-60　6232 RAM
芯片引脚

（1）引脚说明。

1）$\overline{CE}$：片选端。$\overline{CE}$无效时（CE1和CE2 有一端无效即可），芯片不工作，输出呈现为高阻状态；$\overline{CE}$有效时（$\overline{CE1}$和$\overline{CE2}$同时有效），芯片工作，读选通信号$\overline{OE}$有效时输出，写选通信号$\overline{WE}$有效时输入，但$\overline{OE}$和$\overline{WE}$不能同时有效。

2）$\overline{WE}$：写允许信号端，低电平有效。

3）$\overline{OE}$：读操作信号端，低电平有效。

4）A0～A11：地址总线，其中 A0～A7 是低位地址线，A8～A11 是高位地址线。

5）I/00～I/07：数据总线。

（2）连线方法。

1）地址线。

低 8 位地址：由 80C51 的 P0 口的 P0.0～P0.7 与 74373 的 D0～D7 端连接，ALE 有效时经 74373 锁存该低 8 位地址，并从 Q0～Q7 输出，与 RAM 芯片的低 8 位地址 A0～A7 连接。

高 8 位地址：视 RAM 芯片的容量而定，6232 需要 4 位，P2.0～P2.3 与 6232 的 A8～A11 连接。

2）数据线。由 80C51 的 地址/数据复用总线 P0.0～P0.7 直接与 RAM 的 D0～D7 端连接。

3）控制线。

a. ALE：80C51 的 ALE 端与 74373 的门控端 G 端连接，专门用于锁存低 8 位地址。

b. $\overline{CE}$：6232 有两个片选端，只用其中的一个，一般用$\overline{CE1}$，CE2 直接 V_{CC}。

c. $\overline{OE}$：读操作信号端$\overline{OE}$直接与 80C51 的$\overline{RD}$端相连。

d. $\overline{WE}$：接单片机的$\overline{WR}$端。

外部扩展 RAM 的电路连接如图 7-61 所示。

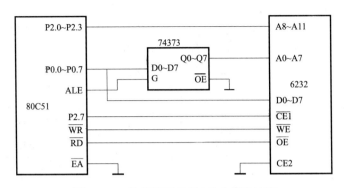

图 7 - 61　外部扩展 RAM 的电路连接图

2. 软件设计

外部 RAM 的地址范围见表 7 - 9。

表 7 - 9　　　　　　　　　　　　　　　　　外部 RAM 的地址范围

片选线	无关位	高位地址线	低位地址线
P2.7	P2.6 P2.5 P2.4	P2.3 P2.2 P2.1 P2.0	P0.7~P0.0
A15	A14 A13 A12	A11 A10 A9 A8	A7 A6 A5 A4 A3 A2 A1 A0
0	0 0 0	0 0 0 0	0000 0000
	0 0 0	1 1 1 1	1111 1111
地址范围	0000H～0FFFH		

（三）子任务三

根据单片机应用系统的要求，利用单片机的并行扩展技术扩展 4KB 的外部 RAM 和 4KB 的外部 ROM。

1. 硬件设计

选择 E²PROM 类型的 2832 ROM 芯片，选择 SRAM 类型的 6232　RAM 芯片。引脚及引脚功能如上面两个子任务中所述。

连线方法介绍如下：

（1）地址线。

低 8 位地址：由 80C51 的 P0 口的 P0.0～P0.7 与 74373 的 D0～D7 端连接，ALE 有效时经 74373 锁存该低 8 位地址，并从 Q0～Q7 输出，与 RAM 芯片和 ROM 芯片的低 8 位地址 A0～A7 连接。

高 8 位地址：P2.0～P2.3 与 2832 的 A8～A11 连接，并与 6232 的 A8～A11 连接。

（2）数据线。由 80C51 的地址/数据复用总线 P0.0～P0.7 直接与 RAM 和 ROM 的 D0～D7 端连接。

（3）控制线。

1）片选线：因外部 ROM 只有一片，因此无需片选。2832 $\overline{\text{CE}}$ 直接接地，始终有效。外部 RAM 虽然也只有一片，但系统可能还要扩展 I/O 口，而 I/O 口与外部 RAM 是统一编址的，因此一般需要片选，使 6232 $\overline{\text{CE1}}$ 接单片机的 P2.5，CE2 直接接 V_{CC}，单片机的 P2.6、

P2.7端可以留给扩展 I/O 口片选用。

2）读写控制线：读外部 ROM 时执行 MOVC 指令，由$\overline{PSEN}$控制 2832 的$\overline{OE}$端，读写外部 RAM 时执行 MOVX 指令，由$\overline{RD}$控制 6232 的 OE 端，$\overline{WR}$控制 6232 的$\overline{WE}$端。

扩展外部 RAM 和外部 ROM 的电路连接图如图 7 - 62 所示。

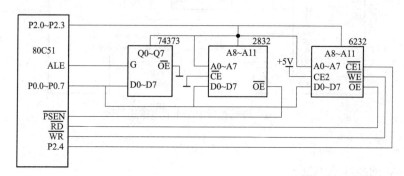

图 7 - 62　扩展外部 RAM 和外部 ROM 的电路连接图

2. 软件设计

外部 RAM 和外部 ROM 的地址范围见表 7 - 10。

7 - 10　　　　　　　　　　外部 RAM 和外部 ROM 的地址范围

片选线	无关位	高位地址线	低位地址线
	P2.7 P2.6 P2.5 P2.4	P2.3 P2.2 P2.1 P2.0	P0.7～P0.0
	A15 A14 A13 A12	A11 A10 A9 A8	A7 A6 A5 A4 A3 A2 A1 A0
无	0　0　0　0	0　0　0　0	0000 0000
	0　0　0　0	1　1　1　1	1111 1111
地址范围	0 0 0 0 H～0 F F F H（ROM）		
P2.4	P2.7 P2.6 P2.5	P2.3 P2.2 P2.1 P2.0	P0.7～P0.0
A12	A15 A14 A13	A11 A10 A9 A8	A7 A6 A5 A4 A3 A2 A1 A0
0	0　0　0	0　0　0　0	0000 0000
0	0　0　0	1　1　1　1	1111 1111
地址范围	0 0 0 0 H～0 F F F H（RAM）		

任务二　利用典型 I/O 芯片实现外部并行 I/O 的扩展

一、任务导入

我们知道，80C51 系列单片机有 4 个 8 位并行 I/O 口，共计 32 位，但如果系统进行了扩展，P0 口用作低 8 位地址总线和数据总线，P2 口就要用作高 8 位地址总线。P3 口常常要用到它的第二功能。因此，真正提供给用户使用的 I/O 口就只剩下 P1 口和没有用作第二功能的 P3 口的部分 I/O 口，在许多情况下，往往需要扩展 I/O 口。

二、任务分析

I/O 口的扩展分为并行扩展和串行扩展。在此我们主要应用的是并行扩展技术。在并行扩展中，可以分为可编程和不可编程两大类，用户可以根据需要选择不同的芯片进行 I/O 口的扩展。所谓的不可编程是指不能用软件对 I/O 功能进行设定、编辑，I/O 口的功能是固定的；可编程是指通过编程对 I/O 口功能进行设定、编辑，通过软件决定其硬件功能。需要指出的是：80C51 系列单片机扩展 I/O 口时是将 I/O 口看作外部 RAM 的一个存储单元，与外部 RAM 进行统一编址，也就是说对扩展的 I/O 口操作时执行"MOVX"指令，使用控制信号。本任务主要分为以下两个子任务：

（1）子任务一：用 74 系列芯片并行扩展 I/O 口。

（2）子任务二：用可编程芯片 8255A 并行扩展 I/O 口。

三、任务实施

（一）子任务一

利用单片机的并行扩展技术扩展 I/O 口，将单片机扩展出的 74LS244 接 8 个开关，扩展出的 74LS273 接 8 个发光二极管，实现开关对灯的花样控制（不同的实验设备，扩展芯片的型号可能不同，但功能基本一样）。

1. 硬件设计

80C51 扩展 I/O 口使用的不可编程芯片主要有 74 系列芯片和 CMOS 芯片，如 74373、74377、74244、74245 等，根据需要可以分为扩展输入口、扩展输出口和扩展总线。需要指出的是：与 74 系列兼容的芯片有 74LS、74AS、74HC、74ALS 等多种，每种芯片的电气特征有所不同，与 80C51 最适配的是 74HC 系列芯片，该系列是一种高速 CMOS 芯片，其输入和电源电压规范同 CMOS 4000 系列，输出驱动能力和速度与 74LS 系列相当。

由于扩展 I/O 口时通常要使用到 P0 口，而 P0 口要分时传送低 8 位地址和输入/输出数据，因此构成输出口时，要求结构芯片具有锁存功能；构成输入口时，接口芯片应具有三态缓冲和锁存功能。

连线方法介绍如下：

（1）74LS273 的输出端 Q0～Q7 接 8 个发光二极管 L1～L8。

（2）74LS244 的输入端 IN0～IN7 接 8 个开关。

（3）CS0 接单片机系统的地址输出端，地址为 CFA0H～CFA7H。

（4）CS1 接单片机系统的地址输出端，地址为 CFA8H～CFAFH。

连接电路如图 7-63 所示。

2. 软件设计

程序清单：

```
INOUT:MOV    DPTR,  #0CFA8H          ;设置扩展的输入 I/O 口芯片地址
      MOV    A,    @ DPTR            ;将开关的值读入到 A
      NOP
      MOV    DPTR,  #0CFA0H          ;设置扩展的输出 I/O 口芯片地址
      MOV    @ DPTR,  A             ;将读入的数据送到输出芯片
      LCALL  D10ms                   ;调用一个 10ms 延时子程序
      SJMP   INOUT                   ;重复执行
      RET
D10ms:MOV    R5,  #40                ;以下为延时子程序
```

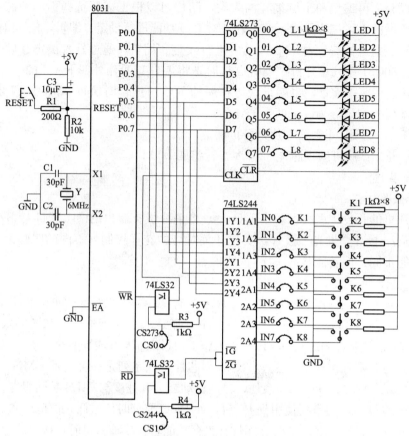

图 7-63　74 系列芯片并行扩展 I/O 口连接电路图

```
DL:MOV      R4,#123
    NOP
    DJNZ     R4, $
    DJNZ     RS,DL
    RET
```

📖 **注意**：此程序实现的键和灯是一一对应的，若要实现花样控制，则需要将读回到 A 中的值进行判断，再输出需要点亮的灯的值即可。

（二）子任务二

使用 74 系列芯片虽然可以作为 I/O 接口芯片，但是它们是不可编程的，也就是说其功能是固定的，扩展的是输出口就只能作为输出口使用。下面介绍可编程扩展芯片并行扩展 I/O 口实现灯的花样控制的方法。所谓的可编程是指通过编程对其 I/O 功能进行设置、编辑，通过软件决定其硬件功能的应用发挥。

1. 硬件设计

利用单片机的并行扩展技术扩展 I/O 口，8255A 的 A 口与 8 个开关连接，8255A 的 B 口与 8 个发光二极管连接，实现开关对灯的花样控制。

连线方法介绍如下：

（1）8255A 的片选端 $\overline{CS}$ 接系统的地址输出端 CS0，地址为 CFA0H～CFA7H。

（2）8255A 的 C 口接 8 个发光二极管 L1～L8。

（3）8255A 的 A 口接 8 个开关 K1～K8。

（4）74LS373 的输出 Q0～Q1 接 A0～A1。

连接电路如图 7-64 所示。

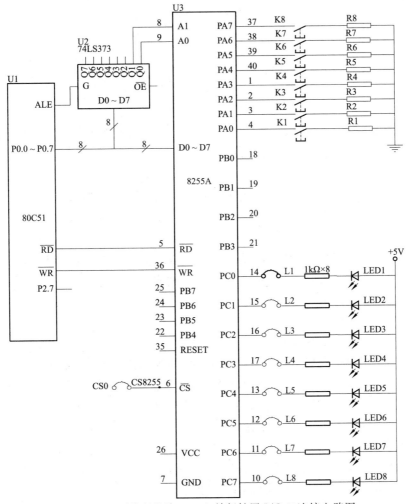

图 7-64　可编程芯片 8255A 并行扩展 I/O 口连接电路图

2. 软件设计

A 口地址为 CFA0H，B 口地址为 CFA1H，C 口地址为 CFA2H，控制口地址为 CFA3H。

程序清单：

```
INOUT:MOV    A,    #90H              ;设置 8255A 的工作方式
      MOV    DPTR,  #0CFA3H          ;设置控制口地址
      MOVX   @ DPATR,  A            ;将 8255A 的工作方式写入控制字
LOOP:MOV     DPTR,  #0CFA0H          ;设置 A 口地址
      MOVX   A,     @ DPTR          ;将 A 口的数据读入
```

```
        MOV     DPTR,  #0CFA2H         ;设置C口地址
        MOVX    @ DPATR,  A            ;将A口的数据送到C口
        LCALL   D10ms                  ;调用一个10ms的延时子程序
        SJMP    LOOP
        RET
D10ms:  MOV     R5,#40                 ;以下为延时子程序
  DL:   MOV     R4,#123
        NOP
        DJNZ    R4,$
        DJNZ    R5,DL
        RET
```

💬 **注意：** 此程序实现的键和灯是一一对应的，若要实现花样控制，则需要将读回到A中的值进行判断，再输出需要点亮的灯的值即可。

任务三　80C51单片机与LED显示器的接口设计

一、任务导入

显示器是单片机应用系统常用的设备，包括LED、LCD等。LED显示器由若干个发光二极管组成，当发光二极管导通时，相应的一个笔画或一个点就发光。只要控制相应的二极管导通，就能显示出对应的字符。

二、任务分析

本任务主要介绍的是单片机与LED显示器之间的接口电路设计及其控制方式。LED显示器通常有静态显示和动态显示两种显示方式。本任务中针对两种方式进行练习。

并行扩展1位LED数码管静态显示电路，74LS273并行扩展8位I/O口（参阅并行扩展I/O口部分内容，设备不同时可以采用不同的芯片并行扩展I/O口），P0口输出8位字段码，LED数码管为共阳极型，编程实现使数码管静态显示数字"5"。

将扩展出的I/O口与单片机试验系统上LED的a～dp段连接，P1.0～P1.5接LED1～LED6的公共端，使用共阴极数码管，编程实现210431的显示数字（班级编号）。

根据上述要求，可将本任务分为以下两个子任务：

（1）子任务一：LED灯显示控制。

（2）子任务二：使用LED动态显示显示班级编号。

三、任务实施

（一）子任务一

1. 硬件设计

连线方法：单片机扩展并行I/O芯片74LS273，74LS273的片选端接系统的地址CS0端，地址为CFA0H，经驱动之后接到LED的a～dp段，数码管的公共端接高电平。连接电路如图7-65所示。

2. 软件设计

编程实现将第一个数码管显示一个数字"5"。

程序清单：

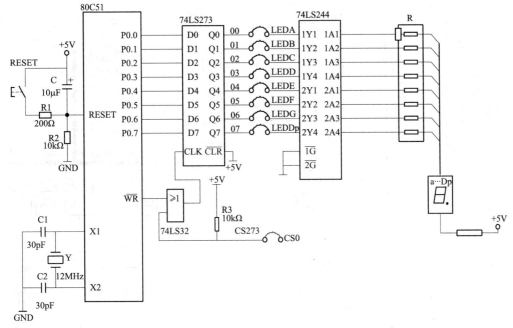

图 7-65　LED 灯显示控制连接电路图

```
DIR1:MOV    30H,#5            ;设置显示数
     MOV    A,  30H           ;读显示数
     MOV    DPTR, #TAB        ;设置共阳字段码表首地址
     MOVC   A,  @ A+ DPTR     ;读显示数字的字段码
     MOV    DPTR, #0CFA0H     ;设置 74273 地址
     MOVX   @ DPTR,  A        ;输出显示数字
     RET
TAB:DB 0C0H,0F9H,0A4H,0B0H,99H  ;共阳字段码表
    DB 92H,82H,0F8H,80H,90H
```

（二）子任务二

1. 硬件设计

连线方法：单片机的P0口接输出I/O芯片，经过驱动电路之后接在6个LED数码管的a～dp段，CS0接74LS273的片选端，74LS244一直有效，P1口的P1.0～P1.5接6个数码管的公共端LED1～LED6。75451为二输入的与门（OC）芯片，起到驱动LED的作用。连接电路如图7-66所示。

2. 软件设计

编程实现210431的数字显示（显示班级编号）。

程序清单：

```
DIR:MOV    30H,#5BH          ;数字 2 的共阴极字段码
    MOV    31H,  #06H        ;数字 1 的共阴极字段码
    MOV    32H,  #3FH        ;数字 0 的共阴极字段码
    MOV    33H,  #66H        ;数字 4 的共阴极字段码
```

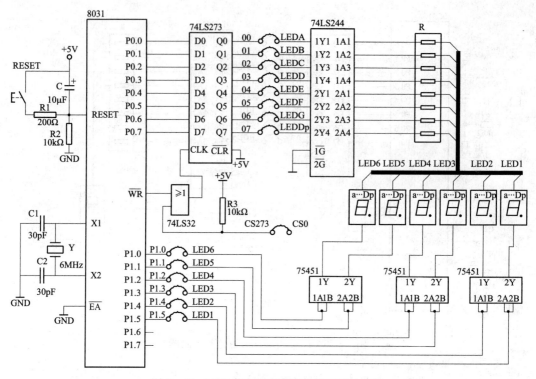

图 7-66 LED动态显示班级编号连接电路图

MOV	34H, #4FH	;数字 3 的共阴极字段码
MOV	35H, #06H	;数字 1 的共阴极字段码
MOV	R1, #10	;设置循环扫描的次数
MOV	DPTR, #0CFA0H	;设置输出口的地址
DLP1: ANL	P1, #11111110B	;最左边的 LED 先显示
MOV	R0, #30H	;设置显示字段码的首地址
DLP2: MOV	A, @ R0	;读显示字段码
MOVX	@ DPTR, A	;输出显示字段码
LCALL	D10ms	;调用 10ms 的延时子程序
INC	R0	;指向下一位字段码
MOV	A, P1	
RL	A	
MOV	P1, A	;P1 中的值实现左移
CJNE	R0,#36H,DLP2	;判断 6 位扫描显示是否完毕
DJNZ	R2, DLP1	;判断 10 次循环完否
CLR	A	;10 次循环完毕,显示变暗
MOVX	@ DPTR, A	
RET		;子程序返回
D10ms: MOV	R5,#40	;以下为延时子程序
DL: MOV	R4,#123	
NOP		

```
      DJNZ      R4, $
      DJNZ      R5, DL
      RET
```

📃 **注意：** 也可以用查表程序查出每个数字的字段码，然后将其放到以 30H 开始的连续 6 个地址单元中。

任务四　80C51 单片机与键盘的接口设计

一、任务导入

键盘是由若干个按键组成的，它是单片机系统中最简单的输入设备。操作员通过键盘输入数据或命令，实现简单的人机对话。按键就是一个简单的开关，当按键按下时，相当于开关闭合；当按键松开时，相当于开关断开。

二、任务分析

本任务主要介绍的是单片机与键盘之间的接口电路设计及其控制方式。键盘通常有独立式和矩阵式两种。本任务中针对两种键盘分别进行练习，因此可以将本任务分为以下两个子任务：

(1) 子任务一：利用 8255A 扩展独立式键盘。

(2) 子任务二：利用 8255A 扩展矩阵式键盘。

三、任务实施

（一）子任务一

1. 硬件设计

连线方法介绍如下：

(1) 8255A 的 B 口连接 8 个独立式按键，当键闭合时，I/O 口上获得低电平，否则是高电平。

(2) 8255A 的 A 口连接 8 个发光二极管（也可以接 LED 数码管）。

(3) 8255A 的片选端 $\overline{\text{CS}}$ 接系统的地址端 CS0，8255A 的地址为 CFA0H。连接电路如图 7-67 所示。

2. 软件设计

编程实现独立式键盘键的识别功能。

程序清单：

```
KEYA:MOV     A, #82H              ;设置 8255 的工作方式
     MOV     DPTR, #0CFA3H        ;设置 8255 的控制口地址
     MOVX    @ DPTR,  A           ;将工作方式写入 8255A
     MOV     DPTR, #0CFA1H        ;设置 8255 的 B 口地址
     MOVX    A, @ DPTR            ;将键值读入累加器 A 中
     CPL     A                    ;取反,键闭合相应位为 1
     JZ      GRET                 ;全 0,无键闭合,返回
     LCALL   D10ms                ;非全 0,有键闭合,延时 10ms,软件去抖动
     MOVX    A, @ DPTR            ;重读键值,键闭合相应位为 0
     CPL     A                    ;取反,键闭合相应位为 1
```

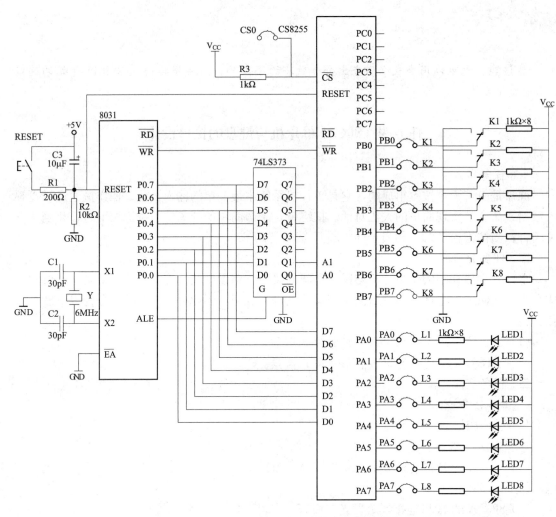

图 7 - 67　8255A 扩展独立式键盘连接电路图

```
        JZ      GRET                ;全 0,无键闭合,返回;非全 0,确认有键闭合

        JB      ACC  0,KA0          ;转 0# 键功能程序

        JB      ACC  1,KA1          ;转 1# 键功能程序

        JB      ACC  2,KA2          ;转 2# 键功能程序

        JB      ACC.3,KA0           ;转 3# 键功能程序

        JB      ACC.4,KA1           ;转 4# 键功能程序

        JB      ACC.5,KA2           ;转 5# 键功能程序

        JB      ACC.6,KA1           ;转 6# 键功能程序

        JB      ACC.7,KA2           ;转 7# 键功能程序

  GRET: RET

D10ms:  MOV     R5,#40              ;以下为延时子程序

   DL:  MOV     R4,#123

        NOP

        DJNZ    R4,$
```

```
        DJNZ      R5,DL
        RET
KA0:    MOV       DPTR,#0CFA0H        ;设置 8255A 的 A 口地址
        MOV       A,#00               ;设置键值
        MOVX      @ DPTR,A            ;将键值送到 A 口
        RET
KA1:    MOV       DPTR,#0CFA0H        ;设置 8255A 的 A 口地址
        MOV       A,#01               ;设置键值
        MOVX      @ DPTR, A           ;将键值送到 A 口
        RET
KA2:    MOV       DPTR,#0CFA0H        ;设置 8255A 的 A 口地址
        MOV       A,#02               ;设置键值
        MOVX      @ DPTR, A           ;将键值送到 A 口
        RET
KA3:    MOV       DPTR,#0CFA0H        ;设置 8255A 的 A 口地址
        MOV       A,#03               ;设置键值
        MOVX      @ DPTR, A           ;将键值送到 A 口
        RET
KA4:    MOV       DPTR,#0CFA0H        ;设置 8255A 的 A 口地址
        MOV       A,#04               ;设置键值
        MOVX      @ DPTR, A           ;将键值送到 A 口
        RET
KA5:    MOV       DPTR,#0CFA0H        ;设置 8255A 的 A 口地址
        MOV       A,#05               ;设置键值
        MOVX      @ DPTR, A           ;将键值送到 A 口
        RET
KA6:    MOV       DPTR,#0CFA0H        ;设置 8255A 的 A 口地址
        MOV       A,#06               ;设置键值
        MOVX      @ DPTR, A           ;将键值送到 A 口
        RET
KA7:    MOV       DPTR,#0CFA0H        ;设置 8255A 的 A 口地址
        MOV       A,#07               ;设置键值
        MOVX      @ DPTR, A           ;将键值送到 A 口
        RET
```

💬 **注意**：若接的是 LED 数码管，则应将键值转换为对应的共阳极或共阴极字段码，再送到 A 口。

（二）子任务二

1. 硬件设计

连线方法介绍如下：

（1）8255A 的 B 口的低三位与 KB0～KB2 连接，A 口的低 3 位与单片机实验系统上的 KA0～KA2 连接，实现 3×3 的矩阵式键盘。

（2）8255A 的 C 口连接 8 个发光二极管（亦可以接 LED 数码管）。

（3）8255A 的片选端 $\overline{CS}$ 接系统的地址端 CS0，8255A 的地址为 CFA0H。连接电路如图 7-68 所示。

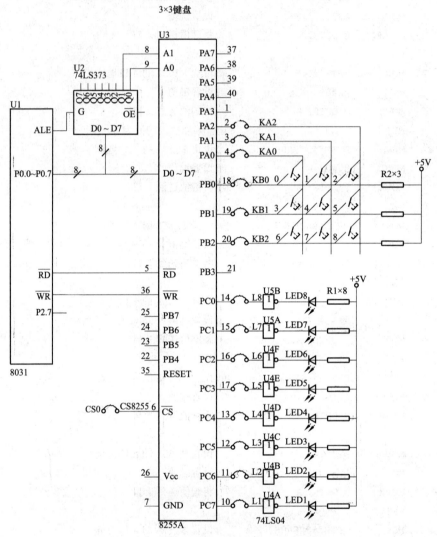

图 7-68　8255A 扩展矩阵式键盘连接电路图

2. 软件设计

编程实现矩阵式键盘的识别。

程序清单：

```
KEY:MOV      A,#82H              ;设置 8255A 的工作方式
    MOV      DPTR,#0CFA3H        ;设置 8255A 的控制口地址
    MOVX     @ DPTR, A           ;将工作方式写入 8255A
    MOV      DPTR,#0CFA0H        ;设置 8255A 的 A 口地址
    MOV      A,#00H              ;设置累加器 A 的值为 0
    MOVX     @ DPTR, A           ;将列线置 0
KEY0:MOV     DPTR,#0CFA1H        ;设置 8255A 的 B 口地址
```

```
        MOV     A, @ DPTR          ;读列线数据
        CPL     A                  ;数据取反,"1"有效
        ANL     A,#0F0H             ;屏蔽行线,保留列线数据
        MOV     R1,A               ;保存列线数据(R1 高 4 位)
        JZ      GRET               ;全 0,无键按下,返回
KEY1:   MOV     A,#90H              ;设置 8255A 的工作方式
        MOV     DPTR,#0CFA3H        ;设置 8255A 的控制口地址
        MOVX    @ DPTR,  A          ;将工作方式写入 8255
        MOV     DPTR,#0CFA0H        ;设置 8255A 的 B 口地址
        MOV     A,#00H              ;设置累加器 A 的值为 0
        MOVX    @ DPTR,  A          ;将行线置 0
        MOV     DPTR,#0CFA0H        ;设置 8255A 的 A 口地址
        MOV     A, @ DPTR          ;读行线数据
        CPL     A                  ;数据取反,"1"有效
        ANL     A, #0FH             ;屏蔽列线,保留行线数据
        MOV     R2,A               ;保存行线数据(R2 低 4 位)
        JZ      GRET               ;全 0,无键按下,返回
        JBC     F0,WAIT             ;已有消抖标志,转 WAIT
        SETB    F0                 ;无消抖标志,设置消抖标志
        LCALL   D10ms              ;调用 10ms 延时子程序,消抖
        SJMP    KEY0               ;重读行线列线数据
GRET:   RET
D10ms:  MOV     R5,#40              ;以下为延时子程序
  DL:   MOV     R4,#123
        NOP
        DJNZ    R4,$
        DJNZ    R5,DL
        RET
WAIT:   MOV     A,P1               ;等待按键释放
        CPL     A
        ANL     A,#0FH
        JNZ     WAIT               ;按键未释放,继续等待
KEY2:   MOV     A,R1               ;取列线数据(高 4 位)
        MOV     R1,#03H             ;取列线编号初值
        MOV     R3,#03H             ;设置循环数
        CLR     C
KEY3:   RLC     A                  ;依次左移入 C 中
        JC      KEY4               ;C=1,该列有键按下(列线编号存 R1)
        DEC     R1                 ;C=0,无键按下,修正列编号
        DJNZ    R3,KEY3             ;判断循环结束否？未结束则继续寻找有键按下的列线
KEY4:   MOV     A,R2               ;取行线数据(低 4 位)
        MOV     R2,#00H             ;设置行线编号初值
        MOV     R3,#03H             ;设置循环数
```

```
        CLR     C
KEY5:   RRC     A                       ;依次右移入 C 中
        JC      KEY6                    ;C=1,该行有键按下(行线编号存 R2)
        INC     R2                      ;C=0,无键按下,修正行线编号
        DJNZ    R3,KEY5                 ;判断循环结束否? 未结束则继续寻找有键按下的行线
KEY6:   MOV     A,R2                    ;取行线编号
        CLR     C
        MOV     B,#3
        MUL     AB                      ;行编号×3
        ADD     A,R1                    ;行编号×3+列编号=按键编号
KEY7:   CLR     C
        MOV     DPTR,#TABJ
        JMP     @ A+ DPTR               ;散转,执行相应按键功能子程序
TABJ:   LCALL   WORK0                   ;调用执行 0# 键功能子程序
        RET
        LCALL   WORK1                   ;调用执行 1# 键功能子程序
        RET
        ...     ...
        LCALL   WORK8                   ;调用执行 15# 键功能子程序
        RET
WORK0:  MOV     DPTR,#0CFA2             ;设置 8255A 的 C 口地址
        MOVX    @ DPTR, A               ;将键值送到 C 口
        RET
        ...     ...
WORK8:  MOV     DPTR,#0CFA2             ;设置 8255A 的 C 口地址
        MOVX    @ DPTR, A               ;将键值送到 C 口
        RET
```

任务五　A/D 和 D/A 转换电路设计

一、任务导入

在单片机应用电路中,常需要将检测到的模拟量,如电压、电流、温度、湿度、压力、流量、速度等转换为数字信号,送到单片机中进行处理。若被控对象为模拟量控制,则需要将输出的数字量转换为模拟量输出,从而实现对被控对象的操作。

将模拟量转换为数字量的过程称为 A/D 转换;将数字量转换为模拟量的过程称为 D/A 转换。

二、任务分析

随着单片机技术的发展,现在有许多的单片机已经在片内集成了多路 A/D 转换通道,大大简化了连接电路和编程工作,但这种单片机的价格相对较为昂贵。本任务主要介绍的是芯片内没有 A/D 转换电路的 80C51 系列单片机与 A/D、D/A 芯片的接口技术。本任务分为两个子任务:

（1）子任务一：数字温度计模拟显示。

（2）子任务二：设计波形显示器。

三、任务实施

（一）子任务一

1. 硬件设计

连线方法介绍如下：

（1）单片机经74LS373总线复用之后，将Q0、Q1、Q2接到ADC 0809的ADD-A、ADD-B、ADD-C。

（2）ADC 0809的片选端$\overline{CS}$接系统的地址段CS0，8路输入的地址为CFA0H～CFA7H。

（3）ADC 0809的信号输入端AN0接系统0～5V的模拟信号。

（4）单片机的P1口接8个发光二极管。

　注意：有的单片机实训装置已经接好了单片机与ADC 0809的接线，只需要接好片选端、模拟信号输入和发光二极管即可。连接电路如图7-69所示。

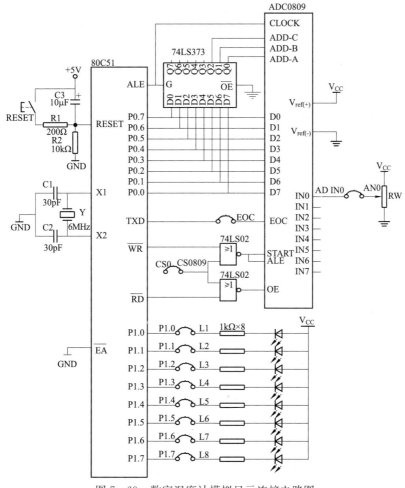

图7-69　数字温度计模拟显示连接电路图

2. 软件设计

程序清单：

```
MAIN:SETB    P3.1              ;设置 P3.1 输入态
     MOV     DPTR,#0CFA0H      ;设置 ADC 0809 通道 0 地址
LOOP:MOVX    @DPTR,A           ;启动 A/D
     JNB     P3.1,$            ;查询 A/D 转换结束否？未完则继续查询等待
     MOVX    A,@DPTR           ;A/D 已结束，读 A/D 值
     MOV     P1,A              ;将转换后的值送到 P1 口显示
     SJMP    LOOP              ;继续进行 A/D 转换
     RET
```

（二）子任务二

1. 硬件设计

接线方法介绍如下：

（1）单片机进行并行扩展之后，P0 口接 DAC 0832 的 D0～D7。

（2）DAC 0832 的片选信号 $\overline{CS}$ 接系统的地址端 CS0，地址为 CFA0H。

（3）DAC 0832 的输出端 OUT 接示波器探头，DAC 0832 的接地端 GND 接示波器的公共地端。

💬 **注意**：有的单片机实训装置已经接好了地址与数据线，只需要接好片选端和示波器即可。

连接电路如图 7-70 所示。

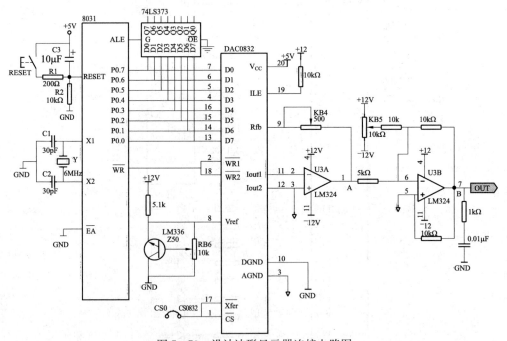

图 7-70　设计波形显示器连接电路图

2. 软件设计

程序清单：

```
     START:MOV    DPTR,#0CFA0H      ;设置 DAC0832 的地址
           MOV    R5,#5             ;设置锯齿波循环次数
     LOOP1:MOV    R7,#80H           ;设置锯齿波幅值          1 机周
     LOOP2:MOV    A,R7              ;读输出值                1 机周
           MOVX   @ DPTR,A          ;输出                    2 机周
           DJNZ   R7,LOOP2          ;判断周期结束否          2 机周
           DJNZ   R5,LOOP1          ;判断循环 5 次结束否      2 机周
           MOV    R5,#5             ;设置方波循环次数
     LOOP3:MOV    R7,#FFH           ;设置方波幅值            1 机周
           MOV    A,R7              ;读输出值                1 机周
           MOVX   @ DPTR,A          ;输出                    2 机周
           MOV    R6,#50H           ;设置输出方波的时间      1 机周
           DJNZ   R6,$              ;判断时间结束否          2 机周
           MOV    R7,#00H           ;设置方波幅值幅值        1 机周
           MOVX   @ DPTR,A          ;输出                    2 机周
           MOV    R6,#50H           ;设置输出方波的时间      1 机周
           DJNZ   R6,$              ;判断时间结束否          2 机周
           DJNZ   R5,LOOP3          ;判断循环 5 次结束否      2 机周
           MOV    R5,#5             ;设置方波循环次数
     LOOP4:MOV    R7,#FFH           ;设置三角波幅值          1 机周
     LOOP5:MOV    A,R7              ;读输出值                1 机周
           MOVX   @ DPTR,A          ;输出                    2 机周
           DJNZ   R7,LOOP5          ;判断周期结束否          2 机周
           INC    R7
           MOVX   @ DPTR,A          ;输出                    2 机周
           CJNE   R7,#00H,LOOP6     ;输出                    2 机周
           DJNZ   R5,LOOP4          ;判断循环 5 次结束否      2 机周
           SJMP   START
```

【单元小结】

虽然单片机芯片内部集成了计算机的基本功能部件，但对于一些应用系统，单片机本身的资源还不能满足，往往还需要扩展一些外围芯片，以增加单片机的硬件资源。在单片机应用系统的扩展中，通常都要用到 ROM 的扩展。单片机的地址总线为 16 位，所以外扩片外存储器的最大容量为 64KB。虽然 ROM 与 RAM 的地址重叠，但由于使用的控制信号不同，所以不会发生混乱。外扩片外 RAM 的最大容量也为 64KB。由于超大规模集成电路制造工艺的发展，芯片集成度越来越高，程序存储器使用的 ROM 芯片数量越来越少，因此，芯片选择多采用线选法。

74373 是扩展输入口常用的芯片，74377 是扩展输出口常用的芯片，8255A 是一种可编程的 I/O 接口芯片，是专门针对单片机开发设计的，其内部集成了锁存、缓冲及与 CPU 联络的控制逻辑，可以与 80C51 系列单片机及外设直接相连，广泛用作外部并行 I/O 扩展的接口芯片。其各口功能可以由软件选择，使用灵活，通用性强。通过它，CPU 可以直接与外设相连接。

　　显示器是单片机应用系统中常见的输出设备，包括 LED、LCD 等。LED 数码管能够显示数码和某些数字，LED 数码管显示清楚、成本低廉、配置灵活，与单片机接口简单易行。

　　键盘在单片机系统中是一个很重要的部件。在输入数据、查询和控制系统的工作状态时，都需要用到键盘，键盘是人工干预计算机的主要手段。微机所用的键盘可以分为编码键盘和非编码键盘两种。编码键盘采用硬件线路来实现键盘的编码，每按下一个键，键盘能自动生成按键代码，键数较多，而且还具有去抖动功能，这种键盘使用方便，但硬件较为复杂，PC 机使用的键盘就属于这种键盘。非编码键盘仅提供按键开关的工作状态，其他工作由软件完成，这种键盘键的数较少，硬件简单，一般在单片机应用系统中使用广泛。本单元内容中主要介绍了这类非编码键盘及与 80C51 单片机的接口。

　　A/D 转换器将模拟量转换成数字量，ADC 0809 是 8 通道 8 位逐次逼近式典型 A/D 转换芯片，它与单片机的接口既可以采用查询方式也可以采用中断方式。D/A 转换器将数字量转换成模拟量，DAC 0832 是电流输出型 D/A 转换芯片，有单极性和双极性两种输出方式，与单片机的接口有直通方式、单缓冲方式和双缓冲方式三种。

　　在本单元的任务中，分别对单片机外部存储器、I/O 接口的扩展进行了训练，在接口部分针对常用的显示器、键盘、A/D 转换器、D/A 转换器进行了训练。通过这些任务的学习与实施，使学生能够基本掌握外部扩展的应用与设计方法。

【自我测试】

一、填空题

1. 80C51 能扩展_____ RAM；能扩展_____ ROM。

2. 80C51 系列单片机有很强的外部扩展能力。外部扩展可以分为_____扩展和_____扩展两大形式。

3. 并行扩展总线由_____总线、_____总线和_____总线组成。

4. 在单片机进行并行扩展时，产生片选信号的方法有_____和_____两种。

5. 80C51 系列单片机共有 4 个 8 位并行 I/O 口，在并行扩展外部 RAM 和外部 ROM 时，P0 口用作_____和_____总线，P2 口用作_____总线。

6. LED 数码管按在电路中的连接方式可以分为_____型和_____型两大类。

7. LED 数码管显示电路在单片机应用系统中可以分为_____显示方式和_____显示方式。

8. 键盘与 CPU 的连接方式可以分为_____按键和_____按键。

9. CPU 对键盘处理控制的工作方式有_____方式、_____方式和_____方式。

10. A/D 转换器的主要性能指标有_____和_____。

11. A/D 转换器按照转换原理可以分为_____式、_____式和_____式。

12. ADC 0809 是_____通道_____位逐次逼近式 A/D 转换器。

13. DAC 0832 有三种工作方式，分别为_____方式、_____方式和_____方式。

14. LED 数码管的使用方法与发光二极管相同，根据其材料的不同，正向压降一般为_____V，额定电流为_____mA。

15. D/A 转换器是一种把_____信号转换成_____信号的器件。

二、选择题

1. 80C51 系列单片机外扩存储器芯片时，在 4 个 I/O 口中用作数据总线的是（　　）。

　　A. P0　　　　　　　B. P1　　　　　　　C. P2　　　　　　　D. P3

2. 访问片外数据存储器时，不起作用的信号是（　　）。

　　A. ALE　　　　　　B. $\overline{WR}$　　　　　　C. $\overline{RD}$　　　　　　D. $\overline{PSEN}$

3. 74LS138 是具有 3 个输入的译码器芯片，其输出作为片选信号时，最多可以选中（　　）块芯片。

　　A. 3　　　　　　　B. 4　　　　　　　C. 8　　　　　　　D. 16

4. 8255A 的（　　）端口可以工作于双向方式。

　　A. A 口　　　　　　B. B 口　　　　　　C. C 口　　　　　　D. 控制口

5. 若 32KB RAM 存储器的首地址为 2000H，则末地址为（　　）。

　　A. 7FFFH　　　　　B. 9FFFH　　　　　C. A000H　　　　　D. 8000H

6. 已知 ADC 0809 在进行 A/D 转换时 DPTR 的值为 DFFF9H，则当前 A/D 的通道编号是（　　）。

　　A. 0　　　　　　　B. 1　　　　　　　C. 2　　　　　　　D. 3

7. 共阴极数码管在显示数字"3"时，其字段码是（　　）。

　　A. 4FH　　　　　　B. F2H　　　　　　C. 30H　　　　　　D. B0H

三、简答题

1. 为什么要对单片机系统进行扩展？

2. 为什么要对 MCS - 51 单片机进行 I/O 扩展？

3. 什么是静态显示方式？什么是动态显示方式？它们各有什么特点？

4. 并行扩展多片存储器芯片时，什么是地址空间不连续和"地址重叠"现象？原因是什么？

5. 按键开关为什么有去抖动的问题？如何消除？

6. 键盘扫描的控制方式有哪几种？各有什么特点？

7. 80C51 并行扩展 I/O 口时，对并行扩展的 I/O 芯片的输入端和输出端各有什么基本要求？

8. 8255A 有几种工作方式？简述各个工作方式。

9. 简述将显示数字转换为显示字段码的方法。

10. 简述从显示数中分离出显示数字的方法。

11. 若 ADC 0809 的 U_{REF}＝5V，当输入模拟信号电压为 2.5V 时，A/D 转换后的数字量是多少？若 A/D 转换后的结果为 60H，则输入的模拟信号电压是多少？

12. 一个 8 位的 A/D 转换器的分辨率是多少？若基准电压为 5V，该 A/D 转换器能分辨的最小电压变化是多少？10 位和 12 位的呢？

13. 说明矩阵式键盘按键按下的识别原理。

四、训练题

1. 已知并行扩展 4 片 2KB×8 存储器芯片，试用线选法 P2.3、P2.4、P2.5、P2.6 对其进行片选，并画出连接电路。当 P2.7 为 1 时，分别指出 4 片存储器芯片的地址范围。

2. 画出 80C51 单片机同时扩展 2764 和 6264 的典型连接电路。

3. 用 74373 输入（P2.4 片选），74377 输出（P2.6 片选），画出与 80C51 的连接电路并编写程序，从 74373 依次读入十个数据，取反后，从 74377 输出。

4. 参照图 7-26 并行扩展 3 位 LED 数码管的静态显示电路，按照下列要求修改并画出电路图，编制显示程序。

（1）百、十、个位 74377 的片选端改为 P2.0、P2.1、P2.2。

（2）数码管改为共阴极数码管，显示字段码要求按逆序排列小数点为暗。

（3）显示数小于等于 999，存放在 R6 和 R5 中。

5. 根据图 7-71，对 8 路模拟信号轮流采样一次，并依次把转换结果存储到片内 RAM 以 DATA 为起始地址的连续单元中，采用查询方式。

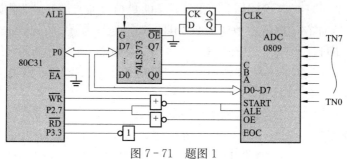

图 7-71 题图 1

6. 编写 D/A 转换程序，用 DAC 0832 输出 0～+5V 的锯齿波，电路为直通方式，如图 7-72 所示。设 $V_{REF} = -5V$，DAC 0832 地址为 00FEH，脉冲周期要求为 100ms。

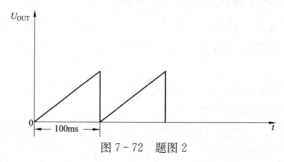

图 7-72 题图 2

7. 按下列要求画出利用 4511 实现 3 位静态显示的电路。

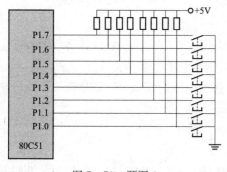

图 7-73 题图 3

（1）P1.4～P1.7 分别与 4511 的 A、B、C、D 端相连。

（2）P1.1～P1.3 分别与个、十、百位 4511 的 $\overline{LE}$ 端相连。

（3）P1.0 另有他用，不可占用。

8. 假定 8255A 的地址为 0060H～0063H，试编写下列情况下的初始化程序：A 组设置为方式 1，且端口 A 作为输入，PC6 和 PC7 作为输出，B 组设置为方式 1，且端口 B 作为输入。

9. 根据图 7-73，编写独立式键盘扫描程序。

单元八　单片机应用系统的设计

【单元概述】

通过前面几个单元的学习，我们已经为单片机的应用打下了一定的基础。单片机作为微型计算机的一个分支，其应用层面很广，其应用系统的设计方法和思想与一般的微型计算机应用系统的设计在许多方面是一致的。但由于单片机应用系统通常作为系统的最前端，因此在设计时更应该注意应用现场的工程实际问题，使系统的可靠性能够满足用户的要求。本单元列举了几个经过简化的实例，通过介绍它们的工作原理、硬件电路和软件流程，使读者了解一些单片机应用中所涉及的其他知识。

【学习目标】

（1）了解单片机应用系统的设计过程。

（2）通过实例的学习，掌握单片机应用系统的设计方法。

（3）能够自行设计一些简单的单片机应用系统。

【相关知识】

一、单片机应用系统的设计过程

1. 系统设计的基本要求

（1）可靠性要高。单片机应用系统在满足使用功能的前提下，应具有较高的可靠性。这是因为单片机系统完成的任务是系统前端信号的采集和控制输出，一旦系统出现故障，必将导致整个生产过程的混乱和失控，从而产生严重的后果。因此，对可靠性的考虑应贯穿于单片机应用系统设计的整个过程。

首先，在设计时对系统的应用环境要进行细致的了解，认真分析可能出现的各种影响系统可靠性的因素，采取切实可行的措施排除故障隐患。

其次，在总体设计时应当考虑系统的故障自动检测和处理功能。在系统正常运行时，定时地进行各个功能模块的自诊断，并对外界的异常情况做出快速处理。对于无法解决的问题，应及时切换到后备装置或报警。

（2）使用和维修要方便。在总体设计时，应考虑系统的使用和维修方便，尽量降低对操作人员计算机专业知识的要求，以便于系统的广泛使用。系统的控制开关不能太多，不能太复杂，操作顺序应当简单明了，参数的输入/输出应采用十进制，功能符号要简明直观。

（3）性能价格比要高。为了使系统具有良好的市场竞争力，在提高系统功能指标的同时，还要优化系统设计，采用硬件软化技术提高系统的性能价格比。

2. 系统设计的步骤

（1）确定任务。单片机应用系统可以分为智能仪器仪表和工业测控系统两大类。无论哪一类，都必须以市场需求为前提。所以，在系统设计前，首先要进行广泛的市场调查，了解该系统的市场应用概况，分析系统当前存在的问题，研究系统的市场前景，确定系统开发设计的目标。简单地说，就是通过调研克服旧缺点，开发新功能。在确定了大方向的基础上，就应该对系统功能的具体实现进行规划，包括应该采集信号的种类、数量、范围，输出信号的匹配和转换，控制算法的选择，技术指标的确定等。

（2）方案设计。确定了研制任务后，就可以进行系统的总体方案设计。包括以下两个方面：

1）单片机机型和器件的选择：①性能特点要适合于所要完成的任务，避免使过多的功能闲置；②性能价格比要高，以提高整个系统的性能价格比；③结构原理要熟悉，以缩短开发周期；④货源要稳定，有利于批量的增加和系统的维护。

2）硬件与软件的功能划分。系统的硬件和软件要做统一的规划。因为一种功能往往既可以由硬件实现，又可以由软件实现。实现方法要根据系统的实时性和系统的性能价格比进行综合确定。一般情况下，用硬件实现速度比较快，可以节省 CPU 的时间，但系统的硬件接线复杂，系统成本较高；用软件实现则较为经济，但要更多地占用 CPU 的时间。所以，在 CPU 时间不紧张的情况下，应尽量采用软件；如果系统回路多、实时性要求强，则应考虑用硬件完成。例如，在显示接口电路设计时，为了降低成本，可以采用软件译码的动态显示电路；但是，如果系统的取样路数多、数据处理量大，则应改为硬件静态显示。

（2）硬件设计。硬件设计是指根据总体设计要求，在选择完单片机机型的基础上，具体确定系统中所要使用的元件，并设计出系统的电路原理图，经过必要的实验后完成工艺结构设计、电路板制作和样机的组装。主要硬件电路设计包括以下几点：

1）单片机电路设计。主要完成时钟电路、复位电路、供电电路的设计。

2）扩展电路设计。主要完成程序存储器、数据存储器、I/O 接口电路的设计。

3）输入/输出通道设计。主要完成传感器电路、放大电路、多路开关、A/D 转换电路、D/A 转换电路、开关量接口电路、驱动及执行机构的设计。

4）控制面板设计。主要完成按键、开关、显示器、报警等电路的设计。

（3）软件设计。在单片机应用系统的设计中，软件设计占有重要的位置。单片机应用系统的软件通常包括数据采集和处理程序、控制算法实现程序、人机联系程序和数据管理程序。

软件设计通常采用模块化程序设计、自顶向下的程序设计方法。

应用系统的设计开发过程如图 8-1 所示。

二、提高系统可靠性的一般方法

1. 电源干扰及其抑制

单片机应用系统的可靠性是极为重要的。在影响单片机系统可靠性的诸多因素中，电源干扰可谓首屈一指。据统计，在计算机应用系统的运行故障中，90% 以上是由电源噪声引起的。

（1）交流电源干扰及其抑制。多数情况下，单片机应用系统都使用交流 220V/50Hz 的电源供电。在工业现场中，生产负荷的经常变化，大型用电设备的启动与停止等，往往都要造成电源电压的波动，有时还会产生尖峰脉冲，如图 8-2 所示。

这种高能尖峰脉冲的幅度为 50～4000V，持续时间为几毫秒到几微秒。它对计算机应用系统的影响最大，能使系统的程序"跑飞"或使系统"死机"。因此，一方面要使系统尽量远离这些干扰源，另一方面要采用交流电源滤波器进行滤波。这种滤波器是按频谱均衡原理设计的一种无源四端网络，如图 8-3 所示。

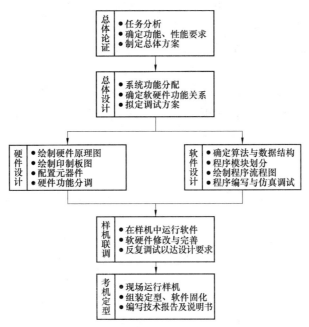

图 8-1　应用系统的设计开发过程

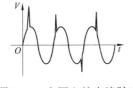

图 8-2　电网上的尖峰脉冲

图 8-3　交流电源滤波器

为了提高系统供电的可靠性，还要采用交流稳压器，防止电源的过压和欠压。采用 1∶1 隔离变压器，防止干扰通过一、二次侧的电容效应进入单片机供电系统，如图 8-4 所示。

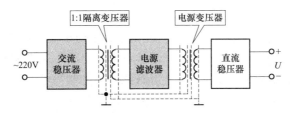

图 8-4　交流电源综合配置

（2）直流电源抗干扰措施。

1）采用高质量集成稳压电路单独供电。单片机的应用系统中往往需要几种不同电压等级的直流电源。这时，可以采用相应的低纹波高质量集成稳压电路。每个稳压电路单独对电压过载进行保护，因此不会因某个电路出现故障而使整个系统遭到破坏，而且也减少了公共阻抗的相互耦合，从而使供电系统的可靠性大大提高。

2）采用直流开关电源。直流开关电源是一种脉宽调制型电源，它抛掉了传统的工频变压器，具有体积小、重量轻、效率高、电网电压范围宽、变化时不易输出过电压和欠电压的特点，因此在计算机应用系统中的应用非常广泛。这种电源一般都有几个独立的电压输出，如±5V、±12、±24V等。电网电压波动范围可达交流220V的−20%～+10%，同时直流开关电源还具有较好的一、二次侧隔离作用。

3）采用DC−DC变换器。如果系统供电电网波动较大，或者精度要求较高，则可以采用DC−DC变换器。DC−DC变换器的特点是：输入电压范围大，输出电压稳定且可调整，效率高，体积小，有多种封装形式。近年来DC−DC变换器在单片机应用系统中获得了广泛的应用。

2. 地线干扰及其抑制

在计算机应用系统中，接地是一个非常重要的问题。接地问题处理得正确与否，将直接影响系统的正常工作。

(1) 一点接地和多点接地的应用。在低频电路中，由于布线和元件间的寄生电感影响不大，因此常采用一点接地，以减少地线造成的地环路。在高频电路中，布线和元件间的寄生电感及分布电容将导致各接地线间的耦合，影响比较突出，此时应采用多点接地。通常，当频率小于1MHz时，采用一点接地；当频率高于10MHz时，采用多点接地；当频率处于1～10MHz时，若采用一点接地，其地线长度不应超过波长的二十分之一。否则，应采用多点接地。

(2) 数字地与模拟地的连接原则。数字地是指TTL或CMOS芯片、I/O接口电路芯片、CPU芯片等数字逻辑电路的接地端，以及A/D、D/A转换器的数字地。模拟地是指放大器、取样保持器和A/D转换、D/A转换中模拟信号的接地端。在单片机系统中，数字地和模拟地应分别接地，即使是一个芯片上有两种地，也要分别接地，然后在一点处把两种地连接起来，否则，数字回路通过模拟电路的地线再返回到数字电源，将会对模拟信号产生影响。

(3) 印刷电路板的地线分布原则。

1) TTL、CMOS器件的接地线要呈辐射网状，避免环形。

2) 板上地线的宽度要根据通过的电流大小而定，最好不小于3mm。在可能的情况下，地线尽量加宽。

3) 旁路电容的地线不要太长。

4) 功率地通过的电流信号较大，地线应较宽，必须与小信号地分开。

(4) 信号电缆屏蔽层的接地。信号电缆可以采用双绞线和多芯线，又有屏蔽和无屏蔽两种情况。双绞线具有抑制电磁干扰的作用，屏蔽线具有抑制静电感应干扰的作用。对于屏蔽线，屏蔽层最佳的接地点是在信号源侧（一点接地）。

【单元任务】

任务一　温度测量系统的设计

一、任务导入

数据采集是单片机应用系统中最为普遍的应用需求。数据采集的对象可以是温度、压力、流量等各种物理量。

二、任务分析

在温度测量过程中，需要将温度的变化转化为对应电信号的变化，常用的热电传感器有热电偶、热电阻、集成温度传感器等。由热电偶的热电效应可知，当热电偶的 A、B 两种材料一定时，热电动势只与温度有关，如果将一个端点的温度保持不变，则总电动势是另一个端点温度的单值函数，所以只要测出电动势的值，就可以计算出热端的温度值。

三、任务实施

1. 硬件设计

热电偶传感器输出的毫伏级电压信号需经过放大电路放大后输出 0～5V 电压，以满足 ADC 0809 芯片的要求。ADC 0809 芯片将此模拟电压（0～5V）转换成数字信号并送给单片机，单片机根据此数字信号查表取得相应的温度值。硬件电路图如图 8-5 所示。

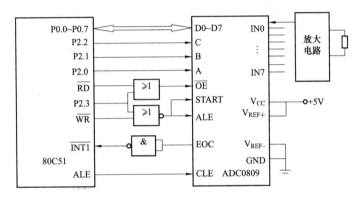

图 8-5　温度测量硬件电路图

2. 软件设计

程序主要需要完成的功能是读取 ADC 0809 芯片的转换结果，并变换成相应的温度值。对 ADC 0809 芯片进行写操作来启动 A/D 转换，延时 100ms 是 ADC 0809 芯片需要的转换时间。程序流程图如图 8-6 所示。

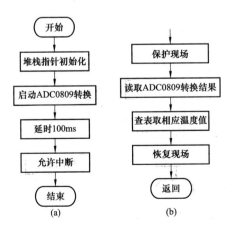

图 8-6　温度测量程序流程图

（a）主程序流程图；（b）中断服务子程序流程图

任务二　电动机转速测量控制系统的设计

一、任务导入

转速是电动机一个常用的参数，常以每秒或每分钟的转数来表示。测量转速的方法有很多，但由于转速是以单位时间内的转数来衡量的，因此采用霍尔传感器测量转速是较为常见的一种测量方法。

二、任务分析

直流电动机的转速与施加于电动机两端的电压大小有关。本系统用 DAC 0832 芯片控制输出到直流电动机电压的方法来控制电动机的转速。当电动机的转速小于设定值时，DAC 0832 芯片的输出电压增大；当电动机的转速大于设定值时则 DAC 0832 芯片输出的电压减小，从而使电动机以设定的速度恒速旋转。

此任务中我们采用简单的比例调节器算法。比例调节器的输出系数式为

$$Y = K_p e(t)$$

式中　Y——调节器的输出；

　$e(t)$——调节器的输入，一般为偏差值；

　K_p——比例系数。

调节器的输出 Y 与输入偏差值 $e(t)$ 成正比。因此，只要偏差 $e(t)$ 一出现就产生与之成比例的调节作用，所以它具有调节及时的特点。

三、任务实施

1. 硬件设计

由 3013T 霍尔器件及外围器件组成的测速电路将电动机转速转换成脉冲信号，送至单片机的定时/计数器 T1；功放电路将 DAC 0832 芯片输出的模拟电压转换成具有一定输出功率的电动机控制电压。硬件电路图如图 8-7 所示。

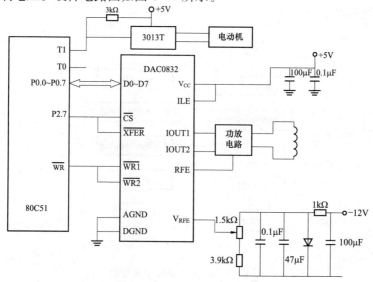

图 8-7　电动机转速测量控制系统电路图

2. 软件设计

程序主要需要完成的功能是用单片机的定时/计数器 T0、T1 测出电动机的实际转速，并与设定值进行比较，根据比较结果，使 DAC 0832 芯片的输出控制电压增大或减小。

（1）30H 单元存放实际转速与设定值是否相等的标志。"1" 表示相等，"0" 表示不相等。

（2）40H 单元存放送入 DAC 0832 芯片的数字控制电压。

（3）7FFFH 为 DAC 0832 芯片的地址。

延时的大小与系统的惯性，特别是电动机的惯性有关，需要根据实际情况进行调整。程序流程图如图 8－8 所示。

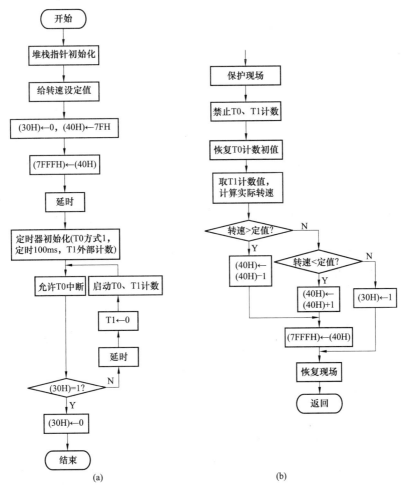

图 8－8　电动机转速测量控制系统程序流程图

（a）主程序流程图；（b）中断服务子程序流程图

【单元小结】

单片机应用系统设计的基本要求是具有较高的可靠性，使用和维修要方便，并应该具有良好的性能价格比。单片机应用系统的设计步骤如下：确定任务、方案设计、硬件设

er256单片机原理及应用

计和软件设计。为了提高单片机应用系统的可靠性，在应用系统的电源、接地、硬件和软件监控等方面要采取一定的可靠性措施。数据采集是利用单片机完成测控最为基本的任务。由于使用要求和环境的不同，系统构成的方案、器件选择会具有较大的差异，应根据具体情况灵活处理。80C51单片机是众多型号单片机的代表，其基本原理可以推而广之。但系统设计人员应该对当前流行的单片机主流机型有充分的了解，从而可以选择出最为合适的机型。

附　录

附录 A　80C51 系列单片机指令表

附录 A.1　指令分类汇总

指令类别	编号	指令分类	指令及其注释	字节数	机器周期数
数据传送类指令	1	16 位传送	MOV DPTR，#data16；16 位常数送 DPTR	3	2
	2	A 为目的操作数	MOV A，Rn；Rn 的内容送 A	1	1
	3		MOV A，direct；direct 的内容送 A	2	1
	4		MOV A，@Ri；Ri 指示单元内容送 A	1	1
	5		MOV A，#data；常数 data 送 A	2	1
	6	Rn 为目的操作数	MOV Rn，A；A 的内容送 Rn	1	1
	7		MOV Rn，direct；direct 的内容送 Rn	2	2
	8		MOV Rn，#data；常数 data 送 Rn	2	1
	9	direct 为目的操作数	MOV direct，A；A 的内容送 direct	2	1
	10		MOV direct，Rn；Rn 的内容送 direct	2	2
	11		MOV direct1，direct2；direct2 的内容送 direct1	3	2
	12		MOV direct，@Ri；Ri 指示单元的内容送 direct	2	2
	13		MOV direct，#data；常数 data 送 direct	3	2
	14	@Ri 为目的操作数	MOV @Ri，A；A 的内容送 Ri 指示单元	1	1
	15		MOV @Ri，direct；direct 的内容送 Ri 指示单元	2	2
	16		MOV @Ri，#data；常数 data 送 Ri 指示单元	2	1
	17	ROM 查表	MOVC A，@A+DPTR；DPTR 为基址、A 为偏移量	1	2
	18		MOVC A，@A+PC；PC 为基址、A 为偏移量	1	2
	19	读片外 RAM	MOVX A，@DPTR；片外 DPTR 指示单元送 A	1	2
	20		MOVX A，@Ri；片外 Ri 指示单元送 A	1	2
	21	写片外 RAM	MOVX @DPTR，A；A 的内容送片外 DPTR 指示单元	1	2
	22		MOVX @Ri，A；A 的内容送片外 Ri 指示单元	1	2
	23	堆栈操作	PUSH direct；将 direct 的内容压入堆栈	2	2
	24		POP direct；堆栈中内容弹出到 direct 中	2	2
	25	字节交换	XCH A，Rn；Rn 的内容与 A 的内容交换	1	1
	26		XCH A，direct；direct 的内容与 A 的内容交换	2	1
	27		XCH A，@Ri；Ri 指示单元与 A 的内容交换	1	1
	28	半字节交换	XCHD A，@Ri；Ri 指示单元与 A 的低半字节交换	1	1
	29	自交换	SWAP A；A 的高 4 位、低 4 位自交换	1	1

续表

指令类别	编号	指令分类	指令及其注释	字节数	机器周期数
算术运算类指令	30	不带进位加	ADD A，Rn；Rn 和 A 的内容相加送 A	1	1
	31		ADD A，direct；direct 和 A 的内容相加送 A	2	1
	32		ADD A，@Ri；Ri 指示单元和 A 的内容相加送 A	1	1
	33		ADD A，#data；data 加上 A 的内容送 A	2	1
	34	进位加	ADDC A，Rn；Rn、A 内容及进位位相加送 A	1	1
	35		ADDC A，direct；direct、A 内容、进位相加送 A	2	1
	36		ADDC A，@Ri；Ri 指示单元、A 及进位相加送 A	1	1
	37		ADDC A，#`data；data、A 内容及进位相加送 A	2	1
	38	加 1	INC A；A 的内容加 1 送 A	1	1
	39		INC Rn；Rn 的内容加 1 送 Rn	1	1
	40		INC direct；direct 的内容加 1 送 direct	2	1
	41		INC @Ri；Ri 指示单元的内容加 1 送 Ri 指示单元	1	1
	42		INC DPTR；DPTR 的内容加 1 送 DPTR	1	2
	43	十进制调整	DA A；对 BCD 码加法结果调整	1	1
	44	带借位减	SUBB A，Rn；A 减 Rn 的内容及进位位送 A	1	1
	45		SUBB A，direct；A 减 direct 的内容及进位位送 A	2	1
	46		SUBB A，@Ri；A 减 Ri 指示单元的内容及进位送 A	1	1
	47		SUBB A，#data；A 减 data 及进位位送 A	2	1
	48	减 1	DEC A；A 的内容减 1 送 A	1	1
	49		DEC Rn；Rn 的内容减 1 送 Rn	1	1
	50		DEC direct；direct 的内容减 1 送 direct	2	1
	51		DEC @Ri；Ri 指示单元的内容减 1 送 Ri 指示单元	1	1
	52	乘法	MUL AB；A 乘以 B，结果高位在 B、低位在 A	1	4
	53	除法	DIV AB；A 除以 B，结果余数在 B、商在 A	1	4
逻辑运算类指令	54	逻辑与	ANL direct，A；direct 、A 的内容相与结果送 direct	2	1
	55		ANL direct，#data；direct 的内容和 data 相与结果送 direct	3	2
	56		ANL A，Rn；A、Rn 的内容相与结果送 A	1	1
	57		ANL A，direct；A、direct 的内容相与结果送 A	2	2
	58		ANL A，@Ri；A、Ri 指示单元的内容相与结果送 A	1	1
	59		ANL A，#data；A 的内容和 data 相与结果送 A	2	1
	60	逻辑或	ORL direct，A；direct 、A 的内容相或结果送 direct	2	1
	61		ORL direct，#data；direct 的内容和 data 相或结果送 direct	3	2
	62		ORL A，Rn；A、Rn 的内容相或结果送 A	1	1
	63		ORL A，direct；A、direct 的内容相或结果送 A	2	2
	64		ORL A，@Ri；A、Ri 指示单元的内容相或结果送 A	1	1
	65		ORL A，#data；A 的内容和 data 相或结果送 A	2	1

续表

指令类别	编号	指令分类	指令及其注释	字节数	机器周期数
逻辑运算类指令	66	逻辑异或	XRL direct，A；direct 和 A 的内容异或结果送 direct	2	1
	67		XRL direct，♯data；direct 的内容与 data 异或结果送 direct	3	2
	68		XRL A，Rn；A、Rn 的内容异或结果送 A	1	1
	69		XRL A，direct；A、direct 的内容异或结果送 A	2	2
	70		XRL A，@Ri；A、Ri 指示单元的内容异或结果送 A	1	1
	71		XRL A，♯data；A、Ri 指示单元的内容异或结果 A	2	1
	72	清 0 取反移位	CLR A；A 的内容清 0	1	1
	73		CPL A；A 的内容取反	1	1
	74		RR A；A 的内容循环右移 1 位	1	1
	75		RRC A；A 的内容带进位循环右移 1 位	1	1
	76		RL A；A 的内容循环左移 1 位	1	1
	77		RLC A；A 的内容带进位循环左移 1 位	1	1
控制转移类指令	78	短转	AJMP addr11；程序转移到 addr11 指示的地址处	2	2
	79	长转	LJMP addr16；程序转移到 addr16 指示的地址处	3	2
	80	相对	SJMP rel；程序转移到 rel 相对地址处	2	2
	81	散转	JMP @A+DPTR；程序转移到变址指出的地址处	1	2
	82	判 0	JZ rel；A 为 0，程序转到 rel 相对地址处	2	2
	83		JNZ rel；A 不为 0，程序转到 rel 相对地址处	2	2
	84	比较不等	CJNE A，direct，rel；A 与 direct 的内容不等转移	3	2
	85		CJNE A，♯data，rel；A 的内容与 data 不等转移	3	2
	86		CJNE Rn，♯data，rel；Rn 的内容与 data 不等转移	3	2
	87		CJNE @Ri，♯data，rel；Ri 间址内容与 data 不等转移	3	2
	88	减 1 不为 0	DJNZ Rn，rel；Rn 的内容减 1 不为 0 转移	2	2
	89		DJNZ direct，rel；direct 的内容减 1 不为 0 转移	3	2
	90	调用	ACALL addr11；调用 addr11 处子程序	2	2
	91		LCALL addr16；调用 addr16 处子程序	3	2
	92	返回	RET；子程序返回	1	2
	93	中断返回	RETI；中断返回	1	2
	94	空操	NOP；空操作	1	1
位操作指令	95	位传送	MOV bit，C；CY 的状态送入 bit 中	2	2
	96		MOV C，bit；bit 的状态送入 CY 中	2	2
	97	清 0	CLR C；CY 的状态清 0	1	1
	98		CLR bit；bit 的状态清 0	2	1
	99	置位	SETB C；CY 的状态置 1	1	1
	100		SETB bit；bit 的状态置 1	2	1

续表

指令类别	编号	指令分类	指令及其注释	字节数	机器周期数
位操作指令	101	位与	ANL C，bit；CY 的状态与 bit 的状态相与结果送 CY	2	2
	102		ANL C，/bit；CY 的状态与 bit 取反相与结果送 CY	2	2
	103	位或	ORL C，bit；CY 的状态与 bit 的状态相或结果送 CY	2	2
	104		ORL C，/bit；CY 的状态与 bit 取反相或结果送 CY	2	2
	105	取反	CPL C；CY 的状态取反	1	1
	106		CPL bit；bit 的状态取反	2	1
	107	判 CY	JC rel；CY 为 0 转移	2	2
	108		JNC rel；CY 不为 0 转移	2	2
	109	判 bit 转移	JB bit，rel；bit 位为 1 转移	3	2
	110		JBC bit，rel；bit 位为 1 转移，同时把 bit 位清 0	3	2
	111		JNB bit，rel；bit 位不为 1 转移	3	2

附录 A.2 影响标志位的指令

指令	ADD	ADDC	SUBB	DA	MUL	DIV
CY	√	√	√	√	0	0
AC	√	√	√	√	×	×
OV	√	√	√	×	√	√
P	√	√	√	√	√	√

注　符号√表示相应的指令操作影响标志；符号 0 表示相应的指令操作对该标志清 0；符号×表示相应的指令操作不影响标志。另外，累加器加 1（INC A）和减 1（DEC A）指令影响 P 标志。

附录 B　ASCII 码表

Bin（二进制）	Dec（十进制）	Hex（十六进制）	缩写/字符	解释
00000000	0	00	NUL（null）	空字符
00000001	1	01	SOH（start of headline）	标题开始
00000010	2	02	STX（start of text）	正文开始
00000011	3	03	ETX（end of text）	正文结束
00000100	4	04	EOT（end of transmission）	传输结束
00000101	5	05	ENQ（enquiry）	请求
00000110	6	06	ACK（acknowledge）	收到通知
00000111	7	07	BEL（bell）	响铃
00001000	8	08	BS（backspace）	退格
00001001	9	09	HT（horizontal tab）	水平制表符
00001010	10	0A	LF（NL line feed, new line）	换行键
00001011	11	0B	VT（vertical tab）	垂直制表符
00001100	12	0C	FF（NP form feed, new page）	换页键
00001101	13	0D	CR（carriage return）	回车键
00001110	14	0E	SO（shift out）	不用切换
00001111	15	0F	SI（shift in）	启用切换
00010000	16	10	DLE（data link escape）	数据链路转移
00010001	17	11	DC1（device control 1）	设备控制 1
00010010	18	12	DC2（device control 2）	设备控制 2
00010011	19	13	DC3（device control 3）	设备控制 3
00010100	20	14	DC4（device control 4）	设备控制 4
00010101	21	15	NAK（negative acknowledge）	拒绝接收
00010110	22	16	SYN（synchronous idle）	同步空闲
00010111	23	17	ETB（end of trans. block）	传输块结束
00011000	24	18	CAN（cancel）	取消
00011001	25	19	EM（end of medium）	介质中断
00011010	26	1A	SUB（substitute）	替补
00011011	27	1B	ESC（escape）	换码（溢出）
00011100	28	1C	FS（file separator）	文件分割符
00011101	29	1D	GS（group separator）	分组符
00011110	30	1E	RS（record separator）	记录分离符
00011111	31	1F	US（unit separator）	单元分隔符
00100000	32	20	（space）	空格
00100001	33	21	!	

Bin（二进制）	Dec（十进制）	Hex（十六进制）	缩写/字符	解释
00100010	34	22	"	
00100011	35	23	#	
00100100	36	24	$	
00100101	37	25	%	
00100110	38	26	&	
00100111	39	27	'	
00101000	40	28	(	
00101001	41	29	)	
00101010	42	2A	*	
00101011	43	2B	+	
00101100	44	2C	,	
00101101	45	2D	-	
00101110	46	2E	.	
00101111	47	2F	/	
00110000	48	30	0	
00110001	49	31	1	
00110010	50	32	2	
00110011	51	33	3	
00110100	52	34	4	
00110101	53	35	5	
00110110	54	36	6	
00110111	55	37	7	
00111000	56	38	8	
00111001	57	39	9	
00111010	58	3A	:	
00111011	59	3B	;	
00111100	60	3C	<	
00111101	61	3D	=	
00111110	62	3E	>	
00111111	63	3F	?	
01000000	64	40	@	
01000001	65	41	A	
01000010	66	42	B	
01000011	67	43	C	
01000100	68	44	D	
01000101	69	45	E	

Bin（二进制）	Dec（十进制）	Hex（十六进制）	缩写/字符	解释
01000110	70	46	F	
01000111	71	47	G	
01001000	72	48	H	
01001001	73	49	I	
01001010	74	4A	J	
01001011	75	4B	K	
01001100	76	4C	L	
01001101	77	4D	M	
01001110	78	4E	N	
01001111	79	4F	O	
01010000	80	50	P	
01010001	81	51	Q	
01010010	82	52	R	
01010011	83	53	S	
01010100	84	54	T	
01010101	85	55	U	
01010110	86	56	V	
01010111	87	57	W	
01011000	88	58	X	
01011001	89	59	Y	
01011010	90	5A	Z	
01011011	91	5B	[	
01011100	92	5C	\	
01011101	93	5D	]	
01011110	94	5E	^	
01011111	95	5F	_	
01100000	96	60	`	
01100001	97	61	a	
01100010	98	62	b	
01100011	99	63	c	
01100100	100	64	d	
01100101	101	65	e	
01100110	102	66	f	
01100111	103	67	g	
01101000	104	68	h	
01101001	105	69	i	

单片机原理及应用

Bin（二进制）	Dec（十进制）	Hex（十六进制）	缩写/字符	解释
01101010	106	6A	j	
01101011	107	6B	k	
01101100	108	6C	l	
01101101	109	6D	m	
01101110	110	6E	n	
01101111	111	6F	o	
01110000	112	70	p	
01110001	113	71	q	
01110010	114	72	r	
01110011	115	73	s	
01110100	116	74	t	
01110101	117	75	u	
01110110	118	76	v	
01110111	119	77	w	
01111000	120	78	x	
01111001	121	79	y	
01111010	122	7A	z	
01111011	123	7B	{	
01111100	124	7C			
01111101	125	7D	}	
01111110	126	7E	~	
01111111	127	7F	DEL (delete)	删除

附录 C　教学用单

附录 C.1　任务工单

_____任务工单	班级：			组别：
任务名称：	姓　名			

能力目标：

1.

2.

知识目标：

1.

2.

一、任务描述

1. 分析电路并按照电路图接线。

2. 画流程图，编写控制程序并调试。

3. 工作总结。

附录 C. 2　计划工单

| _____计划工单 | | 班级： | | 组别： |

任务计划

姓名	任务分工	使用的设备	设备名称	设备功能

查、借阅资料

资料名称	资料类别	签名	日期

调试项目

电路图、程序流程图与源程序：（可附页）

设计与调试过程问题记录		记录人
签名：	日期	

附录 C.3　考核标准单

| _____考核标准单 | | 班级： | | 组别： | |

任务名称：			姓　名			
内容	评分标准	配分	得分	得分	得分	得分
一、电路设计 30 分	1. 正确设计电路	10				
	2. 按原理图正确接线； 带电接线、拆线每次扣 5 分	10				
二、程序调试 40 分	1. 正确建立文件夹、文件名； 不能正确建立文件夹、文件名，每次扣 5 分	10				
	2. 会查找错误； 调试过程中不会查找错误，每次扣 5 分	10				
	3. 灵活使用各种调试方法	10				
	4. 画流程图	10				
	5. 调试结果正确并且编程方法简洁、灵活	10				
三、协作精神 10 分	1. 小组在接线、程序调试过程中，团结协作，分工明确，完成任务 2. 有个别同学不动手，不协作，扣 5 分	10				
四、拓展能力 10 分	能够举一反三，采用多种编程方法，编程简洁、灵活	10				
五、安全文明 意识 10 分	1. 不遵守操作规程扣 4 分 2. 结束不清理现场扣 4 分 3. 不讲文明礼貌扣 2 分	10				
总分	教师评价	100				
	小组评价	100				
备　注					年　　月　　日	

参 考 文 献

[1]　朱蓉. 单片机技术与应用 [M]. 北京：机械工业出版社，2011.
[2]　李全利. 单片机原理及应用技术 [M]. 3 版. 北京：高等教育出版社，2009.
[3]　谭浩强. MCS - 51 单片机应用教程 [M]. 北京：清华大学出版社，2004.
[4]　谷秀荣. 单片机原理与应用（C51 版）[M]. 北京：北京交通大学出版社，2009.
[5]　林军. 单片微型计算机原理及接口技术实验指导与实训 [M]. 北京：中国水利水电出版社，2004.
[6]　皮大能，南光群，刘金华. 单片机课程设计指导书 [M]. 北京：北京理工大学出版社，2010.
[7]　赵俊生. 单片机技术项目化原理与实训 [M]. 北京：电子工业出版社，2009.
[8]　石长华. 51 系列单片机项目实践 [M]. 北京：机械工业出版社，2010.
[9]　邹显圣. 单片机原理与应用项目式教程 [M]. 北京：机械工业出版社，2010.
[10]　李庭贵，龙舰涵. C51 单片机应用技术项目化教程 [M]. 北京：机械工业出版社，2014.
[11]　韩志军. 单片机系统设计与应用实例 [M]. 2 版. 北京：机械工业出版社，2012.
[12]　何文平. 单片机应用与调试项目教程（汇编语言版）[M]. 北京：机械工业出版社，2011.